电工微视频自学丛书

电工识图快速入门

杨清德　黄　勇　编著

中国电力出版社
CHINA ELECTRIC POWER PRESS

内容提要

　　本丛书根据广大电工初学者的实际需要，结合《维修电工国家职业技能标准》（初级、中级）的要求，以及《低压电工作业人员安全技术培训大纲和考核标准（2011 年版）》的要求而编写。将国家相关的职业标准与实际的岗位需求相结合，讲述内容注重基础知识入门和技能提升。知识讲解以实用、够用为原则，减少繁琐、枯燥的概念讲解和单纯的原理说明。所有知识都以技能为依托，通过案例引导，让读者通过学习得到技能的提升，对就业和实际工作有所帮助。丛书配有 50 个左右教学实操视频，扫描二维码即可观看学习。

　　本丛书在表达方式上，运用大量图表代替文字表述。尽量保证读者能够快速、主动、清晰地了解知识技能。力求让学习者一看就懂，一学就会。

　　本书为丛书中的一本，重点介绍了电工技术入门必须具备的基础知识和基本技能，共 7 章，主要包括电工识图、制图基础知识，识读电工仪表与保护电路图、供配电系统图、机电设备电气图和电动机控制新技术电气图识读等内容。

　　本书适合于电工初学者阅读，可作为培训教材，也可供有一定经验的电工技术人员参考，还可供职业院校电气类专业师生参考。

图书在版编目（CIP）数据

电工识图快速入门 / 杨清德，黄勇编著. —北京：中国电力出版社，2023.9
（电工微视频自学丛书）
ISBN 978-7-5198-7768-2

Ⅰ. ①电…　Ⅱ. ①杨…　②黄…　Ⅲ. ①电路图-识图-教材　Ⅳ. ①TM13

中国国家版本馆 CIP 数据核字（2023）第 073000 号

出版发行：中国电力出版社
地　　址：北京市东城区北京站西街 19 号（邮政编码 100005）
网　　址：http://www.cepp.sgcc.com.cn
责任编辑：马淑范（010-63412397）
责任校对：黄　蓓　常燕昆
装帧设计：赵姗姗
责任印制：杨晓东

印　　刷：北京雁林吉兆印刷有限公司
版　　次：2023 年 9 月第一版
印　　次：2023 年 9 月北京第一次印刷
开　　本：787 毫米×1092 毫米　16 开本
印　　张：16
字　　数：358 千字
定　　价：58.00 元

版 权 专 有　侵 权 必 究

本书如有印装质量问题，我社营销中心负责退换

前　言

　　党的二十大报告提出：健全终身职业技能培训制度，推动解决结构性就业矛盾。全国各地积极响应号召，各地区根据产业转型、区域发展需求，通过产教融合提升学生职业技能、岗前培训帮助新职工尽快成长、职业技能培训为农民工拓宽就业渠道等多种形式加强职业技能培训，促进创业，带动就业。让就业者有一技傍身，不用再为工作发愁。为此，由中国电力出版社策划并组织一批专家、学者编写了《电工微视频自学丛书》，包括《电工快速入门》《电工识图快速入门》《万用表使用快速入门》《变频器应用快速入门》《PLC 应用快速入门》《低压控制系统应用快速入门》和《电工工具使用快速入门》《电动机使用与维修快速入门》，共 8 本。

　　电工技术是一门知识性、实践性和专业性都比较强的实用技术，其应用领域较广，各个行业及各个岗位涉及的技术各有侧重。为此，本套丛书在编写时充分考虑了多数电工初学者的个体情况，以一个无专业基础的人从零起步初学电工技术的角度，将初学电工的必备知识和技能进行归类、整理和提炼，并选择了近年来中小型企业电工紧缺岗位从业人员必备的几个技能侧重点，用通俗的语言，大量的图、表、口诀的形式来讲解，重点讲如何巧学、巧用，回避了一些实用性不强的理论阐述，以便让文化程度不高的读者通过直观、快捷的方式学好电工技术，为今后工作和进一步学习打下基础。本套丛书穿插了"知识链接""指点迷津""技能提高"等板块，以增加趣味性，提高可读性。

　　本书是其中的一本，由杨清德、黄勇编著。主要内容包括电气工程图制图与识图基础知识、识读电工仪表与保护电路图、供配电系统图、机电设备电气图和电动机控制新技术电气图识读等。本书涉及的电工电路比较多，读者可根据自己的实际工作需要，选学书中的部分内容。

　　由于编者水平有限，加之时间仓促，书中难免存在缺点和错漏，敬请读者多提意见和建议，可发至电子信箱 370169719@qq.com，以期再版时修改。

编　者

目　录

第 1 章

电工识图基础很重要

电气图是沟通电气设计人员、安装人员、操作人员的工程语言，是进行技术交流不可缺少的重要手段。要做到会看图和看懂图，必须从有关电气图的基础知识，如电气符号、电气绘图的基本规定、连接线、技术说明和常用电气图等知识入门，为看图打下基础。

1.1 电 气 符 号

1.1 常用电气
文字符号

电路图必须采用国家标准中规定的图形符号和文字符号来表示电气元器件的不同种类、规格及安装方式。电气符号一般包括文字符号、图形符号和回路标号。

1.1.1 文字符号

文字符号用来表示电气设备、装置、元器件种类及功能的字母代码，可分为基本文字符号、辅助文字符号和特殊用途文字符号 3 大类。

1. 基本文字符号

基本文字符号有单字母符号和双字母符号两种表达方式。

（1）单字母符号用拉丁字母将各种电气设备、电器元件分为 23 大类。每大类用一个专用字母符号表示，如"C"表示电容器类，"R"表示电阻类。其中，"I""O"容易和阿拉伯数字"1""0"混淆，不允许使用；字母"J"未使用。

（2）双字母符号由一个表示种类的单字母符号后面加一个字母组成，如"GB"表示蓄电池，其中，"G"为电源的单字母符号。又如"GS"表示同步发电机，其中，"G"为电源的单字母符号，"S"为同步发电机的英文名称的首位字母。

常用基本文字符号见表 1-1。

2. 辅助文字符号

辅助文字符号用来表示电气设备、装置和元器件及线路的功能、状态和特征，通常由英文单词的前一两个字母构成。如"SYN"表示同步，"L"表示限制，"RD"表示红色，"F"表示快速。

常用辅助文字符号见表 1-2。

表1-1 常用基本文字符号举例

名　称	单字母符号	多字母符号	名　称	单字母符号	多字母符号
发电机	G		电流表	A	
励磁机	G	GE	电压表	V	
电动机	M		功率因数表		$\cos\varphi$
绕组	W		电磁铁	Y	YA
变压器	T		电磁阀	Y	YV
隔离变压器	T	TI（N）	牵引电磁铁	Y	YA（T）
电流互感器	T	TA	插头	X	XP
电压互感器	T	TV	插座	X	XS
电抗器	L		端子板	X	XT
开关	Q、S		信号灯	H	HL
断路器	Q	QF	指示灯	H	HL
隔离开关	Q	QS	照明灯	E	EL
接地开关	Q	QG	电铃	H	HA
行程开关	S	SP	蜂鸣器	H	HB
脚踏开关	S	SF	测试插孔	X	XJ
按钮	S	SB	蓄电池	G	GB
接触器	K	KM	合闸按钮	S	SB（L）
交流接触器	K	KM（A）	跳闸按钮	S	SB（I）
直流接触器	K	KM（D）	试验按钮	S	SB（E）
星-三角启动器	K	KS（D）	检查按钮	S	SB（D）
继电器	K		启动按钮	S	SB（T）
避雷器	F	FA	停止按钮	S	SB（P）
熔断器	F	FU	操作按钮	S	SB（O）

表1-2　　　　　　　　　　常 用 辅 助 文 字 符 号

名　称	单字母符号	多字母符号	名　称	单字母符号	多字母符号
交流		AC	控制	C	
直流		DC	制动	B	BRK
电流	A		闭锁		LA
电压	V		异步		ASY
接地	E		延时	D	
保护	P		同步		SYN
保护接地	PE		运转		RUN
中性线	N		时间	T	
模拟	A		高	H	
数字	D		中	M	
自动	A	AUT	低	L	
手动	M		升	U	
辅助		AUX	降	D	
停止		STP	备用		RES
断开		OFF	复位		R
闭合		ON	差动	D	
输入		IN	红		RD
输出		OUT	绿		GN
左	L		黄		YE
右	R		白		WH
正、向前		FW	蓝		BL
反	R		黑		BK

3. 特殊用途文字符号

在电气图中，一些特殊用途的接线端子、导线等通常采用一些专用的文字符号。

例如：交流系统电源的第一、第二、第三相，分别用文字符号 L1、L2、L3 表示；交流系统设备的第一、第二、第三相，分别用文字符号 U、V、W 表示；直流系统电源的正极、负极，分别用文字符号 L+、L-表示；交流电、直流电分别用文字符号 AC、DC 表示；接地、保护接地、不接地保护分别用文字符号 E、PE、PU 表示。

在电路图中，文字符号组合的一般形式为

> 基本文字符号+辅助文字符号+数字序号

例如：KT1 表示电路中的第一个时间继电器；FU2 表示电路中的第二个熔断器。

4. 数字代码

文字符号除有字母符号外，还有数字代码。数字代码的使用方法主要有两种。

（1）数字代码单独使用。数字代码单独使用时，表示各种元器件、装置的种类或功能，应按序编号，还要在技术说明中对代码意义加以说明。例如，电气设备中有熔断器、刀开关、接触器等，可用数字代表器件的种类，如"1"代表熔断器，"2"代表刀开关，"3"代表接触器等。另外，电路图中电气图形符号的连线处常标有数字，这些数字称为线号，线号是区别电路接线的重要标志。

（2）数字代码与字母符号组合使用。将数字代码与字母符号组合起来使用，可说明同一类电气设备、元器件的不同编号。数字代码可放在电气设备、装置或元器件的前面或后面，放在前面通常表示同一图上不同回路，放在后面表示同一类设备、装置、元器件不是同一个。

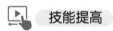 技能提高

文字符号的使用

（1）一般情况下编制电气图及电气技术文件时，应优先选用基本文字符号、辅助文字符号以及它们的组合。而在基本文字符号中，应优先选用单字母符号。当单字母符号不能满足要求时，可采用双字母符号。基本文字符号不能超过2位字母，辅助文字符号不能超过3位字母。

（2）辅助文字符号可单独使用，也可将首位字母放在表示项目种类的单字母符号后面组成双字母符号。

（3）当基本文字符号和辅助文字符号不够用时，可按有关电气名词术语国家标准或专业标准中英文术语缩写加以补充。

（4）文字符号可作为限定符号与其他图形符号组合使用，以派生出新的图形符号。

（5）文字符号不适用于电气产品型号的编制与命名。

指点迷津

> **文字符号记忆口诀**
> 文字符号有三类，基本辅助和特殊。
> 单双字母是基本，缩略用语为辅助。
> 特殊符号为专用，端子导线可描述。
> 文字符号灵活用，设备装置表清楚。

1.1.2 图形符号

图形符号是表示设备或概念的图形、标记或字符等的总称。图形符号是构成电气图的基本单元，电工把它比喻为技术文件中的"象形文字"。

1. 图形符号的几个概念

图形符号有以下几个概念。

（1）基本符号。基本符号用来说明电路的某些特征，但不表示独立的电气元件。如"~"表示交流，"-"表示直流。

（2）一般符号。一般符号是用来表示一类产品特征的一种简单图形，如"Ⓜ"表示交流电动机，"8"表示双绕组变压器。

（3）限定符号。限定符号是用来提供附加信息的一种加在其他图形符号上的符号，一般由具有一定方向的箭头、短横线或小圆点等构成，如图1-1所示。限定符号可以表示电量的种类、可变性、力和运动的方向、（流量与信号）流动方向等。限定符号一般不能单独使用。

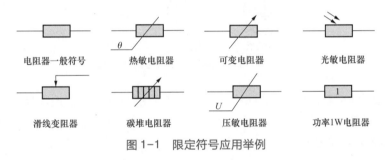

电阻器一般符号　　热敏电阻器　　可变电阻器　　光敏电阻器

滑线变阻器　　碳堆电阻器　　压敏电阻器　　功率1W电阻器

图1-1　限定符号应用举例

（4）符号要素。符号要素是一种具有确定含义的简单图形，表示元件的轮廓或外表。它必须和其他图形符号一起构成完整的符号。

（5）方框符号。方框符号用来表示元件、设备等的组合及其功能，并不给出它们的细节，也不反映它们之间的任何连接关系，是一种简单的图形符号。

方框符号通常只用于电气概略图。方框符号及应用示例如图1-2所示。

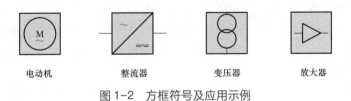

电动机　　　　整流器　　　　变压器　　　　放大器

图1-2　方框符号及应用示例

2. 图形符号的构成形式

实际用于电气图中的图形符号的构成形式有以下几种。

（1）一般符号+限定符号。如图1-3所示，将表示开关的一般图形符号，分别与接触器功能符号、断路器功能符号、隔离器功能符号、负荷开关功能符号等限定符号结合组成接触器图形符号、断路器图形符号、隔离开关图形符号、负荷开关图形符号。

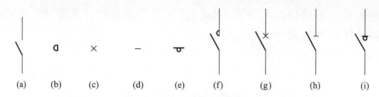

图 1-3　一般符号与限定符号组合举例

（a）开关一般符号；（b）接触器功能符号；（c）断路器功能符号；
（d）隔离器功能符号；（e）负荷开关功能符号；（f）接触器图形符号；
（g）断路器图形符号；（h）隔离开关图形符号；（i）负荷开关图形符号

（2）符号要素+一般符号。如图 1-4 所示，保护接地图形符号，由表示保护的符号要素与接地的一般符号组成。

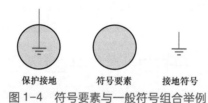

保护接地　　符号要素　　接地符号

图 1-4　符号要素与一般符号组合举例

（3）符号要素+一般符号+限定符号。如图 1-5 所示为自动增益放大器的图形符号，它由表示功能单元的符号要素与表示放大器的一般图形符号、表示自动控制的限定符号以及文字符号 dB（作为限定符号）构成。

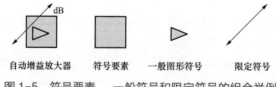

自动增益放大器　　符号要素　　一般图形符号　　限定符号

图 1-5　符号要素、一般符号和限定符号的组合举例

3. 图形符号的分类

电气图形符号种类繁多，GB/T 4728—2005《电气简图用图形符号》将其分为 11 类。

（1）导线和连接器件。导线和连接器件包括各种导线、接线端子、端子和导线的连接、连接器件、电缆附件等。

（2）无源元件。无源元件包括电阻器、电容器、电感器、铁氧体磁芯、磁存储器矩阵、压电晶体、驻极体、延迟线等。

（3）半导体管和电子管。半导体管和电子管包括二极管、三极管、晶闸管、电子管、辐射探测器等。

（4）电能的发生和转换。电能的发生和转换包括绕组、发电机、电动机、变压器、变流器等。

（5）开关、控制和保护装置。开关、控制和保护装置包括触点（触头）、开关、开关装置、控制装置、电动机启动器、继电器、熔断器、保护间隙、避雷器等。

（6）测量仪表、灯和信号器件。测量仪表、灯和信号器件包括指示、记录仪表、热电偶、遥测装置、电钟、传感器、灯、电喇叭和电铃等。

（7）电信交换和外围设备。电信交换和外围设备包括交换系统、选择器、电话机、电报和数据处理设备、传真机、换能器、记录和播放器等。

（8）电信传输。电信传输包括通信电路、天线、无线电台及各种电信传输设备。

（9）电力、照明和电信布置。电力、照明和电信布置包括发电站、变电站、网络、音响和电视的电缆配电系统、开关、插座引出线、电灯引出线、安装符号等，适用于电力、照明和电信系统的平面图。

（10）二进制逻辑单元。二进制逻辑单元包括组合和时序单元，运算器单元，延时单元，双稳，单稳和非稳单元，位移寄存器，计数器和存储器等。

（11）模拟单元。模拟单元包括函数器、坐标转换器、电子开关等。

此外，还有一些其他符号，如机械控制、操作件和操作方法、非电量控制、接地、接机壳和等电位、理想电路元器件（电压源、电流源）、电路故障和绝缘击穿等。

4. 常用图形符号

电气图中涉及的符号很多，表 1-3 只是列举了一部分最常用的图形符号，旨在引导读者入门，为后面的学习奠定基础。

表1-3 图 形 符 号 举 例

名　称	图形符号	名　称	图形符号
动合触点		欠压继电器线圈	 $U<$
动断触点		过电流继电器线圈	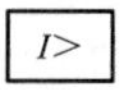 $I>$
先断后合的转换触点		继电延时线圈	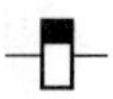
动合按钮		通电延时线圈	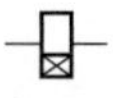
动断按钮	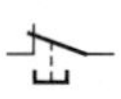	三相鼠笼式异步电动机	 M 3~
复合按钮	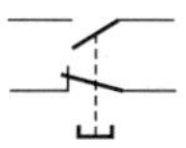	三相绕线式异步电动机	 M 3~
接触器线圈	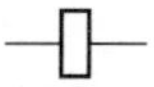	串励直流电动机	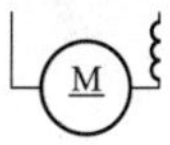 M

5. 图形符号表示的状态

图形符号所示状态均是在无电压、无外力作用时电气设备或电气元器件所处的状态。继电器和接触器被驱动的动合触点都在断开位置，动断触点都在闭合位置；断路器和隔离开关在断开位置；带零位的手动开关在零位位置；不带零位的手动控制开关处于图中规定的位置。

事故、备用、报警等开关应表示在设备正常使用时的位置，如在特定的位置时，应在图上有说明。

机械操作开关或触点的工作状态与工作条件或工作位置有关，它们的对应关系应在图形符号附近加以说明，以便在看图时能较清楚地了解开关和触点在什么条件下动作，进而了解电路的原理和功能。按开关或触点类型的不同，采用不同的表示方法。

（1）对非电或非人工操作的开关或触点，可用文字、坐标图形或操作器件简单符号来说明其工作状态，如图 1-6 所示。

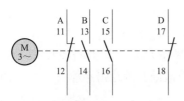

图 1-6　开关或触点运行方式用文字说明

A—在启动位置闭合；B—在 $100<n<200r/min$ 时闭合；C—在 $n\geqslant1400r/min$ 时闭合；D—未使用的一组触点

（2）对多位操作开关，如组合开关、转换开关、滑动开关等，具有多个操作位置，其内部触点较多，旋钮在不同的操作位置上时，各触点的结合状况不同，开关的工作状态也不同。这类操作开关的工作状态与工作位置关系有以下两种表示方法。

1）多位开关触点图形符号表示法。如图 1-7（a）所示的开关有 4 对触点，有 5 个位置，用数字表示。其中，"0"表示手柄在中间位置，两侧的数字"1""2"表示操作位置数，也可标注成手柄转动位置的角度。数字上也可标注文字表示具体的操作（前、后、手动、自动等）。纵向虚线表示手柄操作触点断、合的位置线，有"·"表示手柄转向该位置时触点接通，无"·"表示不通。例如手柄在"0"位置时，第一对触点和第四对触点下有"·"表示这两对触点接通；当手柄在"1"位置时，只有第二对触点下有"·"，表明第二对触点接通。

2）图形符号与连接表相结合表示法。如图 1-7（b）所示是一个多位开关的图形符号，它有 4 对触点 3 个位置。其位置与触点的关系见表 1-4。表中"×"表示接通，"-"表示断开。

（3）运用图形符号绘制电气图时应注意：

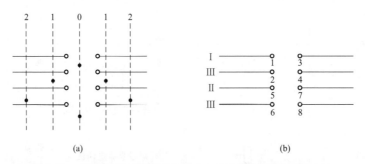

图 1-7　多位操作开关的工作状态与工作位置关系表示方法

（a）多位开关触点图形符号表示法；（b）多位开关图形符号

1）符号尺寸大小、线条粗细依国家标准可放大与缩小，但在同一张图样中，统一符号的尺寸应保持一致，各符号之间及符号本身比例应保持不变。

2）图形符号的方位，在不改变符号含义的前提下，可根据图面布置的需要旋转，或成镜像位置，但是文字和指示方向不得倒置。

表1-4　　　　　　　　　　　　　　多位开关触点连接表

位　　置	触　　点			
	1-3	2-4	5-7	6-8
I	×	—	—	—
II	—	—	×	—
III	—	×	—	×

【例1-1】识读电感器的文字符号及图形符号。

电路中电感器用 L 表示。其图形符号如图1-8所示，其中图1-8（a）表示线圈无磁芯；图1-8（b）表示线圈有磁芯；图1-8（c）表示线圈有高频磁芯；图1-8（d）表示线圈有磁芯且电感量可调。

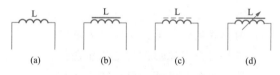

图1-8　电感器的图形符号

【例1-2】变压器的文字符号及图形符号。

电路中变压器用 T 表示。其图形符号如图1-9所示。

如图1-9（a）所示变压器有两组绕组，1-2为一次绕组，3-4为二次绕组。图形符号中垂直实线表示变压器有铁心。

如图1-9（b）所示变压器有两组二次绕组，3-4为一组，5-6为另一组。图形符号中垂直虚线表示变压器设有屏蔽层。

如图1-9（c）所示变压器一次和二次绕组的一端画有一个黑点，这是同名端的标记符号。各种专门用途的变压器还有其特定的图形符号，不在此一一列出。

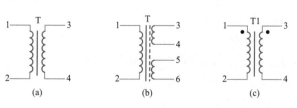

图1-9　变压器的图形符号

1.2　常用电气
图形符号

技能提高

图形符号的选用

（1）有些器件的图形符号有几种形式，可按照需要选用，但在同一套图纸中表示同一类对象时，应采用同一种形式的图形符号。

（2）有些结构复杂的图形符号除有普通形外，还有简化形，在满足表达需要的前提下，应尽量选用最简单的形式。

（3）图形符号的大小和图线的宽度并不影响符号的含义，可根据实际需要缩小和放大。

（4）根据图面布置的需要，可将图形符号按90°或45°的角度逆时针旋转或镜像放置，但文字和指示方向不能倒置。

（5）图形符号所带的引线不是图形符号的组成部分，在不改变符号含义的原则下，为绘图方便，引线可取不同的方向。但在某些情况下，图形符号引线的位置影响到符号的含义，则引线位置就不能随意改变，否则会引起歧义。如电阻器符号的引线就不能随意改变。

指点迷津

图形符号记忆口诀

图形符号象形字，个个表情又达意。

国标规定十一类，功能定义很明晰。

巧妙组合图像形，信息就靠它传递。

符号较多易混淆，琢磨清楚明其义。

符号状态为常态，常用符号要牢记。

1.1.3 回路标号

在电路图中，表示回路种类、特征而标注的文字符号和数字标号统称回路标号，也称为回路线号。其作用是为便于安装接线和有故障时好查找线路。

使用回路符号应遵循以下原则。

（1）回路标号按照"等电位"原则进行标注，即电路中连接在一点上的所有导线具有同一电位而标注相同的回路标号。

（2）由电气设备的线圈、绕组、电阻、电容、各类开关、触头等电气元器件分隔开的线段，应视为不同的线段，标注不同的回路标号。

（3）在一般情况下，回路标号由3位或3位以下的数字组成。

1）以个位代表相别，如三相交流电路的相别分别用1、2、3表示；以个位奇、偶数区别回路的极性，如直流回路的正极侧用奇数表示，负极侧用偶数表示。

2）以标号中的十位数字的顺序区分电路中的不同线段。

3）在直流回路中，以标号中的百位数字来区分不同供电电源的电路，如直流电路中A电源的正、负极电路标号用"101"和"102"表示；B电源的正、负极电路标号用"201"

和"202"表示。若电路中共用同一个电源，则可以省略百位数。

4）在交流回路中，当要表明电路中的相别或某些主要特征时，可在数字标号的前面或后面增注文字符号，文字符号用大写字母，并与数字标号并列。如第一相回路按 1、11、21…顺序标号，第二相按 2、12、22…顺序标号，第三相按 3、13、23…顺序标号。

5）在机床电气控制电路图中，回路标号实际上是导线的线号。

主（一次）回路的标号由文字标号和数字标号两部分组成。文字标号用来标明一次回路中电气元件和线路的种类和特征，如三相电动机绕组用 U、V、W 表示，那么绕组的首端就用 U1、V1、W1 表示，尾端就用 U2、V2、W2 表示。

数字标号可用来区别同一文字标号回路中的不同线段。如图 1-10（a）所示的主回路中，三相交流电源用 L1、L2、L3 表示，经过开关 QS1 后，用 L11、L12、L13 标号，再经过熔断器后用 L21、L22、L23 表示等。

辅助回路中标号，无论是直流还是交流的辅助回路，一般采用以下两种标号方法。

（1）以电路元件为界，其两侧的不同线段标号分别按个位数的奇偶性来依次标注。如图 1-10（b）所示的辅助回路中，电路元件一般包括接触器线圈、继电器线圈、电阻器、电容器、照明灯和电铃等。当电路比较复杂回路中不同线段较多时，标号可连续递增到两位奇偶数，如"11、13、15""12、14、16"等。

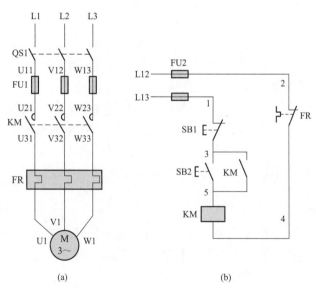

图 1-10　电动机控制电路中回路标号举例
（a）主回路；（b）辅助回路

（2）首先编好控制回路电源引线线号，"1"通常标在控制线的最下方，然后按照控制回路从上到下、从左到右的顺序，以自然序数递增，每经过一个触点，标号依次递增，电位相等的导线标号相同，接地线标为"0"号线。

当控制回路支路较多时，为便于修改电路，在把第一条支路的线号标完后，第二条支路可不接着上面的线号数往下标，而从"11"开始依次递增。若第一条支路的线号已经标到

"10"以上时，则第二条支路可以从"21"开始，依此类推。

知识点拨

回路标号方式应统一

在标注回路标号时，其标注方式比较多，但无论采用哪种标号方式，电路图和接线图上相应的线号应始终保持一致。否则，会给安装及维修工作带来不必要的麻烦。

指点迷津

> **回路标号记忆口诀**
> 多个回路电线多，便于识别就标号。
> 回路标号有方法，功能分组确定号。
> 电位相等号相同，电位不等不同号。
> 一次回路三位数，二次回路奇偶号。

1.1.4 项目代号

在电气图上，通常用一个图形符号表示的基本件、部件、组件、功能单元、设备、系统等，称为项目。项目有大有小，大至电力系统、成套配电装置，以及发电机、变压器等，小至电阻器、端子、连接片等，都可以称为项目。

项目代号是用来识别图、表图、表格和设备上的项目种类，并提供项目的层次关系、种类、实际位置等信息的一种特定的代码，是电气技术领域中极为重要的代号。由于项目代号是以一个系统、成套装置或设备的依次分解为基础来编定的，建立了图形符号与实物间一一对应的关系，因此可以用来识别、查找各种图形符号所表示的电气元件、装置和设备以及它们的隶属关系、安装位置。

1. 项目代号的组成

项目代号由高层代号、位置代号、种类代号、端子代号，根据不同场合的需要组合而成，它们分别用不同的前缀符号来识别。前缀符号后面跟字符代码，字符代码可由字母、数字或字母加数字构成，其意义没有统一的规定（种类代号的字符代码除外），通常可以在设计文件中找到说明。大写字母和小写字母具有相同的意义（端子标记例外），但优先采用大写字母。一个完整的项目代号包括 4 个代号段，其名称及前缀符号见表1-5。

表1-5　　　　　　　　　　项目代号段名称及前缀符号

分　段	名　　称	前缀符号	分　段	名　　称	前缀符号
第一段	高层代号	=	第三段	种类代号	—
第二段	位置代号	+	第四段	端子代号	:

（1）高层代号。系统或设备中任何较高层次（对给予代号的项目而言）的项目代号，称为高层代号，如电力系统、电力变压器、电动机、启动器等。

由于各类子系统或成套配电装置、设备的划分方法不同，某些部分对其所属下一级项目就是高层。例如，电力系统相对于其所属的变电站来说，其代号是高层代号，但该变电站相对于其中的某一开关（如高压断路器）的项目代号而言，该变电站代号则是高层代号。因此，高层代号具有项目总代号的含义，但其命名是相对的。

（2）位置代号。项目在组件、设备、系统或者建筑物中实际位置的代号，称为位置代号。

位置代号通常由自行规定的拉丁字母及数字组成，在使用位置代号时，应画出表示该项目位置的示意图。

（3）种类代号。种类代号是用于识别所指项目属于什么种类的一种代号，是项目代号中的核心部分。

种类代号通常有 3 种不同的表达形式。

1）字母+数字：这种表达形式较为常见，如"-K5"表示第 5 号继电器。种类代号中字母采用文字符号中的基本文字符号，一般是单字母，不能超过双字母。

2）给每个项目规定一个统一的数字序号：这种表达形式不分项目的类别，所有项目按顺序统一编号，如可以按电路中的信息流向编号。这种方法简单，但不易识别项目的种类，必须将数字序号与其代表的项目种类列成表，置于图中或图后，以利于识读。其具体形式为：位置代号前缀符号+数字序号，如示例"-3"代表 3 号项目，在技术说明中必须说明"3"代表的种类。

3）按不同种类的项目分组编号：数码代号的意义可自行确定，如，"-1"表示电动机，"-2"表示继电器等。当某个单元中使用的项目大类较多时，数字"0"也可以表示一个大类。数字代码后紧接数字序号。当某个单元内同类项目数量超过 9 个时，数字序号可以为两位数，但是全图的标注法应该一致，以免误解，如电动机为-11、-12、-13…；继电器为-21、-22、-23…。

在种类代号段中，除项目种类字母外，还可附加功能字母代码，以进一步说明该项目的特征或作用。功能字母代码没有明确规定，由使用者自定，并在图中说明其含义。功能字母代码只能以后缀形式出现。其具体形式为：前缀符号+种类的字母代码+同一项目种类的字母代码+同一项目种类的序号+项目的功能字母代码。

种类代号举例如图 1-11 所示。

（4）端子代号。端子代号是指项目（如成套柜、屏）内、外电路进行电气连接的接线端子的代号。电气图中端子代号的字母必须大写。

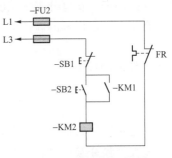

图 1-11　种类代号举例

电器接线端子与特定导线（包括绝缘导线）相连接时，规定有专门的标记方法。如，三相交流电器的接线端子若与相位有关系时，字母代号必须是 U、V、W，并且与交流三相导线 L1、L2、L3 ——对应。

端子代号可标注在端子代号的附近，不画小圆的端子则将端子代号标注在符号引线附近，标注方向以看图方向为准。在画有围框的功能单元或结构单元中，端子代号必须标注在围框内，如图 1-12 所示为端子代号标注举例，图 1-12（a）中电缆-W137 的相应芯线接到远端+B5-X1 的端子 26~30 及 PE 上，如图 1-12（b）所示。

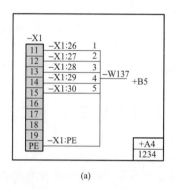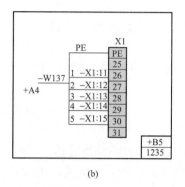

(a)   (b)

图 1-12　端子代号标注举例

2. 项目代号的应用

一个项目代号可以由一个代号段组成，也可以由几个代号段组成。通常，种类代号可以单独表示一个项目，而其余大多应与种类代号组合起来，才能较完整地表示一个项目。如，图 1-12（a）中各端子代号为："-X1：26""-X1：27"…

为了能够很方便地根据电气图对电路进行安装、检修、分析与查找故障，在电气图上要标注项目代号。但根据使用场合及详略要求的不同，在一张图上的某一个项目不一定都有 4 个代号段。比如，不需要知道设备的实际安装位置时，可以省掉位置代号；当图中所有高层项目相同时，可以省掉高层代号而另外加以说明即可。

在集中表示法和半集中表示法的图中，项目代号只在图形符号旁标注一次，并用机械连接线连接起来。在分开表示法的图中，项目代号应在项目每一部分旁都标注出来。

在不会引起误解的前提下，代号段的前缀符号也可以不标。

知识点拨

项目代号的标注

在电气图中做标注时，有时并不需要将项目代号中的四个代号段全部标注出来。通常可针对项目，按分层说明、适当组合、符合规范、就近标注、有利看图的原则，有目的地进行选注。也就是可以就项目本身的情况标注单一的代号段或几个代号段的组合。对于经常使用而又较为简单的图，可以只采用某一个代号段。

1.3　制图的
基本规定

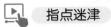

项目代号记忆口诀

复杂项目分层次，唯一代号结构树。
结构划分两方法，功能位置一步步。
四个号段表项目，方便识图就近注。
代号实物相对应，安装维修有帮助。

1.2　工程图纸的基本规定

设计部门用工程图表达设计思想及意图，施工人员用工程图编制施工计划、准备材料、组织施工，事业人员用工程图对设施、设备实施维护和管理。由此可见工程图在设计与施工方中的重要地位。工程图必须按照国家及相关行业的有关规定进行绘制。

1.2.1　图纸格式

图纸通常由图框线、标题栏、会签栏组成。

图纸格式如图 1-13 所示，其中，图 1-13（a）为留装订边，图1-13（b）为不留装订边。

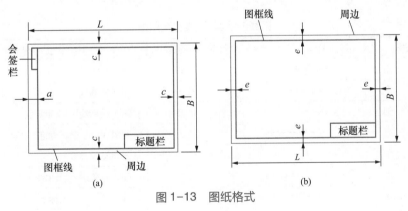

图 1-13　图纸格式

标题栏中的项目有"设计单位名称""工程名称""图纸名称""设计人""审核人"等，均应填写。无论采用横式或竖式图幅，工程设计标题栏均应设置在图纸的右下方，标题栏相当于产品的商标，位于图纸的右下角，紧靠图框线，如图 1-14 所示。

会签栏主要用于专业设计人员会审设计图时签名，一般位于图纸的左上角。

1.2.2　图纸幅面

图纸的大小称为图纸的幅面，图纸幅面按照大小共分为 5 类，其尺寸见表 1-6。

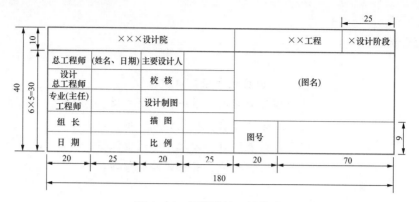

图1-14 标题栏的一般格式

表1-6 　　　　　　　　　幅面代号及尺寸　　　　　　　　　　mm

幅面代号	A0	A1	A2	A3	A4
宽×长（B×L）	841×1189	594×841	420×594	297×420	210×297
留装订边边宽（c）	10			5	
不留装订边边宽（e）	20		10		
装订侧边宽（a）	25				

1.2.3 图线

工程图用各种不同的图线绘制。图线的线型、线宽及用途见表1-7。

表1-7 　　　　　　　　　图线的线型、线宽及用途

名　　称		线　　型	线　宽	一　般　用　途
实线	粗	——————	b	主要可见轮廓线
	中	——————	$0.5b$	可见轮廓线
	细	——————	$0.35b$	可见轮廓线、图例线等
虚线	粗	------	b	见有关专业制图标准
	中	------	$0.5b$	不可见轮廓线
	细	------	$0.35b$	不可见轮廓线、图例线等
点画线	粗	—·—·—	b	见有关专业制图标准
	中	—·—·—	$0.5b$	见有关专业制图标准
	细	—·—·—	$0.35b$	中心线、对称线等
双点画线	粗	—··—··	b	见有关专业制图标准
	中	—··—··	$0.5b$	见有关专业制图标准
	细	—··—··	$0.35b$	假想轮廓线、成型前原始轮廓线
折断线		∿	$0.35b$	断开界线
波浪线		～～	$0.35b$	断开界线

注 b 为基本线宽。

1.2.4 比例、尺寸标注和字体

1. 比例

工程图比例是图形与实物相对应的线性尺寸之比。例如图上长度为1m，与之对应的实物长度为50m，则此图的比例为1∶50。

电气施工图常用的比例有1∶200、1∶150、1∶100、1∶50。大样图的比例可以用1∶20、1∶10或1∶5。

2. 尺寸标注

图纸上的尺寸标注由尺寸界线、尺寸线、尺寸起止线和尺寸数字4部分组成，如图1-15所示。

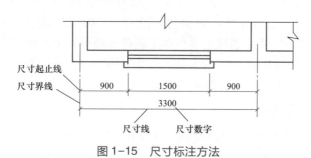

图1-15 尺寸标注方法

工程图纸上标注的尺寸通常采用mm为单位，只有总平面图或特大设备用m为单位。凡尺寸单位是mm时不必注明。在同一图样中，每一尺寸一般只标注一次。

3. 字体

墨线图采取直体长仿宋字。图中书写的各种字母和数字，可采用向右倾斜与水平成75°角的斜体字。当与汉字混合书写时，可采用直体字，但物理量符号一般采用斜体字。汉字的笔画粗细约为字高的1/15。各种字母和数字的笔画粗细约为字高的1/7或1/8。各种字体应从左往右整齐排列，笔画清晰。不得滥用不规范的简化字和繁体字。

1.2.5 箭头和指引线

在电气图中的尺寸标注时，表示信号传输或表示非电过程中的介质流向时都需要用箭头。若将文字或符号引注至被注释的部位，需要用指引线。

1. 箭头

电气图中有三种形状的箭头，如图1-16所示。如图1-16（a）所示为开口箭头，用于说明电气能量、电气信号的传递方向（能量流、信号流流向）；如图1-16（b）

图1-16 电气图中的箭头

所示为实心箭头，用于说明非电过程中材料或介质的流向；如图1-16（c）所示为普通箭头，用于说明可变性力或运动的方向以及指引线方向。

2. 指引线

指引线用来指示注释的对象，它为细实线，并在其末端加注标记。指引线末端有三种形式，如图1-17所示。

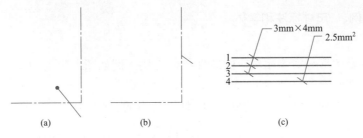

图 1-17　指引线末端的形式

（a）小圆点；（b）普通箭头；（c）短斜线

　　当指引线末端伸入被注释对象的轮廓线内时，指引线末端应画一个小圆点，如图 1-17（a）所示。当指引线末端恰好指在被注释对象的轮廓线上时，指引线末端应用普通箭头指在轮廓线上，如图 1-17（b）所示。当指引线末端指在不用轮廓图形表示的电气连接线上时，指引线末端应用一短斜线示出，如图 1-17（c）所示。图 1-17（c）表示从上往下第 1、2、3 根导线的截面积为 $4mm^2$、第 4 根导线的截面积为 $2.5mm^2$。

1.2.6　图中位置的表示方法

　　图中位置的表示方法有三种，即坐标法、电路编号法、表格法。

1. 坐标法

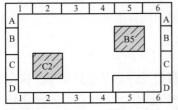

图 1-18　用坐标法描述电气图

坐标法即将整个图纸的幅面分区，将图纸相互垂直的两边各自加以等分，分区的数目取决于图的复杂程度，但必须取偶数，每一分区长度为 25～75mm。然后从图样的左上角开始，在图样横向周边的用数字编号，竖向用拉丁字母编号，如图 1-18 所示。

　　图幅分区后，相当于建立了一个坐标。图中某个位置的代号用该区域的字母和数字组合起来表示，且字母在前，数字在后，如 C2 区、B5 区等。在识读电路图时，用分区即可确定、查找电气元器件，给分析电路工作原理带来了极大的方便。图中的分区位置及标注方法见表 1-8 所列。

表 1-8　　　　　　　　　　　　　　　分区位置及标注方法

符号或元件的图中位置		标　记
有关联的符号在同一张图内	本图中的 B 行	B
	本图中的 5 列	5
	本图中的 B 行 5 列（B5 区）	B5
有关联的符号不在同一张图内	具有相同图号的第 2 张图中的 B5 区	2/B5
	图号为 1125 单张图中的 B5 区	图 1125/B5
	图号为 1125 的第 2 张图中的 B5 区	图 1125/2/B5
按项目代号确定位置的方式（例如所指项目为 =P1 系统）	=P1 系统单张图中的 B3 区	=P1/B3
	=P1 系统的第 2 张图中的 B3 区	=P1/2/B3

2. 电路编号法

电路编号法是对图样中的电器或分支电路用数字按序编号。若是水平布图，数字编号按自上而下的顺序；若是垂直布图，数字编号按自左而右的顺序，数字分别写在各支路下端，若要表示元器件相关联部分所在位置，只需在元器件的符号旁标注相关联部分所处支路的编号即可。

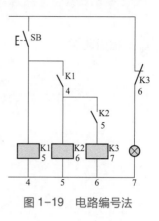

图1-19 电路编号法

如图1-19所示，图中电路从左向右编号。继电器K1下标注"5"，说明受继电器K1驱动的触点在5号支路上；而在5号支路上，触点K1下标注"4"，说明驱动该触点的线圈在4号支路上，其余可依此类推。

3. 表格法

表格法是指在图的边缘部分绘制一个按项目代号进行分类的表格。表格中的项目代号和图中相应的图形符号在垂直或水平方向对齐，图形符号旁仍需标注项目代号。图上的各项目与表格中的各项目逐一对应。这种位置表示法，便于对元器件进行归类和统计。

如图1-20所示的元器件位置就是采用表格法来表示的。

电阻器	R1、R2、R3			
电容器				C1
三极管		VT1、VT2		
变压器	T1		T2	
扬声器				B

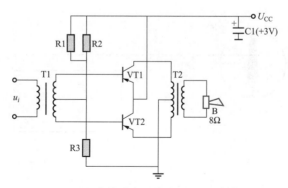

图1-20 用表格法表示图中元器件位置举例

指点迷津

> **工程图纸基本规定记忆口诀**
> 工程制图按规定，格式图幅及图线，
> 比例标注及字体，箭头以及指引线，
> 图中位置表示法，上述要素要规范。

1.3 建筑施工图中的有关规定

电工在电气设备安装与维护时常常需要和建筑施工人员配合，尤其是电气预埋件的安装基本上是与土建工程同时进行的。为此，电工应了解建筑施工图的有关规定，为电气设备的定位、施工放线、安装做好准备。

1.3.1 方位标志

图纸一般是按"上北下南，左西右东"的方向来绘制，在很多情况下，图纸上用方位标记（指北针方向）来表示其朝向，如图1-21所示，箭头方向表示正北方向。

1.3.2 标高和平面图定位轴线

1. 标高

建筑图纸中的标高通常是相对标高。一般将±0.00（正、负零）设定在建筑物首层室内地平面，往上为正值，往下为负值，如图1-22（a）所示。

在建筑图中安装设备时，还需要另一种标高：敷设标高。敷设标高是指设备下平面距离本层地面的高度，如图1-22（b）所示。

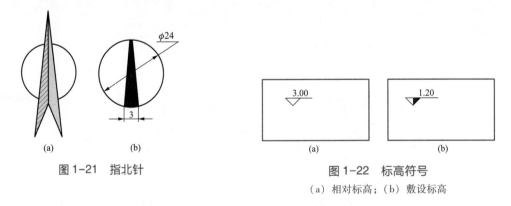

图1-21　指北针

图1-22　标高符号
（a）相对标高；（b）敷设标高

2. 平面图定位轴线

电力、照明、弱电布置通常都是在建筑物平面图上进行的，在建筑平面图上一般都标有定位轴线，以作为定位、放线的依据和识别设备安装的位置。

凡由建筑物的承重墙、柱、主梁及房架等主要承重构件的位置所画的轴线，称为定位轴线。

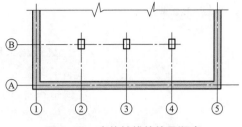

图1-23　定位轴线的编号顺序

定位轴线编号的基本原则：在水平方向，从左到右用阿拉伯数字表示；在垂直方向，采用大写英文字母自下而上标注，如图1-23所示。轴线间距由建筑结构尺寸确定。电气平面图中，为了突出电气线路，通常只在外墙外侧画出横竖轴线，建筑平面内轴线不一定画。

1.3.3　索引符号和详图符号

1. 索引符号

索引符号是为了便于查找总图和详图之间的关系。如果总图上某处需要另画详图，则在该处用索引符号表示，如图1-24所示。

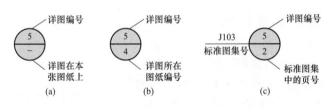

图1-24　索引符号

（a）索引符号（一）；（b）索引符号（二）；（c）索引符号（三）

2. 详图符号

详图符号是在所画详图的下方标出与索引符号相对应的符号，如图1-25所示。其编号与索引符号相互对应，如图1-24（a）与图1-25（a）相对应，图1-24（b）与图1-25（b）相对应。

1.3.4　图例

为了简化作图，国家有关标准和一些设计单位有针对性地将常见的材料构件、施工方法等规定了一些固定的画法式样，有的还附有文字符号标注。要看懂电气安装施工图，就要明白图上这些符号的含义。如果电气图纸中的图例是由国家统一规定的则称为国标符号，而由有关部委颁布的电气符号称为部标符号。

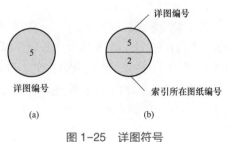

图1-25　详图符号

（a）详图符号（一）；（b）详图符号（二）

电气符号的种类很多，国际上通用的图形符号标准是IEC（国际电工委员会）标准。我国的国家标准（GB）图形符号和IEC标准是一致的，国标序号为GB 4728。

指点迷津

> **建筑施工图规定记忆口诀**
> 上北下南表方位，首层地平为标高。
> 定位轴线看墙柱，主梁房架承重件。
> 图纸较多标索引，详图符号相对应。
> 简化作图有技巧，非标符号列图例。

1.4 连接线、汇总线、中断线的表示法

在电力工程电路图中，各种图形符号的相互连接线统称连接线，其作用是连接各设备、元件的图形符号。

导线的一般表示方法如图1-26所示，可表示一根导线、导线组、电线、电缆、传输电路、母线、总线等。根据具体情况，导线可予以适当加粗、延长或者缩短。

导线根数的表示方法：4根以下用短斜线数目代表根数，如图1-26（b）所示；数量较多时，可用一小斜线标注数字来表示，如图1-26（c）所示。

导线的特征（如导线的材料、截面、电压、频率等），可在导线上方、下方或中断处采用符号标注，如图1-26（d）、（e）所示。

如果需要表示电路相序的变更、极性的反向、导线的交换等，可采用如图1-26（f）所示的方法标注，表示图中L1和L3两相需要换位。

连接线的单线表示法，如图1-27所示。其中图1-27（a）为加注对应标记，图1-27（b）为按顺序标记，图1-27（c）为将图1-27（b）中标记省去，图1-27（d）为线组两端导线编号顺序相同。汇总线的单线表示法如图1-28所示，其中图1-28（a）为导线汇入线组（导线顺序号相同），图1-28（b）为用数字表示导线根数，图1-28（c）为导线汇入线路（导线顺序号不同）；中断线的表示法如图1-29所示，其中图1-29（a）为穿越图线的中断组，图1-29（b）为导线组中断，图1-29（c）为不同图上连接的中断表示方法，图1-29（d）为连接的连接线，图1-29（e）为连接线中断后用符号标记。

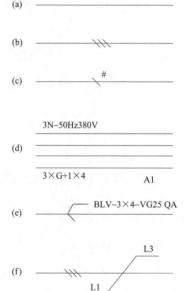

图1-26 导线的一般表示方法

指点迷津

导线标注记忆口诀
图中导线表示法，设备之间加连线。
导线根数表示法，四根以下用短线。
根数较多标数目，材料截面符号现。
相序变更极性换，标注就用弯钩线。

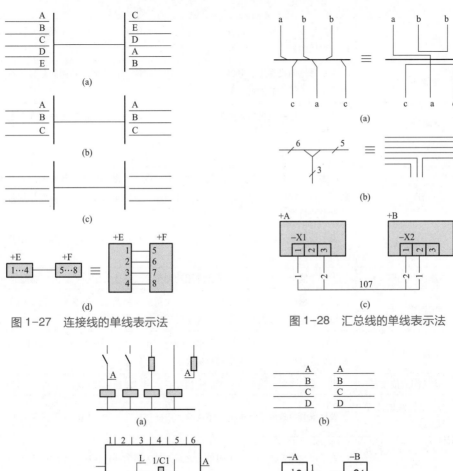

图1-27 连接线的单线表示法

图1-28 汇总线的单线表示法

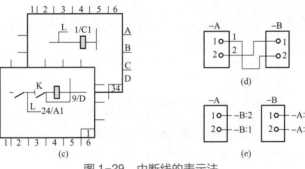

图1-29 中断线的表示法

1.4 几种常用的
电气图

1.5 电工常用的电气图

电气图通常是指用图形符号、带注释的围框或简化外形表示系统或设备中各组成部分之间相互关系及其连接关系的一种简图。

按照国家标准（GB/T 6988）的规定，电气图分为以下 15 种，见表 1-9。

表 1-9　　　　　　　　　　　电气图的分类

序号	名　称	定　义
1	概略图或框图	用符号或带注释的框，概略表示系统或分系统的基本组成、相互关系及其主要特征的一种简图
2	功能图	表示理论的或理想的电路而不涉及实现方法的一种简图。其用途是提供绘制电路图和其他有关简图的依据
3	逻辑图	主要用二进制逻辑单元图形符号绘制的一种简图。只表示功能而不涉及实现方法的逻辑图，称为纯逻辑图
4	功能表图	表示控制系统（如一个供电过程或一个生产过程的控制系统）的作用和状态的一种表图
5	电路图	用图形符号并按工作顺序排列，详细表示电路、设备或成套装置的全部基本组成和连接关系，而不考虑其实际位置的一种简图。目的是便于详细了解作用原理，分析和计算电路特性
6	等效电路图	表示理论的或理想的元件及其连接关系的一种功能图。供分析和计算电路特性和状态用
7	端子功能图	表示功能单元全部外接端子，并用功能图、表图或文字表示其内部功能的一种简图
8	程序图	详细表示程序单元和程序片及其互连关系的一种简图。其要素和模块的布置应能清楚地表示出其相互关系，目的是便于对程序运行的理解
9	设备元件表	把成套装置、设备和装置中各组成部分和相应数据列成的表格。其用途是表示各组成部分的名称、型号、规格和数量等
10	接线图或接线表	表示成套装置、设备或装置的连接关系，用以进行接线和检查的一种简图或表格
11	单元接线图或单元接线表	表示成套装置或设备中一个结构单元内的连接关系的一种接线图或接线表
12	互连接线图或互连接线表	表示成套装置或设备的不同单元之间连接关系的一种接线图或接线
13	端子接线图或端子接线表	表示成套装置或设备的端子以及接在端子上的外部接线（必要时包括内部接线）的一种接线图或接线表
14	数据单	对特定项目给出详细信息的资料
15	位置简图或位置图	表示成套装置、设备或装置中各个项目的位置的一种简图或一种图

下面主要介绍电工在日常工作中比较常用的电路图、概略图（框图）、接线图和逻辑图这4种基本电气图。

1.5.1 电路图

1. 电路图的基本特征

电路图是采用图形符号和文字符号并按照工作顺序排列构成的一种简图。

电路图可单独绘制，也可与接线图、功能图（表）等组合绘制。

2. 电路图的基本规定

电路图有以下基本规定。

（1）设备和元件的表示方法。在电路图中，设备和元件采用符号表示，也可采用简化外形表示，并应以适当形式标注其代号、名称、型号、规格、数量等。

（2）设备和元件的工作状态。设备和元件的可动部分通常应表示在非激励或不工作的状态或位置。

（3）符号的布置。对于驱动部分和被驱动部分之间采用机械连接的设备和元件（例如继电器的线圈和触点），以及同一设备的多个元件（例如转换开关的各对触点），可在图上采用集中布置、半集中布置和分开布置。

3. 电路图的基本形式

电路图的基本形式有集中式电路图和分开式电路图。

（1）集中式电路图如图1-30所示，断路器、继电器等设备采用集中布置。当10kV电路因故障电流增加到一定值时，连接于电流互感器TA的过电流继电器KA动作，其动合触点闭合，时间继电器KT接通电源；经过一定延时后，其触点闭合，从而使信号继电器KS、中间继电器KM接通；KS动作后将会发出跳闸及其他信号（未表示）；KM动作后，其触点闭合，断路器跳闸线圈接通电源，断路器QF跳闸，切除故障。

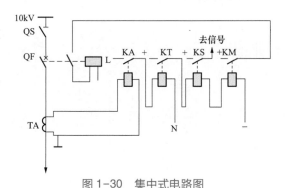

图1-30 集中式电路图

（2）分开式电路图。如图1-31所示为与图1-30相对应的分开式电路图，该图将集中式电路图中各设备采用分开式布置，并标注了回路符号。

4. 电路图的基本内容

电路图一般应包括以下主要内容。

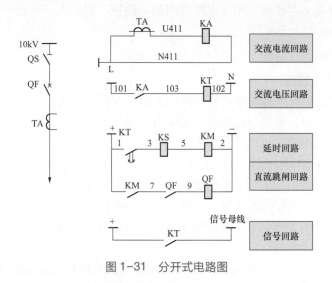

图 1-31　分开式电路图

（1）表示电路中元件或功能件的图形符号。
（2）表示元件或功能件之间的连接线，单线或多线，连续线或中断线。
（3）表示项目代号，如高层代号、种类代号和必要的位置代号、端子代号。
（4）表示用于信号的电平约定。
（5）表示了解功能件必需的补充信息。

5. 电路图的特点

如前所述，电路图是用图形符号并按工作顺序排列，详细表示电路、设备或成套装置的全部基本组成和连接关系，而不考虑其实际位置的一种简图。下面以如图 1-32 所示的两个设备互相连锁电路为例，介绍电路图的特点。

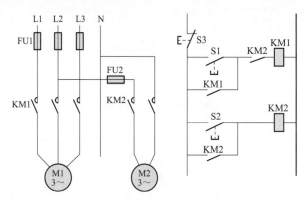

图 1-32　两个设备互相连锁电路

这个电路图主要是说明压缩机电动机 M1 和风机电动机 M2 供电、控制及互相连锁的电路构成和工作原理。这个图具有以下一些特点。

（1）按供电电源和功能划分为主电路和辅助电路两部分。主电路按能量流（即电流）

流向绘制，表示了电能经熔断器 FU1 和 FU2、接触器 KM1 和 KM2 至电动机 M1 和 M2 的供电关系。辅助电路按动作顺序，即功能关系绘制。

（2）主电路采用垂直布置，辅助电路采用水平布置。这种布局方法主要是为了阐述装置的工作原理，而与元器件的实际位置无关。各元器件均用图形符号表示，与它们的外形结构无关。可见这种图是一种简图。

（3）表示了各元件的连接关系，但是它不能代替接线图。

6. 电路图的主要用途

电路图是电气技术中使用最广的一种图，过去曾称为电原理图。电路图的主要用途如下。

（1）用于了解实现系统、分系统、电器、部件、设备、软件等的功能所需的实际元器件及其在电路中的作用，供详细表达和理解设计对象（电路、设备或装置）的作用原理、分析和计算电路特性和有关参数用。

例如，通过图 1-32 便能了解到以下信息：按下 S2，接触器 KM2 的工作线圈与电源接通，KM2 动作，风机用电动机 M2 工作，风机运转；再按下 S1，由于串联在该回路的一对 KM2 的动合辅助触点已闭合，则 KM1 的工作线圈也可与电源接通，接触器 KM1 工作，压缩机电动机 M1 工作，压缩机运转。正是由于 KM2 的一对辅助触点串联在 KM1 线圈回路中，因此才保证了只有通风散热用电动机 M2 工作，压缩机电动机 M1 才能启动运转，压缩机才不至于因散热不良而烧毁。这个电路图清楚地说明了这种连锁关系：风机工作后，压缩机才能工作。

（2）作为编制接线图的依据。供现场安装接线用的接线图和接线表，都是在电路图的基础上编制出来的，只有深刻理解电路图，才能看懂接线图和接线表，并能按图表正确地接线。

（3）为测试和寻找故障提供信息。分析、测试和寻找电气故障必须以电路图为依据，否则便无从入手。在如图 1-32 所示的装置中，若 KM2 不能正常闭合，则应在这一电路图中，逐一分析与检查 KM2 线圈回路中的元件与电路接线。

（4）为系统、分系统、电器、部件、设备、软件等安装和维修提供依据。为达此目的，一般还需要相应的位置图和安装文件。

1.5.2 概略图和框图

概略图也称系统图或框图，是表示系统、设备、电器、部件中各项目之间主要关系和连接的相对简单的简图。

概略图可分不同层次绘制。一般参照绘图对象的逐级分解来划分层次。较高层次的概略图可反映对象的概况；较低层次的概略图，可将对象表达得较为详细。

概略图可作为教学、训练、操作和维修的基础文件，使人们对系统、装置、设备等有一个概括了解。为进一步编制详细技术文件以及绘制电路图、逻辑图、接线图等提供依据。概略图的布局采用功能布局法，能清晰表达过程和信息的流向。为便于看图，控制信号流向与过程流向应相互垂直。概略图的基本形式有如下三种。

1. 用一般符号绘制的概略图

用一般符号绘制的概略图通常采用单线表示法绘制。如图1-33 所示是电力供电系统示意图。若分别用图形符号代表发电机 G、变压器 T、线路 W、负荷 P，并标注一定的文字符号，就可以把图1-33 绘制成为如图1-34 所示的概略图。

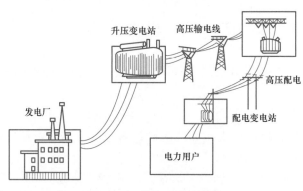

图1-33　供电系统示意图

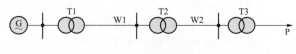

图1-34　供电系统概略图

2. 框图

通常用框图来表示系统或分系统的组成。图1-35 所示为根据图1-33绘制的电力供电系统框图。

图1-35　电力供电系统框图

📺 知识点拨

概略图和框图的异同

概略图和框图是用符号或带文字说明方框概略地表示系统结构、组成部分、相互关系及其主要特征的一种简图，是进一步编制详细的技术文件以及逻辑图、电路图、接线图、平面图等的基础性文件，是进行有关的计算、选择导线和电气设备等的重要依据。

概略图和框图所描述的内容是系统的基本组成和主要特征，而不是全部组成和全部特征。概略图与框图没有原则性的区别，两者都是用符号绘制的简图。但在实际应用中，两者又有比较大的区别：概略图采用一般符号和框形符号，框图则采用框形符号；概略图标注的项目代号为高层代号，框图若标注项目代号，一般为种类代号；两者所描述的对象有些区别，概略图通常用于表示系统或成套装置，而框图通常用于表示分系统和设备。

3. 用非电流程统一绘制的概略图

在某些情况下用非电流程统一绘制的概略图能更清楚表示系统的构成和特征。图1-36所示是某一水泵的电动机供电和给水系统的概略图。它表示了电动机供电、水泵工作和控制三个部分间的连接关系。

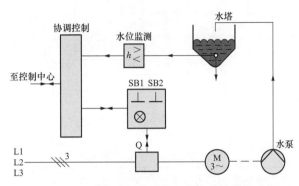

图1-36 水泵的电动机供电和给水系统的概略图

1.5.3 接线图（表）

接线图（表）是表示电气设备、元器件或装置的连接关系，用来进行安装接线、线路检查、线路维修和故障检修的一种简图（表）。接线图和接线表是表示相同内容的两种表示方式，两者功能相同，可以单独使用，也可以组合起来使用，一般以接线图为主，接线表给予补充。

接线图和接线表通常要和电路图、平面位置图结合起来使用，根据所表示的内容不同，可分为以下三类。

（1）单元接线图（表）。单元接线图（表）是表示成套设备或设备中一个结构单元内部各元件间连接关系的图（表）。这里的结构单元是指可以独立运行的组件或某种组合体，如电动机、继电器、接触器等。

（2）互连接线（表）。互连接线（表）是表示成套装置或设备内两个或两个以上单元之间的连接关系的图（表）。

（3）端子接线图（表）。端子接线图（表）是用于表示成套装置或设备的端子及其与外部导线的连接关系的图（表）。端子接线表可以和接线图组合起来绘制在一起，图1-37所示的端子接线板X所示；端子接线也可单独绘制，见表1-10。

接线图的特点是图中只表示电气元件的安装地点和实际尺寸、位置和配线方式等，但不能直观地表示出电路的原理和电气元件间的控制关系。

一些家用电器，生产厂家往往随产品使用说明书附上安装示意图，供用户在安装和接线时参考，如图1-38所示为某吊扇的安装示意图。

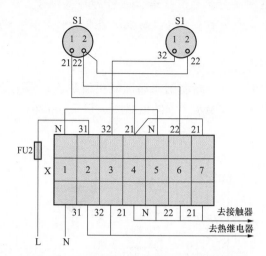

图 1-37　端子接线表和接线图组合起来绘制

表 1-10　　　　　　　　　　　　以端子为主的端子接线表举例

项 目 代 号	端 子 代 号	电 缆 号	芯 线 号
-X1	:11	-W136	1
	:12	-W137	1
	:13	-W137	5
	:14	-W137	3
	:15	-W136	4
	:16	-W137	2
	:PE	-W136	PE
	:PE	-W137	PE
	备用	-W137	6

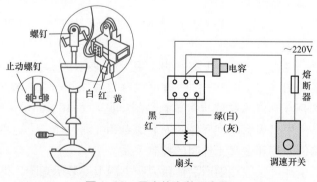

图 1-38　吊扇的安装示意图

1.5.4 逻辑图

逻辑图是用二进制逻辑单元图形符号绘制的、以实现一定逻辑功能的一种简图。可分为理论逻辑图和工程逻辑图两类。理论逻辑图只表示功能而不涉及实现的方法，是一种功能图。工程逻辑图不仅表示功能，而且有具体的实现方法，是一种电路图。

如图 1-39 所示是过负荷保护逻辑图。d59 用于整定是否送出过负荷信号 F16，d59 为"on"时，送出 F16 信号；为"off"时，关闭该信号。而 H83 用于整定是否送出负荷信号给跳闸回路、信号回路和重合闸闭锁，防止因过负荷动作跳闸后的重合闸操作。一旦过负荷保护作用于跳闸回路，同时给出闭锁重合闸操作（即发生过负荷保护）而跳闸时，就不允许重合闸。

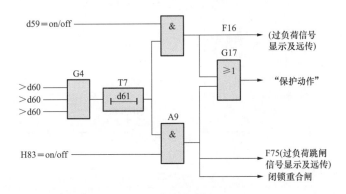

图 1-39 过负荷保护逻辑图举例

1.5.5 其他常用电气图

1. 电气元件布置图

电气元件布置图是用来表明电气设备上所有电动机、电气的实际位置，是电气控制设备制造、安装和维修所必不可少的技术文件。

电气元件布置图一般用双点画线画出设备轮廓，但不需要严格比例。用粗实线描绘所有可见的或需要表达的电气元件外形轮廓，要求所有电气元件及设备代号必须与电气控制原理图或明细表上代号一致。

依据上面介绍的方法，根据如图 1-40 所示的交流接触器控制三相异步电动机启动、停止电路原理图，可绘制出如图 1-41 所示的控制元件布置图。

2. 电气平面图

电气平面图是表示各种电气设备与线路平面位置的，是进行建筑电气设备安装的重要依据。电气平面图包括外电总电气平面图和各专业电气平面图。

外电总电气平面图是以建筑总平面图为基础，绘出变电站、架空线路、地下电力电缆等的具体位置并注明有关施工方法的图纸。在有些外电总电气平面图中还注明了建筑物的面积、电气负荷分类、电气设备容量等。

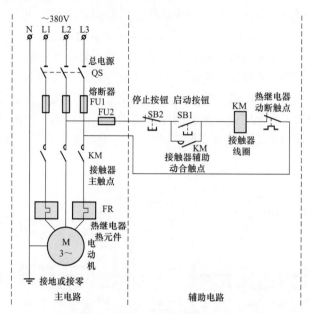

图 1-40　交流接触器控制三相异步电动机启动、停止电路原理图

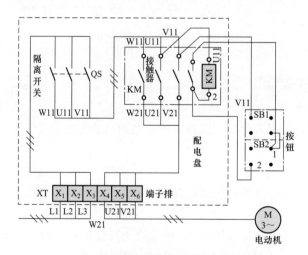

图 1-41　交流接触器控制三相异步电动机
启动、停止电路控制元件布置图

　　专业电气平面图有动力电气平面图、照明电气平面图、变电站电气平面图、防雷与接地平面图等。专业电气平面图在建筑平面图的基础上绘制。由于电气平面图缩小的比例较大，因此不能表现电气设备的具体位置，只能反映电气设备之间的相对位置关系。

　　如图 1-42 所示为某车间的动力配电平面图。在平面图上标注的内容要与系统图上标注

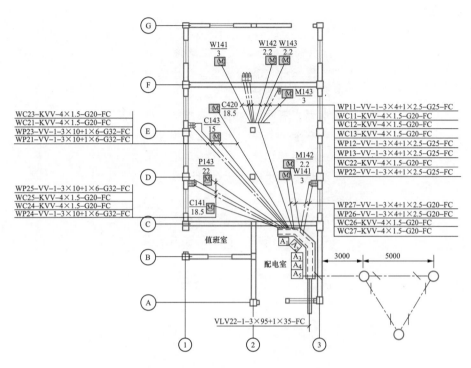

图1-42 某车间的动力配电平面图

的内容相一致，以便于施工安装时相互对照。

3. 大样图

大样图是表示电气工程中某一部分或某一部件的具体安装要求和做法的，其中有一部分选用的是国家标准图。

📺 **知识点拨**

因地制宜用好电气图

根据功能的不同，电气设计内容有所不同，电气施工通常可以分为内线工程和外线工程两大部分。内线工程包括照明系统图、动力系统图、电话工程系统图、共用天线电视系统图、防盗保安系统图、广播系统图、变配电系统图和空调配电系统图等。外线工程包括架空线路图、外线工程电缆线路图和室外电源配电线路图等。

具体落实到电气设备安装施工时，按其表现内容的不同，可分为配电系统图、平面图、大样图、剖面图和二次接线图等类型。这些图，一般工程不一定全部有。

指点迷津

常用电气图类记忆口诀

电气图纸种类多，基本类型十五种。

电路原理图表达，信息详尽易弄懂。

基本形式有两种，不是集中就分开。

图形符号加文字，上下左右排整齐。

系统复杂莫惊慌，电气单元框中装。

简明扼要层次明，方便教学及维修。

接线图表识线号，照图施工不复杂。

功能实现多方法，逻辑关系来考察。

大型工程图纸齐，相互配合不复杂。

第2章

制图识图守规范

识图好比认字，制图好比写字。识图和制图是电工岗位的必备技能，是走向职场的第一步，二者具有同等的重要性。为了电气行业人员能方便地沟通，识图和制图必须遵循国家的统一规定。

2.1 电气制图的一般规则

电气制图有一定的规则，了解和掌握电气制图的一般规则，有助于快速、准确地识图。

2.1 如何画电气图

2.1.1 电气图的组成

电气图一般由电路、技术说明和标题栏3部分组成。

1. 电路

犹如汽车行驶需要道路一样，电流流动也需要"道路"——电路。电路就是电流所经过的路径。

日常生活中有各种形式的电路，如手电筒电路、照明电路，电动机控制电路等，它们都是由元器件按照一定的方式连接起来的。了解电路的组成是安装、检修和调试电路的基础。

（1）简单电路。简单电路一般是由电源、负载、中间环节、控制及保护装置组成，把这四个基本部分按照一定的方式连接起来，构成闭合回路，就成为简单的实用电路。

如图2-1所示为一种简单的实用电路。其中，图2-1（a）为实物图，图2-1（b）为电路图。它同样由四部分组成：电源——干电池，负载——灯泡，中间环节——连接导线，控制及保护装置——开关。

如图2-2所示为一种常见的家庭照明电路组成实例，它仍然由四部分组成：电源（220V交流电源）、负载（灯泡及各种家用电器等）、中间环节（进户线、室内线路、电能表、插座等）、控制及保护装置（总开关、控制开关和熔断器盒）。

电路由若干元器件按照一定的规则组合而成。对电源来讲，负载、连接导线和控制器件及保护装置称为外电路；电源内部的一段电路称为内电路。电路各组成部分既相互独立又彼此联系，任何一个环节出现故障，都会影响整个电路的正常工作。

电路各组成部分的作用见表2-1。

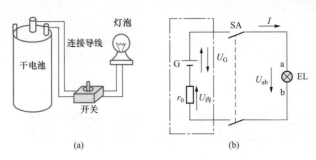

图 2-1　简单电路的组成及其电路图

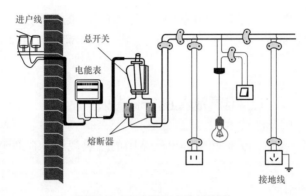

图 2-2　家庭照明电路的组成

表 2-1　　　　　　　　　　　　　　电路各组成部分的作用

组成部分	作　　用	举　　例
电　源	电路中电能的提供者，即将其他形式的能量转化为电能的装置（如图 1-1 所示的干电池是将化学能转化为电能）。含有交流电源的电路称为交流电路，含有直流电源的电路称为直流电路	蓄电池、发电机等
负　载	即用电装置，其作用是将电源供给的电能转换成所需形式的能量（如灯泡将电能转化为光能和热能）	灯泡、电视机、电炉等用电器
控制及保护装置	根据负载的需要，控制整个电路的工作状态	开关、熔断器等控制电路工作状态（通/断）的器件和设备
中间环节	使电源与负载形成通路，用于输送和分配电能	各种连接电线

（2）电路的作用。实际运用中的电路多种多样，其主要作用可概括为两个方面。

1）电路能够实现能量的传输、分配和变换。一般意义上的"强电"，如电力系统中的输电线路等，就是实现能量传输、分配和变换的电路。

如图 2-3 所示，发电机是电源，是供应电能的设备。在发电厂内可把热能、水能或核能转换为电能。

电灯、电动机、电炉等都是负载，是取用电能的设备，它们分别把电能转换为光能、机

图 2-3　电能的传输与变换

械能、热能等。

　　变压器和输电线是中间环节，是连接电源和负载的部分，起传输和分配电能的作用。

　　2）电路能够实现信息的传递与处理。一般意义的"弱电"，如测量电路、放大电路、电视机、功放机中的电路等，就是实现信息传递与处理的。

　　如图 2-4 所示，先由话筒把语言或音乐（通常称为信息）转换为相应的电信号，而后通过电路传递到扬声器，再把电信号还原为语言或音乐。由于话筒输出的电信号比较微弱，不足以推动扬声器发音，因此中间还要用放大器将电信号放大，这个过程称为信号的处理。

图 2-4　信息的
传递与处理

　　在图 2-4 中，话筒是输出电信号的设备，称为信号源，相当于电源，但与上述的发电机、电池这种电源不同，信号源输出的电信号（电压和电流）的变化规律取决于所加的信息。扬声器是接收和转换电信号的设备，也就是负载。

　　信号传递和处理的例子是很多的，如收音机和电视机，它们的接收天线（信号源）把载有语言、音乐、图像信息的电磁波接收后转换为相应的电信号，而后通过电路对电信号进行传递和处理（调谐、变频、检波、放大等），送到扬声器和显像管（负载），最终还原为原始信息。

　　不论电能的传输和转换，或者信号的传递和处理，其中电源或信号源的电压或电流称为激励，它推动电路工作；由于激励而在电路各部分产生的电压和电流称为响应。所谓电路分析，就是在已知电路的结构和电气元件参数的条件下，讨论电路的激励与响应之间的关系。本书着重介绍前一类电路，即进行电能的传输、分配与转换的电路（以下简称电路）。

　　（3）电路的三种工作状态。电路的工作状态一般有三种：有载状态、开路状态和短路状态。准确判定电路的状态，是分析电路的重要前提之一。

　　1）有载状态。有载工作状态下，电源与负载接通，电路中有电流通过，负载能获得一定的电压和电功率。电路有载状态有三种情形：电路在额定工作状态称为满载，小于额定值时称为欠载，当超过额定值时称为过载。

　　2）开路（断路）状态。电路中的任何连接部分断开的状态称为电路开路，此时电路中没有电流通过，这种又称为断路。

　　电路发生开路的原因很多，如开关断开、熔断器的熔体熔断、电气设备与连接导线断开等，均可导致电路发生开路。

　　开路分为正常开路和故障开路。如不需要电路工作时，把电源开关打开为正常开路；而灯丝烧断，导线断裂产生的开路为故障开路，它使电路不能正常工作。

　　3）短路（捷路）状态。电路中本不该接通的地方短接在一起的现象称为短路。

一般情况下，短路电流很大，如电路中没有保护措施，电源或电器会被烧毁或发生火灾，为此通常要在电路或电气设备中安装熔断器、熔断丝等保险装置，以避免发生短路时出现不良后果。

短路可分为有用短路和故障短路，故障短路往往会造成电路中电流过大，使电路无法正常工作，严重的会产生事故。

（4）电路是电气图的主体。由于电气元件的外形和结构比较复杂，因此采用国家统一规定的图形符号和文字符号来表示电气元件的不同种类、规格以及安装方式。

根据电气图的不同用途，要绘制成不同形式的图。有的只绘制电路图，以便了解电路的工作过程及特点。对于比较复杂的电路，通常还要绘制安装接线图。必要时，还要绘制分开表示的接线图（俗称展开接线图）、平面布置图等，以供生产部门和用户使用。

电力工程的电路可分为主电路和辅助电路两大部分，如图2-5所示。

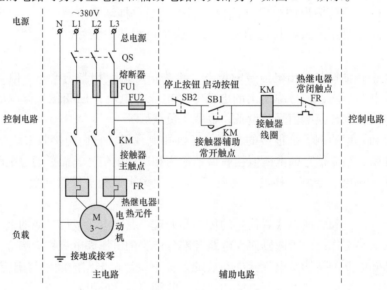

图2-5 某电力工程电路图

主电路也称一次回路，是电源向负载输送电能的电路，包括电源、控制电路和负载等。主电路在电路图中用粗实线表示，位于辅助电路的左侧或上部。

辅助电路也称二次回路，是对主电路进行控制、保护、监测、指示的电路，包括控制电器、仪表、指示灯等。辅助电路用细实线表示，位于主电路的右侧或者下部。

2. 技术说明

电气图中的设计说明和元件明细表等总称为技术说明。

（1）文字说明的作用及书写形式。设计说明是电气图纸不可或缺的组成部分，它是用文字叙述的方式注明电路的某些要点及安装要求，通常写在电路图的右下方；若说明较多，也可另外附页说明。

在建筑工程图中，设计说明用来说明一个建筑工程（例如建筑用途、结构形式、地面做法、建筑面积等和电气设备安装的有关内容）中主要电气设备的规格、型号、工程特点、设计指导思想、使用的新材料、新工艺、新技术及对施工的要求等。如某工程设计说明中指出，本工程采用 BV-500V 铜心电线，这样，在平面图中就不必处处标注。

（2）元件明细表的作用及书写形式和位置。元件明细表中列出各电气元器件的名称、符号、规格和数量等，它一般位于标题栏的上方，表中的序号按照自下而上的顺序编排。

【例 2-1】技术说明示例。

表 2-2 及其文字所述是某电气图的技术说明示例。

技术说明：

（1）继电器 KC1~KC4、KA1~KA8、KT1、KT2 的接线端子采用制造厂在产品上标出的标记。

（2）电流互感器 TA1~TA3 二次接线端子标记采用制造厂的标记。

表 2-2 　　　　　　　　　某电气图技术说明示例

序号	代号	名　称	规　格	数量	备　注
1	-TA	电流互感器	LMZJ-0.5	3	
2	-SB	按钮	LA2	1	也可根据实际情况选用
3	-FU	熔断器	RL1-100	3	—
4	-QF	低压断路器	DZ10-100/330	1	—
5	-KM	交流接触器	CJ10-40	2	—
6	-KR	热继电器	JR16-60/3	1	—
7	-M1	电动机	Y180M-2	1	—

注　本表所列元件名称、规格、数量只是用来说明"技术说明"中应包含的项目及内容，并不代表某一具体电路所使用的元器件。

3. 标题栏

标题栏中的项目有"设计单位名称""工程名称""图纸名称""设计人""审核人"等，均应填写。

标题栏是电路图的重要技术档案，标题栏中的签名者要对图中的技术内容各负其责。

无论采用横式或竖式图幅，工程设计标题栏均应设置在图纸的右下方，紧靠图框线。

标题栏在电路图中的位置如图 2-6 所示。

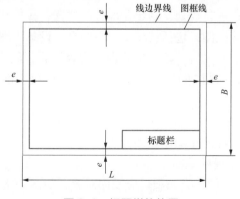

图 2-6　标题栏的位置

【例2-2】某电气图标题栏示例。

某电气图标题栏示例见表2-3。

表2-3 标题栏示例

×× 设 计 院				工 程 名 称	
审核		总工程师		专业	
校核		总专业师	电动机控	单位	
制图		项目负责人	制电路图	日期	
设计		专业负责人		图号	

▶ 指点迷津

电气图组成记忆口诀

图纸组成三部分，电路说明加标题。

根据需要绘详图，电路为先是主体。

技术说明应详尽，言简意赅供学习。

标题栏中要签名，各负其责不扯皮。

2.1.2 电气制图的布局

为了清楚地表明电气系统或设备各组成部分间、各电气元件间的连接关系，以便于使用者了解其原理、功能和动作顺序，对电气图的布局有一定要求。

电气图布局的原则是便于绘制、易于识读、突出重点、均匀对称以及清晰美观；布局的要点是从总体到局部、从主接线图（主电路图或一次接线图）到二次接线图（副电路图）、从主要到次要、从左到右、从上到下、从图形到文字。

1. 整个图面的布局

图面的布局应体现重点突出、主次分明、疏密匀称、清晰美观等特点。为此，绘制前应精心构思，做到心中有数；进行规划，划定各部分的位置；找出基准，逐步绘图。

如某供电系统电气主接线图，包括接线图、主要电气设备明细表、技术说明和标题栏等四部分。在进行整个图面的布局时，首先按此表达内容构思，经构思后选定用A1图幅；第二步便画定各部分的位置，如图2-7（a）所示；第三步画出基准线，如图2-7（b）所示，再具体进行各部分的绘制。

2. 电路或电气元件的布局

以下介绍电路或电气元件的布局原则和方法。

（1）电路或电气元件布局的原则。

1）电路垂直布局时，相同或类似项目应横向对齐，如图2-8所示；水平布局时，则应纵向对齐，如图2-9所示。

 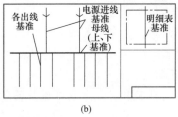

(a) (b)

图 2-7　图面布局举例

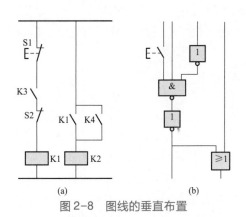

图 2-8　图线的垂直布置

图 2-9　图线的水平布置

2）功能相关的项目应靠近绘制，以清晰表达其相互关系并利于识图。

3）同等重要的并联通路应按主电路对称布局。

（2）电路或电气元件的布局。

1）功能布局法。功能布局法是指电气图中电路或电气元件符号的布置，只考虑便于看出它们所表示的电路或电气元件的功能关系，而不考虑实际位置的一种布局方法。

在这种布局中，将表示对象划分为若干功能组，按照因果关系从左到右或从上到下布置；为了强调并便于看清其中的功能关系，每个功能组的电气元件应集中布置在一起，并尽可能按工作顺序排列；也可将电气元件的多组触头分散在各功能电路中，而不必将它们画在一起，以利于看清其中的功能关系。

功能布局法广泛应用于概略图、电路图、功能表图及逻辑图中。

2）位置布局法。位置布局法是指电气图中电路或电气元件符号的布置与该电气元件实际位置基本一致的布局方法。

接线图、平面图、电缆配置图均采用这种方法，以便清楚地看出电路或电气元件的相对位置和导线的走向。

3. 图线的布置

电气图的布局要求重点突出信息流及各功能单元间的功能关系，为此图线的布置应有利于识别各种过程及信息流向，并且图中的各部分之间的间隔要均匀。对于因果关系清楚的电气图，其布局顺序应使信息的基本流向为自左至右或从上到下。例如，在电子电路中，输入在左边，输出在右边。如果不符合这一规定且流向不明显，则应在信息线上加开口箭头。

表示导线、信号通路、连接线等的图线一般应为直线，即横平竖直，尽可能减少交叉和弯曲。

指点迷津

电气制图布局记忆口诀

电气制图巧布局，便于读者好学习。

重点突出主次明，疏密均匀图清晰。

垂直布局横向齐，水平布局纵向齐；

功能相关靠近绘，并联通路主路齐。

布局元件两方法，功能位置看关系。

横平竖直画图线，减少交叉和弯曲。

技能提高

图线布置的方法

图线布置一般采用水平布置、垂直布置和交叉布置三种方法，可根据实际情况选择。

（1）水平布置。将表示设备和元件的图形符号按横向（行）布置，连接线呈水平方向，各类似项目纵向对齐。如图2-9所示，图中各电气元件、二进制逻辑单元按行排列；从而使各连接线基本上都是水平线。水平布置图的电气元件和连接线在图上的位置可用图幅分区的行号来表示。

（2）垂直布置。将设备或电气元件图形符号按纵向（列）排列，连接线呈垂直布置，类似项目应横向对齐，如图2-8所示。垂直布置图的电气元件、图线在图上的位置可用图幅分区的列号表示。

图2-10　图线的交叉布置

（3）交叉布置。为了把相应的元件连接成对称的布局，也可以采用斜向交叉线表示，如图2-10所示。

电气元件的排列一般应按因果关系、动作顺序，从左到右或从上到下布置。看图时，也应按这一规律分析阅读。在概略图中，为了便于表达功能概况，常需绘制非电过程的部分流程，但其控制信号流的方向应与电控信号流的流向相互垂直，以示区别。

2.1.3 绘制电路图基础

1. 测绘步骤

以数控机床电路测绘为例，其测绘步骤如下。

（1）测绘出机床的安装接线图，主要包括数控系统、伺服系统和机床内、外部电气部分的安装接线图。

（2）测绘电气控制电路图，包括数控系统与伺服系统、机床强电控制回路之间的电气控制电路图。

（3）整理草图，进一步检查核实，将所绘制的草图标准化，绘制出数控机床完整的安装接线图和电气控制电路图。

2. 测绘方法和内容

在测绘前准备好相关的绘图工具和合适的纸张。首先绘制出草图，主要通过直观法，即通过看元器件上的标号、导线上的线号和电缆上的标号，必要时可利用万用表进行测量来绘制草图。强电部分和弱电部分可分开绘制，直流部分和交流部分可分开绘制，主回路和控制回路也可分开绘制。画出草图后将几部分进行合并整理，经过进一步的核实和标准化后就得到完整的电路图。

具体的测绘内容分别为：测绘安装接线图时，首先将配电箱内外的各个电气部件分布的物理位置画出来，其中数控系统和伺服装置分别用一方框单元代替，找出各方框单元的输入/输出信号、信号的流向及各方框间的相互关系。例如，某机床轴线伺服装置上，其输入为位置设定和位置反馈，输出接到轴线上的伺服电动机上。将各电气部件上的接线线号或装置上的插座号或电缆号依次标注出来即可。绘制电气控制电路图时，应分别绘制出数控系统和伺服装置的方框图和主回路、接触器和继电器回路、电源回路。其中，电源回路分交流电源回路和直流电源回路，包括 NC 电源、伺服装置电源、控制电源及辅助电源。有条件的可以将可编程控制器（PLC）梯形图读出并绘制出来，作为电路图的一部分。

3. 测绘时的注意事项

由于数控系统是由大规模集成电路及复杂电路组成的，所以在测绘时绝对不能在带电的情况下进行拆卸、插拔等操作，也不允许随意去触摸线路板，以免静电损坏电子元器件。另外，更不允许使用绝缘电阻表进行测量。拆下的插头和线路要做好标记，在测绘后将整个机床恢复，并经仔细检查后方可送电试车。试车正常后，整个测绘工作才算完成。

2.1.4 简单电路设计举例

【例2-3】简单串联电路设计过程。

如图 2-11 所示，经过 6 个步骤的一系列变化，就得到了一种外形不同的简单电路实物安装图。

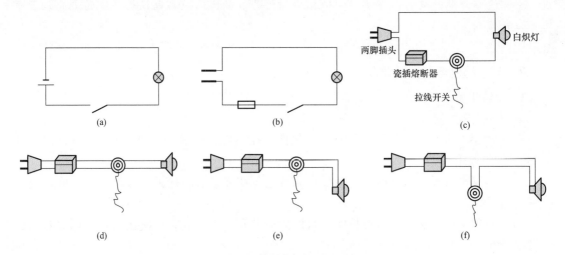

图 2-11　简单电路的设计过程

（a）直流电路图；（b）左图电池符号换成插头符号并加上熔断器符号；

（c）实物图；（d）左图拉长变形；（e）灯向下折；（f）开关向下拉

【例 2-4】简单并联电路的设计过程。

如图 2-12 所示，经过 6 个步骤的一系列变化，就得到了一种外形不同的并联电路实物安装图。

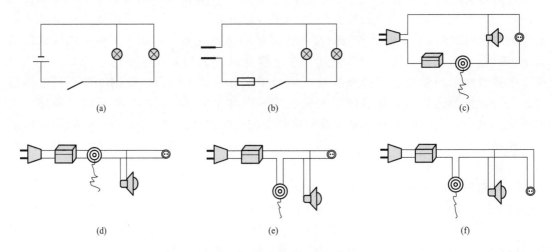

图 2-12　并联电路的设计过程

（a）直流电路图；（b）左图的电池符号换成插头符号；（c）实物图；

（d）左图拉长变形；（e）开关向下拉；（f）双孔插座向下折

 技能提高

制图的基本方法

（1）在绘制电路图时，各种元器件都应使用国际或国家统一规定的图形符号和文字符号。

（2）主电路部分用粗线条画出，控制（辅助）电路部分用细线条画出。一般情况下，主电路画在左侧，控制电路画在右侧。

（3）同一电气设备的各部分不画在一起，根据其作用原理分散绘制时，为了便于识别，它们用同一文字符号标注。

（4）对完成具有相同性质任务的几个元器件，在文字符号后面加上数码以示区别。

（5）电路中所有元器件都按无电压、无外力作用的常态绘制。

2.2 "五结合法"和"五步法"识读电气图

在初步掌握了电气图的构成及常用电气符号的基础上，还应该掌握识读电气图的一些方法，以便在实际工作中迅速、准确地进行故障判断或正确安装与维修。

2.2 识读电气图的步骤及方法

2.2.1 "五结合法"识读电气图

由于电气图涉及的知识较多，电气图的复杂程度不同，其读图方法也有所差别。一般来说，电工识图的基本方法有5结合，即结合电工电子基础知识、结合电气元器件的结构及工作原理、结合典型电路、结合图样说明和结合制图要求。

识读电气图的基本方法见表2-4。

表2-4　　　　　　　　　　　　电工识图的基本方法

基本方法	说　　明	应　用　实　例
结合电工电子基础知识识图	所有电路如电力拖动、照明电子电路、仪器仪表等，都是建立在电工、电子技术理论基础之上的。要想准确、迅速地看懂电气原理图的工作原理，必须具备电工、电子的基础知识	如笼型式异步电动机的正、反转控制，就是利用笼型异步电动机的旋转方向由电动机的三相电源的相序所决定的原理，用两个接触器进行切换，改变三相电源的相序，就可改变电动机的旋转方向（正转或反转）
结合电气元器件的结构及工作原理识图	电路中有各种电气元器件，只有了解这些元器件的性能、结构、相互控制关系以及在整个电路中的地位和作用，才能搞清楚电路的工作原理	配电电路中的负荷开关、断路器、熔断器等；电力拖动电路中常用的各种继电器、接触器和各种控制开关等

续表

基本方法	说　明	应　用　实　例
结合典型电路识图	典型电路即常见的基本电路，熟悉各种典型电路，识图时就能很快地分清主次环节，看懂复杂的电路图	如电动机的启动、制动、正、反转控制电路；继电保护电路、时间控制电路和行程控制电路、晶体管整流、振荡和放大电路等。不管电路多复杂，几乎都是由若干典型电路所组成的
结合图样说明识图	图样说明包括图目录、技术说明、元器件明细表、安装说明或施工说明等	通过看图样说明，搞清楚电路的设计意图和安装施工要求。这些内容有助于了解电路的大体情况，便于抓住看图重点，达到顺利看图的目的
结合制图要求识图	电气图的绘制有一些基本规则和要求，这些规则和要求是为了加强图纸的规范性、通用性和示意性而规定的。利用这些制图知识可帮助准确看图	制图的要求比较多，可参考2.1节的叙述。如元件应使用国家统一规定的图形符号和文字符号等

知识点拨

识图方法五结合，触点常开未闭合

（1）电气图是电工领域中提供信息的最主要方式，在识图时，一定要根据电气图提供的信息分清楚该电气图的主要用途。

（2）电路中的开关、触点位置均处在"平常状态"绘制。所谓"平常状态"是指开关、继电器线圈在没有电流通过及无任何外力作用时触点的状态。通常说的动合、动断触点都是指开关电器在线圈无电、无外力作用时是断开或闭合的，一旦通电或有外力作用时触点状态随之改变。

（3）一般来说，电气图都比较复杂，好比诸葛亮的八卦阵，图中的若干电气元件之间是相互联系的。识图的主要任务之一就是要理清各个元器件之间的关系。因此，建议在识图时要"瞻前顾后"，明察秋毫，按照一定的思路，一步一步地识读。

2.3　看电气原理图的方法及思路

2.2.2　"五步法"识读电气图

对于比较复杂的电气图，可按照看说明书、看图纸说明、看标题栏、看概略图和看电路图的"五看"步骤来识读。

1. 看说明书

对任何一个系统、装置或设备，在看图之前，应首先了解它们的机械结构、电气传动方式、对电气控制的要求、电动机和电气元件的大体布置情况以及设备的使用操作方法，各种按钮、开关、指示器等的作用；此外，还应了解使用要求、安全注意事项等，以便对系统、装置或设备有一个较全面完整的认识。

2. 看图纸说明

图纸说明包括图纸目录、技术说明、元器件明细表和施工说明书等。识图时，首先要看清楚图纸说明书中的各项内容，搞清设计内容和施工要求，这样才可了解图纸的大体情况和抓住识图重点。

3. 看标题栏

图纸中的标题栏是电路图的重要组成部分之一，根据电路图的名称及图号等有关信息，可对电路图的类型、性质、作用等有一个大致的轮廓印象，同时，还可大致了解电路图的内容。

4. 看概略图(系统图或框图)

看图纸说明后，再看概略图，从而了解整个系统或分系统的概况，即它们的基本组成、相互关系及其主要特征，为进一步理解系统或分系统的工作方式、原理打下基础。

5. 看电路图

电路图是电气图的核心。对一些大型设备，电路比较复杂，看图难度较大，不论怎样，都应按照由简到繁、由易到难、由粗到细的步骤去逐步看懂、看透，直到完全明白、理解，一般应先看相关的逻辑图和功能图。

如在看电机拖动电路图时，先要分清主电路和辅助电路、交流电路和直流电路，按照先看主电路，再看辅助电路的识读顺序。看主电路时，通常是从下往上看，即从用电设备开始，经控制元件、保护元件顺次往上看电源。看辅助电路时，则自上而下，从左向右看，即先看电源，再顺次看各条回路，分析各条回路元器件的工作情况及其对主电路的控制关系。

通过看主电路，要搞清楚用电设备是怎样取得电源的，电源是经过哪些元件到达负载的，这些元件的作用是什么；看辅助电路时，要搞清电路的构成，各元件间的联系（如顺序、互锁等）及控制关系，在什么条件下电路构成通路或断路，以理解辅助电路对主电路是如何控制动作的，进而搞清楚整个系统的工作原理。

▶ 指点迷津

五步识图记忆口诀

要想看懂电气图，潜心苦练基本功。

作图规定须牢记，图类特点理解通。

元件结构及原理，信号流程记心中。

基本方法五结合，基本步骤有五看；

方法步骤灵活用，完成识图很轻松。

▶ 技能提高

线路复杂要分辨，五看步骤反复练

上面介绍的"五看"方法是识读电路图的大致步骤，在识读、分析具体的电路图时，通常需要灵活运用这些步骤才能完成识图任务。一般来说，正确运用"五看"方法识读电路图还应注意以下6个方面的问题。

（1）首先要熟悉国家统一规定的电力设备的图形符号、文字符号、数字符号、回路编号及相关的图标。再根据绘制电气图的有关规定，概括了解电路图的布局、图形符号的配置、项目代号及图线的连接等。

（2）采用正确的分析方法。如按信息流向逐级分析；按布局顺序从左到右、自上而下逐级分析；按主电路、辅助电路等单元进行分析。

（3）了解项目的组成单元及各单元之间的连接关系或耦合方式。

（4）对常用常见的典型电路，如过流、欠压、过负荷、控制、信号电路的工作原理和动作顺序有一定的了解，从而分析整个电路的工作原理、功能关系。

（5）结合元器件目录表及元器件在电路中的项目代号、位号，了解所用的元器件种类、数量、型号及主要参数等。

（6）了解附加电路、机械结构与电路的连接形式及在电路中的作用。如在看电力拖动接线图时，主电路和辅助电路的识读步骤各有侧重。一般来说，先看主电路，再看辅助电路。根据端子标志、回路标号，从电源端顺次查下去，搞清楚线路的走向和电路的连接方法，即搞清楚每个元器件是如何通过连线构成闭合回路的。

看主电路时，第一步看用电器，弄清楚电器的数量，它们的类别、用途、接线方式及一些不同要求等；第二步搞清楚用什么元器件控制用电器；第三步看主电路上还接有何种电器；第四步看电源，了解电源的等级。

看辅助电路时，第一步看电源，首先弄清电源的种类，其次看清辅助电路的电源来自何处，即从电源的一端到电源的另一端，按元器件的顺序对每个回路进行分析；第二步搞清辅助电路如何控制主电路；第三步寻找电器元件之间的相互关系，在接线图中的回路标号（线号）是电器元件间导线连接的标记。标号相同的导线原则上都可以接在一起，由于接线图多采用单线表示，从识别方法的角度来说，可从导线走向加以辨别；第四步再看其他电器元件，如看端子板内外电路的连接，内外电路的相同标号导线接在端子板的同号接点上。

2.2.3 简单电气图看图实践

电动机的控制是生产中最主要的电气控制方式之一。电动机单向启动控制电路是其中应用最广泛，也是最基本的线路，该线路能实现对电动机启动控制、停止控制、远距离控制、频繁操作等，并具有短路、过载、失压等保护。

根据前面介绍的识图方法和步骤，现以如图2-13所示的电动机单向启动控制电路为例，介绍电气原理图的识读方法。

型号、规格、数量、管径等。

2.4 如何看电子电路图

2.3 电子电路图的识读

电子电路一般是指由电压较低的直流电源（36V以下）供电，通过电路中的电子元件（例如电阻、电容、电感等）、电子器件（例如二极管、晶体管、集成电路等）的工作，实现一定功能的电路。电子电路在各种电气设备和家用电器中得到广泛应用。显然，识读电子电路图，也是维修电工需要掌握的基本技能。

2.3.1 识读电子电路图的一般方法

电子电路图是由各种图形符号表示电阻、电容、电感、晶体管、集成电路等实际元器件，并用线条把这些图形符号按电路工作原理连接起来的图纸。

要看懂一个电气设备的电子电路图，首先要了解图中使用了哪些电子元器件，这些元器件的功能、特性是什么，如温敏元件、气敏元件、光敏二极管的功能、特性有哪些。电路图中最多见到的是晶体管，为此要了解晶体管的输入、输出特性，以及工作在放大区、截止区和饱和区的条件。当掌握了图中所有元器件的工作特性、工作条件的时候，也就为看懂电路图提供了前提条件。

另外，在看图时作为初学者还应遵照"先易后难，先基本后综合，逐步深入提高"的原则。最好先学习一些电子技术基础知识，掌握一些常用电子元器件的参数、性能、特点，为识图积累一定的必要知识。识图应先从较简单的电路分析开始，然后再进行一些单元电路之间的综合电路分析。在识图过程中要注意综合知识的运用，对基本电路理解得越深，掌握得越牢，就越容易看懂复杂的电路图。通过反复训练并结合实践经验的积累，识图能力一定会逐步提高。

电子电路按电路处理的信号不同，可分为模拟信号和数字信号两种。处理模拟信号的电路称为模拟电路，处理数字信号的电路称为数字电路，由它们构成的电路图也可称为模拟电路图或数字电路图。当然这不是绝对的，有些较复杂的电路中既有模拟电路又有数字电路，它们是一种混合电路。下面再针对模拟电路和数字电路的识图方法做进一步介绍。

2.3.2 模拟电路图的识读方法

以下介绍模拟电路图的识读方法。

（1）阅读说明书，结合实物看图。作为维修电工人员，识图的目的主要是为电气设备的安装、调试、维修服务，为此在看电子电路图之前，先阅读电气设备说明书，了解该设备的用途、安全注意事项，了解设备中的各旋钮、开关、指示灯的作用，然后结合实物在电路图中找到其相应的图形符号位置，从而了解它们属于哪一部分电路，功能是什么，有哪些控制作用，这样可大致了解电路的整体情况，为进一步详细、深入看图做好准备。有的说明书会给出概略图（即框图）。通过阅读概略图可大致了解整个电路由哪些环节组成，各环节之间的相互关系等情况，可粗略地知道电路的构成、功能、用途了。

（2）逐级分解，化整为零。一个电子电路不论有多么复杂，都可以分解成若干个单元电路。在模拟电路中，一般可分为输入电路、中间电路、耦合电路、输出电路、电源电路、附属电路等部分。每一部分又可分解为几个基本的单元电路，而单元电路又是由各种元件构成的。还可用画框图的方法对整机电路进行分解，将电路按功能分成若干单元电路，找出它们之间的联系，搞清每一单元内的元器件作用，从而弄清楚每一单元电路的功能，进而搞清单元电路之间具有何种关系，从而对整个电路有完整的了解，以至弄清电路的原理、特点，这就是逐级分解、化整为零的分析方法。

（3）采用等效电路法逐级分析。模拟电路中各种晶体管、集成电路是电路的核心，而它们在工作中需要建立静态工作点，才能实现对交流信号的放大作用。为了进一步理解电路工作原理，在看图分析时可以采用直流等效电路法、交流等效电路法，对电路进行静态、动态分析。

直流等效电路法就是在输入信号为零时，各级放大电路在直流电源作用下的工作状态，实际上就是找出直流通路，确定各级电路在静态时的偏置电流和电压。交流等效电路法就是在输入信号不为零时，确定电路的交流信号通路及工作状态。

应当注意的是，在采用等效电路法分析时，要根据元件性质给予特别处理。如电路中含有电容、电感这两种元件时，电容具有"隔直通交"的作用，电感具有"隔交通直"的作用。在进行直流等效电路分析时，直流信号不能通过电容，这时电容相当于断路。但直流信号可以通过电感，这时电感相当于短路（只起到导线的作用），这样使得电路可以简化，便于对电路进行分析。而在用交流等效法分析时，要考虑输入信号频率的高、低，信号频率不同，则信号通过电容、电感时，所呈现的容抗和感抗大小就会不同，即对交流信号的阻碍作用也不同，电路的特性、功能也会不同。当输入信号中包含多种频率成分时，有的元件会允许高频信号通过，而阻止低频信号通过；有的正好相反，这就要看电路中各元件的具体参数了。有些电路形式相似，但功能、特性完全不同，其重要原因是电路参数不同。识图时不仅要看元器件在图中的位置，还要看它们的参数。参数不同，其功能、作用也会不同。

（4）总体分析，全面理解。通过前面三个步骤，对电路的功能、各元器件的作用、输入、输出级关系等有了比较全面的认识，最后要把每个单元电路按其功能，根据信号流程连接起来，进行综合分析。从电路图的输入端开始逐步与输出端贯穿起来，理清信号的传递过程及发生的变化，分析电路前级与后级的输入、输出关系，以便对整个电路的原理、功能有一个完整的、全面的、正确的认识。然后再进一步对照实物，认识、了解各个元器件的外形、安装位置、调节方法、实际接线等情况，为维修工作做好理论上的准备。

2.3.3 数字电路图的识读方法

数字电路又称为开关电路，这种电路中的晶体管一般都工作在开关状态，而非放大状态。数字电路可以由分立元件构成（如反相器、自激多谐振荡器等），但现在绝大多数是由集成电路构成（如与门电路、或门电路等）的。

数字电路中有实现一定逻辑功能的电路，称为逻辑电路。要看懂数字电路图，一是应掌握一些数字电路的基本知识；二是了解二进制逻辑单元的各种逻辑符号及输出、输入关系；三是应掌握一些逻辑代数的知识。具备了这些基本知识，也就为看懂数字电路图奠定了良好基础。

看数字电路图，可按照如下思路进行。

（1）阅读电路说明。通过阅读电路说明来了解电路的功能、用途，也可通过阅读真值表，了解输出与输入间的逻辑关系，掌握各单元模块的逻辑功能。

（2）掌握各逻辑元件（集成电路块）的功能。数字电路中往往使用具有各种逻辑功能的集成电路，会使整个电路更简单、可靠，但也为识图带来一定困难。因为看不到集成块内部元件及电路组成情况，只能看到外部的许多端子，这些端子各有各的作用，与外部其他元件或电路连接，以实现一定的功能。实际上，很多时候并不需要知道集成块内部电路组成情况，只需了解外部各端子的功能即可。如何了解端子的功能呢？一是从电路图中直接了解各端子的功能，有些电路图中会对集成电路各端子的功能用文字加以注明并给出一些参数；二是电路中如果没有给出文字说明或参数，则应查阅有关手册，了解集成块的逻辑功能和各端子的作用。对一些常用的集成电路，如 LM324、CD 4069、555 时基电路等，读者应有意识地学习、了解并记住各端子的功能，这对日后快速、准确识图必定会有所帮助。

（3）按功能分解，按模块分析。对数字电路，可按信号流向把系统分成若干个功能模块，每个模块完成相对独立的功能，对模块进行工作状态分析，必要时可列出各模块的输入、输出逻辑真值表。

（4）综合分析，全面理解。将各模块连接起来，分析电路从输入到输出的完整工作过程，必要时可画出有关工作波形图，以帮助对电路逻辑功能的分析、理解。

2.3.4　电子电路图看图实践

【例 2-8】路灯光电自动控制电路。

如图 2-16 所示为某路灯光电自动控制电路图。此电路可以根据周围光线情况自动控制路灯的点亮与关闭。

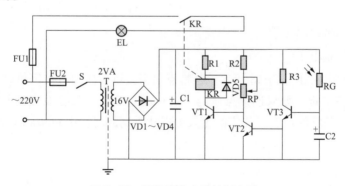

图 2-16　路灯光电自动控制电路

主电路的组成：该控制电路的主电路由熔断器 FU1、路灯 EL 和继电器的动合触点 KR 组成。

辅助电路的构成：该控制电路的辅助电路由降压变压器 T、桥式整流电路 VD1～VD4、滤波电容器 C1 及三极管 VT1～VT3、外围元件 R1～R3 等元件组成。

关键元（器）件的作用：主电路中 KR 是控制路灯点亮与关闭的关键器件，它的状态由辅助电路中继电器线圈 KR 是否得电决定；光敏电阻 RG 的阻值随光照度的变化而变化，决定着三极管 VT1 的工作状态（导通或截止）；而 VT1 的导通与否又决定了继电器线圈 KR 是否得电。

控制电路的工作原理：市电经降压变压器 T 降压后得到 16V 的电压，加到桥式整流电路，整流后的电压经电容 C1 滤波，得到近似为 16V 的直流电压，此电压为继电器和三极管电路的工作电压。

天黑时（光照度很低）→光敏电阻 RG 阻值增大→三极管 VT3 因基极电流减小而截止→VT2 截止→VT2 的集电极电位升高→VT1 导通→继电器 KR 得电吸合→动合触点 KR 闭合→点亮路灯 EL。

天亮后（光照度高）→光敏电阻 RG 阻值减小→VT3 导通→VT2 饱和导通→VT1 截止→继电器线圈 KR 失电→动合触点 KR 断开，路灯 EL 关闭。

【例 2-9】自动延时熄灯开关电路。

自动延时熄灯开关电路如图 2-17 所示。

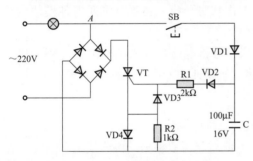

图 2-17 自动延时熄灯开关电路

由桥式整流电路提供晶闸管的正向偏压。未按 SB 按钮时，晶闸管不触发，灯不亮。按动 SB 后，电容 C 充电，并通过 VD2、R1 触发晶闸管，灯亮。晶闸管导通后，A 点电位下降为约 0V，电容终止充电。

电容 C 在晶闸管导通后开始经 R1、VD4、R2 对晶闸管门极放电，维持触发状态。经历一段时间电容放电完毕，晶闸管在电源电压过零时刻关断。调整 R1、R2 及 C 值，延时可达约 3min。VD3 用做门极反向保护。

【例 2-10】双音电子门铃电路。

双音电子门铃电路如图 2-18 所示。其特点是当持续按压门铃按钮超过 2s 时，发出带有余音效果的"叮咚"声，如果连续点压门铃按钮超过 3 次，又会发出悦耳的鸟叫声。家庭成员可以事先约定门铃的声音，住宅的主人可以从听到的门铃声判断来人是家里的人还是来访的客人。

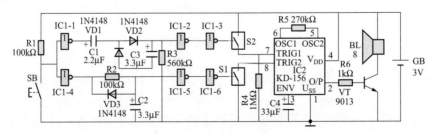

图 2-18 双音电子门铃电路

（4）颜色盒：有 28 种颜色，可以从中选择需要的颜色作为前景色及底色。

（5）辅助选项框：当选择了不同的工具时，会出现多项选择，可以根据需要进行选择设置，满足需要。

（6）还有多项菜单供选择使用。

3.1.2　画图方法

在编辑修改图形时，可用定义工作区大的尺寸进行画图和修改。用画笔画线或元件图时，为了保持元件图形符号一致性，先画好一种元器件图形符号，采用复制、粘贴、移动的方法，把图画好。如果画错了，可用橡皮擦除，也可以用撤销的方法去掉重画。

整个图画完之后，单击画图工具栏中的"A"进行元件型号参数的文字符号标注。最后，选定图形复制到文档中光标所在处。

3.1.3　设置图色和底色

启动"画图"程序时，系统默认的前景色为黑色，背景色为白色。但也可以在颜色盒中选择其他的色彩作为前景色或者背景色。

（1）选择图的景色。将光标移至调色板中选中某种颜色，单击该颜色，即可选定前景色。选定的颜色将出现在调色板左边的前景色框中。

（2）选择底色。将光标移到调色板中选中的颜色上，右击该颜色，即可选定底色。选择的颜色将出现在调色板左边的底色框中。

画好了的三相交流电流测量电路如图 3-3 所示。

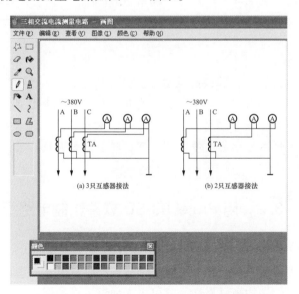

图 3-3　画好的三相交流电流测量电路

最后，把画好的图保存起来，用复制、粘贴的方法插入文档中，也可用"插入"命令把画好的电路图插入文档中，如图 3-4 所示。

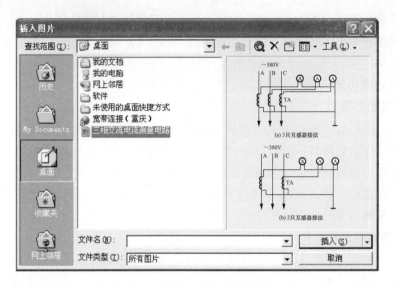

图 3-4　插入电路图

　知识链接

最简单的绘制电路图软件 V51.04

最简单的 Windows 绘制电路图软件 V51.04，已经将全部代码优化设计，有绘制元件和文字、颜色、工具栏、自动对齐、保存、复制、删除、旋转、镜像（翻转）、环境设置等功能，速度快，文件小。

V51.04 具有以下特点。

（1）不需安装，不损系统，不修改注册表，无可执行文件，靠 IE 执行。

（2）一个文件总共才 100 多千字节，内置常用元件库，元件数目足以一般需要。

（3）按 F11 键调节到全屏幕工作，按鼠标右键可放大，非常适合画简单电路图。

值得一提的是，该软件为绿色软件，读者可在网上免费下载。对初学者来说，这个软件还是很实用的。

3.2　用 Protel 99 SE 软件绘制电路图

Protel 99 SE 是基于 Windows 的 32 位 EDA 设计系统，它集强大的设计能力、复杂工艺的可生产性、设计过程管理于一体，可完整实现电子产品从电学概念设计到生成物理生产数据的全过程，既可满足产品的高可靠性，又可极大地缩短设计周期，降低设计成本。

Protel 99 SE 强大、便捷的编辑功能，卓有成效的检测手段和完善灵活的设计管理方式，已成为众多电子设计人员首选的计算机辅助设计软件。值得一提的是，因为其主要窗口界面显示的英文，所以使用这个软件需要有一定的英语基础。

3.2.1　Protel 99 SE 的主要特性

Protel 99 SE 的主要特性体现为以下 3 方面。

（1）SmartDoc 技术：所有文件都存储在一个综合设计数据库中。

（2）SmartTeam 技术：设计组的所有成员可同时访问同一个设计数据库的综合信息，更改通告以及文件锁定保护，确保整个设计组的工作协调配合。

（3）SmartTool 技术：把所有设计工具（原理图设计、电路仿真、PLD 设计、PCB 设计、自动布线、信号完整性分析以及文件管理器）都集中到一个独立、直观的设计管理器界面上。

3.2.2　Protel 99 SE 的设计组件

Protel 99 SE 由 5 个组件组成：电路原理图设计组件、PCB 设计组件、自动布线组件、可编程序逻辑设计组件和仿真组件。实际上，后三个组件都是为前两个组件服务的，电路设计的最终目的是为了获得电路原理图和 PCB 图，而电路原理图又是为 PCB 图服务的。

3.2.3　Protel 99 SE 的启动

计算机安装 Protel 99 SE 之后，系统会在桌面和开始栏两个位置放置 Protel 99 SE 应用程序的快捷方式图标。启动Protel 99 SE的操作很简单，只须在相应位置双击 Protel 99 SE 应用程序的快捷方式图标即可。如图3-5 所示为双击桌面的Protel 99 SE图标进行启动，其中图 3-5（a）为双击桌面图标进行启动，图 3-5（b）为启动开始画面。接着便进入如图 3-6 所示启动后的 Protel 99 SE 主窗口。

（a）

（b）

图 3-5　Protel 99 SE 的启动

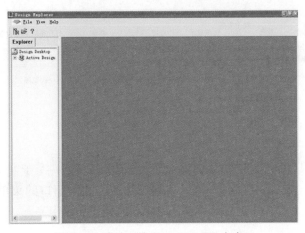

图 3-6　启动后的 Protel 99 SE 主窗口

3.2.4 Protel 99 SE 的主窗口界面

Protel 99 SE 的主窗口由以下部分组成：标题栏、菜单栏、工具栏、设计窗口、设计管理器、浏览管理器、状态栏以及命令指示栏等，如图 3-7 所示。

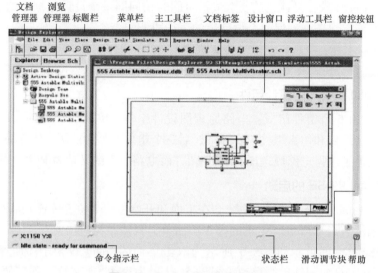

图 3-7 Protel 99 SE 的主窗口

1. 菜单栏

菜单栏随着各个编辑器的打开具有相当大的区别。要运行一个命令菜单项，可以单击命令菜单项所在的菜单名称，在弹出的下拉菜单中选择需要运行的命令菜单项。

2. 工具栏

Protel 99 SE 的主窗口总是以固定位置显示一个 PCB 编辑器的主工具栏，如图 3-8 所示。工具栏主要是为了方便用户的操作而设计的，一些菜单项的运行也可以通过工具栏按钮来实现。一般情况下，Protel 99 SE 的主窗口程序只显示一个主工具栏，只有当编辑器打开时才会调出其他的工具栏。调出的工具栏一般处于浮动状态。

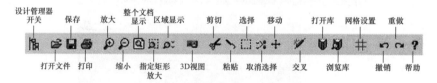

图 3-8 PCB 编辑器的主工具栏

3. 设计窗口

设计窗口实际上是各个编辑器的工作区域，属于主窗口的一个子窗口，具有自己的标题栏，如图 3-9 所示。当设计窗口最大化时，其标题栏将和主窗口的菜单栏合二为一。设计窗口中有一个标签栏，当单击某个标签时，相应的文档就显示出来。

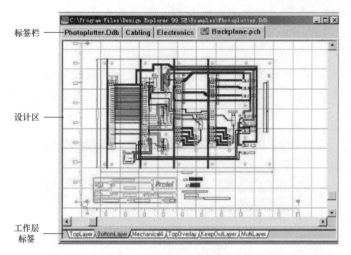

图 3-9　PCB 设计窗口

4. 文档管理器

文档管理器用于管理设计数据库文件，它与浏览管理器占据同一个窗口区域，都属于设计管理器。通过文档管理器和设计窗口结合使用，可以方便地对设计数据库进行管理。

5. 浏览管理器

浏览管理器与文档管理器占据同一窗口区域，只要在设计管理器中单击顶部的选项卡"Browse Sch"或"Browse PCB"，就可以打开浏览管理器。

文档管理器和浏览管理器在主窗口的左边占有较大的区域，在设计较大的电路时，将带来很大的不便。为此，可以单击主工具栏左边的设计管理器开关按钮来关闭或显示这两个管理器。

6. 快捷菜单

为了操作方便，Protel 99 SE 还设计了众多的快捷菜单。几乎在 Protel 99 SE 程序的主窗口的每一个区域都有各自的快捷菜单。快捷菜单通过单击鼠标右键来调出，至于调出的是哪一个栏区的快捷菜单，由鼠标指针所在的位置决定。

3.2.5　设计数据库的创建与管理

1. 创建设计数据库的操作步骤

创建设计数据库的操作步骤如下。

（1）选择"File"菜单，然后在弹出的下拉菜单中选择"New"菜单项，如图 3-10 所示。

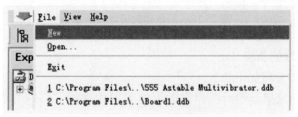

图 3-10　创建设计数据库

该步骤也可以按下 F 键，松开后再按 G 键，即可进入"New Design Database"对话框。

（2）在调出的"New Design Database"对话框中，有三个项目需要选择填写。

1）在项目"Design Storage Type"中，一般选择默认项"MS Access Database"。

2）在项目"Database File Name"中取定一个文件名，例如 MyDOC. ddb。

3）在项目"Database Locaton"中，单击"Browse"按钮可以选择设计数据库文件存放的目录，如图 3-11 所示。

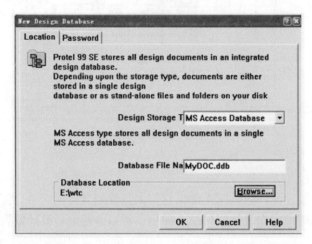

图 3-11 "New Design Database" 对话框

（3）用户若想设置密码，则单击对话框上面的"Password"标签，在调出"Password"选项卡的两个编辑框中输入相同的密码，再单击"OK"按钮，完成创建设计数据库的操作，如图3-12 所示。

图 3-12 新创建的设计数据库

2. 打开设计数据库的步骤

打开设计数据库的步骤如下。

（1）选择"File"菜单，然后在弹出的下拉菜单中选择"Open"菜单项，该步骤也可按 F 键，松开后再按"O"键。

（2）在调出的"Open Database Design"对话框中找到需要打开的设计数据库文件名，如图 3-13 所示，然后双击该文件，或先选择该文件，再单击"打开"按钮，即可打开相应的设计数据库文件。

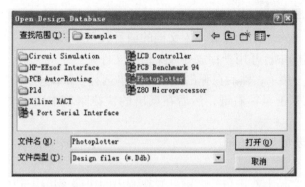

图 3-13　"Open Database Design" 对话框

3. 关闭设计数据库的操作方法

在文档管理器中单击需要关闭的设计数据库，使之成为当前数据库，如果当前只有一个设计数据库被打开，则该步骤可以省略。关闭一个设计数据库的操作方法有以下三种。

（1）选择"File"菜单，然后在弹出的下拉菜单中选择"Close Design"菜单项，关闭设计数据库。

（2）按 F 键，松开后再按 D 键，关闭设计数据库。

（3）在设计窗口相应设计数据库标签上双击鼠标右键，然后在调出的快捷菜单中选择"Close"菜单项，也可关闭设计数据库。

3.2.6　文档的创建和管理

1. 创建新文档或文件夹

用户建立了项目数据库后，根据设计内容可创建设计文档或文件夹，调出相应的服务器（编辑器），创建设计文档或文件夹的方法有两种：执行菜单命令 File \ New 和在设计窗口上单击鼠标右键弹出的快捷菜单中执行"New"命令，如图 3-14（a）所示。接着就弹出"New Documents"对话框，如图 3-15（b）所示。

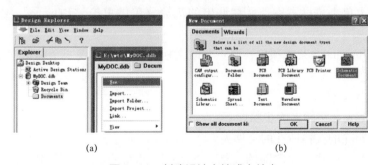

(a)　　　　　　　　　　　　　　　(b)

图 3-14　创建设计文档或文件夹

2. 导入和导出文档的步骤

要在 Protel 99 SE 中使用其他 EDA 设计软件的文档或文件，就需要将它们导入到 Protel 99 SE 的设计数据库中。

导入一个文档的操作步骤如下。

（1）打开或者创建一个用于存放导入文档的项目数据库。

（2）在项目数据库中打开用于存放导入文档的文件夹。

（3）选择"File"菜单，然后在弹出的下拉菜单选择"Import"菜单项。该步骤也可在设计窗口中的空白处双击鼠标右键，然后在调出的快捷菜单中选择"Import"菜单项，如图 3-15 所示。

导出文档的操作步骤如下。

（1）打开文档所在的文件夹。

（2）在要导出的文档上双击鼠标右键，并在调出的快捷菜单中选择"Export"菜单项。

（3）选择"File"菜单，在弹出的下拉菜单中选择"Export"菜单项。

（4）在打开的"Export Document"对话框中指定一个目标目录，并在文件名编辑框中输入一个文件名，单击"保存"按钮，如图 3-16 所示，之后在指定目录上就会增加一个新的导出文档。

图 3-15　导入文档的快捷菜单

图 3-16　导出文档对话框

3. 文档更名的方法

文档更名的方法如下。

（1）打开需要更名的文档所在的文件夹。

（2）在文档上单击鼠标右键，并在调出的快捷菜单中单击"Rename"项，如图 3-17 所示。

（3）选择"Rename"菜单项后，要更名的文档图标下方出现一个编辑框，用户可以在框中取一个新名称。

4. 删除和恢复文档

删除一个文档或者文件夹的步骤如下。

（1）打开要删除的文档所在的文件夹。

（2）在设计窗口中选择要删除的文档，然后按 Delete 键，或在要删除的文档上双击鼠标右键，在调出的快捷菜单中选择"Delete"菜单项单击，如图3-18 所示。

图 3-17 文档更名的快捷菜单

图 3-18 删除文档的快捷菜单

知识链接

设计电子产品的新理念

传统的设计电子产品的老方法是先构思和绘制出电子电路原理图，采购元器件，在试验板或实验台上搭建和焊接电路，然后通上电源，进行调试，并用信号源输入测试信号，用万用表检测电路各级电位是否正常，并用示波器观察电路输出波形等。经反复试验、调整、拆换元件，最后得到样机。如对构思的电路原理图是否完全正确可行，心中没有充分的把握，还不能贸然通电试验，即使采用了一些限流、限压等保护应急措施，第一次合闸通电时，心中难免有些紧张。特别是强电，小则瞬间元件冒烟烧毁，大则贵重仪器报废，这是常有的事。

电子电路的虚拟仿真技术从根本上解决了这种悲剧的发生。如构思和搭建的电路存在问题，仿真开关打开后，软件会自动跳出对话框，指示电路哪个地方有错，或漏接了电源和地线等。只要关闭仿真开关，便可以进行修改，绝对不用担心虚拟仪器会烧毁。在计算机上可以反复进行调换元件、改变信号强弱，直到电路达到设计要求为止。在电子样品没有出来之前，还可以利用软件所提供的多种电路分析方法，对设计的电路进行诸如最佳工作点分析、温度影响分析、失真度分析、最坏工作条件分析等性能测试。也就是说，在生产产品之前，就能对产品的性能有所了解，这在以前用老方法设计电子产品是不可能办到的。

如果在设计和仿真好电子产品后，再利用与电子仿真软件相配套的制版软件，如与电子仿真软件 NI Multisim 10 相配套的有制版软件 NI Ultiboard 10，用电子仿真软件 NI Multisim 10 设计的电路内容可以无缝链接到 NI Ultiboard 10 中进行制作电路板，或者用另一个 EDA 软件 Protel PCB 99 SE 制版。这样就可以大大地加快设计和生产电子产品的周期。

由于采用电子虚拟仿真技术设计电子产品具有安全系数高、投入设备少、周期短、性能高等特点，所以新世纪设计电子产品的新理念是：构思电路→虚拟仿真→绘制电路板→焊接调试→出产品。

3.2.7　Protel 99 SE 绘制电路原理图

1. 创建原理图编辑文档

执行"File \ New…"命令，弹出"New Documents"对话框，如图 3-19（a）所示。在对话框中选择"Schematic Document"原理图编辑器图标，单击对话框下方的"OK"按钮，这时在设计窗口弹出一个新图标，将图标下面的文件名重新命名为"zdq. sch"，如图 3-19（b）所示。进入到原理图编辑画面，如图 3-20 所示。

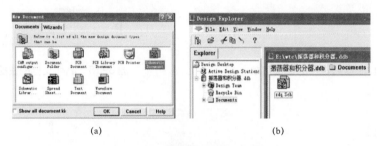

　　　　　　（a）　　　　　　　　　　　　　　　　（b）

图 3-19　创建原理图编辑文档

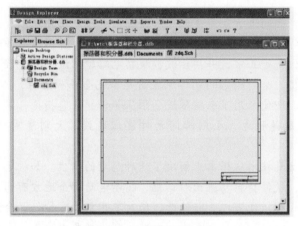

图 3-20　原理图编辑画面

2. 图样参数的设置方法

图样参数的设置方法介绍如下。

（1）打开"Documents Options"文档选项窗口。

1）选择"Design"菜单，然后在弹出的下拉菜单中选择"Options"选项，如图 3-21（a）所示。也可以先按 D 键，松开后再按 O 键。

2）此后会出现如图 3-21（b）所示的"Documents Options"文档选项窗口，它包括"Sheet Options"（图样选项）和"Organization"（文件信息）两部分。

（2）"Sheet Option"（图样选项），在这里可以对图幅尺寸、方向等参数进行设置。

1）"Standard Style"标准图样尺寸，如图 3-22 所示。

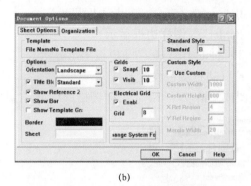

(a)   (b)

图3-21 打开"Documents Options" 文档选项窗口

2）"Custom Style"（自定义图样尺寸），用鼠标左键单击"Use Custom"前的复选框，使它前面的方框里出现"√"符号，即表示选中"Custom Style"，如图3-23 所示。"Custom Style" 对话框的名称和含义见表 3-1。

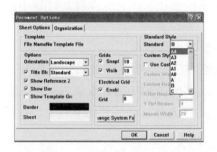

图 3-22 设置"Standard Style"
标准图样尺寸

图 3-23 选中
"Custom Style"

表 3-1   "Custom Style" 对话框的名称和含义

对话框名称	对话框的含义
Custom Width	自定义图样宽度
Custom Height	自定义图样高度
X Ref Region	水平参考边框等分线
Y Ref Region	垂直参考边框等分线
Margin Width	边框的宽度

（3）图样设置选项栏"Options"。图样设置选项栏"Options"如图3-24 所示。

1）"Orientation"（图样方向）："Landscape" 为图样水平放置，"Portrait" 为图样垂直放置。

2）"Title Block"标题栏类型："Standard" 代表标准型标题栏，"ANSI" 代表美国国家标准协会模式标题栏。

3）"Show Reference Zone"（参考边框显示）。

4）"Show Border"（图样边框显示）。

5）"Show Template Graphics"（模板图形显示）。

6）"Border"（边框颜色设置）。

（4）设置图样栅格"Grids"。图样栅格"Grids"设置栏如图3-25所示。

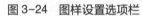

图3-24　图样设置选项栏

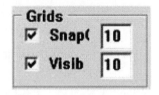

图3-25　图样栅格设置栏

"Snap"（锁定栅格），其设定主要决定光标位移的步长，即光标在移动过程中，以锁定栅格的设定为基本单位做位移。

"Visible"（可视栅格），显示栅格的距离，不影响光标的移动。

"Electrical Grid"（电气节点）：复选框中出现"√"表明选中此项，如图3-26所示。则此时系统在连接导线时，将以箭头光标为圆心以"Grid"栏中的设置值为半径，自动向四周搜索电气节点。当找到最接近的节点时，就会把十字光标自动移到此节点上，并在该节点上显示出一个圆点。

（5）改变系统字型设置"Change System Font"。用户可以在此处设置元器件引脚号的字型、字体和字号大小等，如图3-27所示。

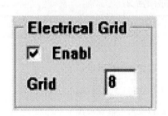

图3-26　电气节点设置栏

图3-27　字体设置窗口

3. 放置元件的方法

如图3-28所示为设计工具菜单命令与工具栏按钮窗口的对应关系。

Protel 99 SE为方便电路原理图的绘制，提供了多种设计工具栏，使用时不必操作菜单命令，只要单击工具栏上的相关按钮，就可方便地进行电路原理图设计。

为了对Protel 99 SE的电路原理图设计系统提供的各种工具栏有一个总体了解，我们把

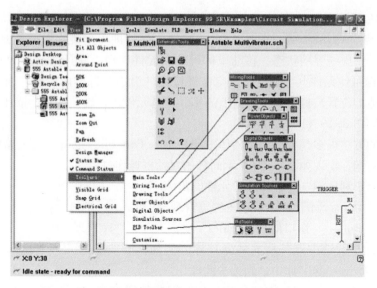

图 3-28　设计工具菜单命令与工具栏按钮窗口的对应关系

调用工具栏的菜单命令与工具栏按钮窗口对应地摆放到平面上来。单击工具栏内 "Wiring tools" 中的取用元件图标，会出现如图3-29（a）所示的 "Place Part" 对话框。

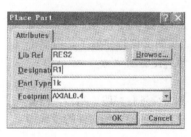

（a）

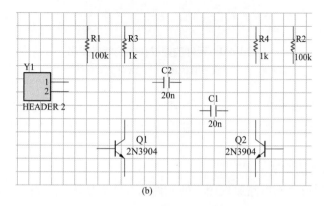

（b）

图 3-29　放置元件对话框及放置的元件

（a）放置元件对话框；（b）放置元件

73

在对话框栏中填入要放置的元件图形样本名"RES2",标号名称"R1",元件参数"1k",元件封装"AXIAL0.4",单击"OK"按钮,元件即可出现在电路原理图样画面上,不过这时元件是呈虚线浮动状态,移动鼠标可拖动元件移动,并且通过按 X 键可使元件左右翻转,按 Y 键可使元件上下翻转,按空格键使元件沿逆时针方向旋转,通过这些操作把元件安放到合适的位置,也可以按键盘上的 Tab 键对元件进行属性编辑。依此方法可继续放置其他元件,如图 3-29(b)所示。

放置元件的方法很多,可在菜单栏单击"Place \ Part…",也可以在电路原理图设计画面上单击鼠标右键,出现如图 3-29 所示同样的对话框操作过程。

下面简单介绍利用浏览管理器放置元件的步骤。

(1)单击"Brows Sch"标签,进入浏览管理器。

(2)打开"Browse"窗口的"Libraries"项,进入元件库管理系统。

(3)用鼠标左键选中元件所属的元件库。例如,要放置的元件(电容"CAP")在"Miscellaneous Devices. lib"库中,则选中此库。

(4)在此元件库中找到所需的元件。如,需要放置电容"CAP",则用鼠标左键双击"CAP",进入"放置元件"命令状态。

(5)移动光标到工作平面上,此时光标为十字形,元件"CAP"将随着光标移动,如图 3-30(a)所示。在工作平面上选择合适的位置,单击鼠标左键即可将该元件定位到工作平面上,如图 3-30(b)所示。

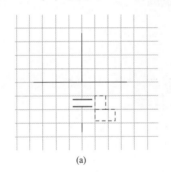 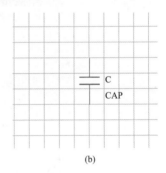

(a)   (b)

图 3-30 元件放置过程中的状态变化

(a)元件放置中的状态;(b)元件放置后的状态

(6)重复第(5)步操作,可将多个电容"CAP"都放置到合适位置。此时系统仍处于"放置元件"的命令状态,按 Esc 键或单击鼠标右键,即可回到闲置状态,等待执行其他命令。

4. 编辑元件属性的方法

另外,还可以对放置到电路原理图上的元件的有关属性进行编辑。一般利用菜单编辑元件的属性。

(1)选择"Edit"菜单,在弹出的下拉菜单中选择"Change"选项。此操作也可用按 E 键,松开后按 H 键的方法实现。

（2）执行上一步操作后，光标变成十字形系统进入"编辑元件属性"工作状态。将光标移动到需要编辑属性的元件处。

（3）单击鼠标左键确认，此时工作平面上将出现如图 3-31 所示的"Part"对话框。用户可以在"Part"对话框的"Attribute"页面中，定义元件的信息。

有时若需要修改元件型号，可按照以下步骤进行。

（1）将光标移动到电阻的标注"R？"上，然后双击该标注，出现如图3-32 所示的对话框。

图 3-31　"Part"对话框

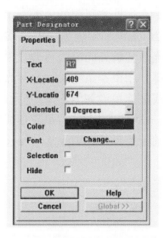

图 3-32　修改元件型号的对话框

（2）在"Properties"页面的"Text"选项中，输入修改后的内容，然后用鼠标左键单击"OK"按钮确认。同样也可以对元件的其他文字标注进行修改。如图 3-33 所示属性修改前后电阻"RES2"的型号的变化。图 3-33（a）所示为修改前的电阻，图 3-33（b）所示为修改后的电阻。

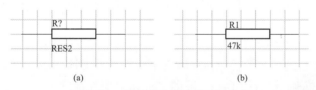

(a)　　　　　　　　　　(b)

图 3-33　元件属性修改前后的变化

图 3-34　"Power Objects"工具栏

在对话框中，用户还可以修改元件型号标示的位置、方向、颜色等。

5. 放置电源及接地符号

Protel 99 SE 提供了专门的"Power Objects"工具栏，对常用的电源和接地符号进行细化，方便用户的使用。用户可以直接用鼠标单击如图 3-34 所示的"Power Objects"工具栏中的各个按钮，以选择合适的电源及接地符号。

6. 放置连线和节点

所有元件放置、编辑完毕，可利用移动和旋转功能对元件位置做进一步调整。为便于连接线路，单击主工具栏中的设计管理器开关图标，关闭屏幕左侧的设计管理器栏，使电路原理图编辑画面占据整个屏幕。在设计平面上双击鼠标右键，在弹出的对话框中执行"View \ Fit All Objects"命令，使电路原理图中的所有元件都放置到编辑平面上。

现在可以开始连线。在编辑平面上双击鼠标右键出现的快捷菜单，从快捷菜单中选择"Place Wire"命令，光标变为十字形状，将光标移到所画连线的起点，如果连线附近有元件引脚，则在光标和引脚处出现一个大黑点，这时可单击确定连线的起始点，接着按所画连线方向移动鼠标指针到连线的另一端，若连线中间有转折，则在转折位置单击鼠标左键，然后按所画连线转折方向继续移动鼠标指针，待移到连线的终点处时，先单击鼠标左键后再单击鼠标右键，结束本条连线。这时光标仍处于十字形状，可以开始下一条线的连接，直至完成所有连线的连接，如图 3-35 所示。其中，图 3-35（a）为连线前，图 3-35（b）为确定连线起点，图 3-35（c）为确定连线拐点，图 3-35（d）为确定连线终点。最后按鼠标右键取消光标的十字形状，结束连线操作，回到等待状态。

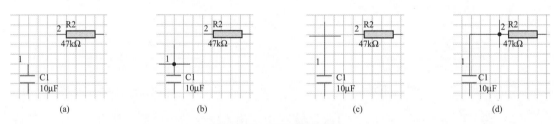

图 3-35　导线连接过程

（a）连线前；（b）确定连线起点；
（c）确定连线拐点；（d）确定连线终点

如果对某条导线的样式不满意，如导线宽度、颜色等，用户可以用鼠标单击该导线，此时将出现"Wire"对话框，如图 3-36 所示。

需要指出的是，线路中的节点在连线过程中，会在连线的丁字交叉处自动加入，而在连线的十字交叉处不会自动加入。要想在连线的丁字交叉处去掉节点，只要用鼠标单击该节点（节点周围会出现虚框），然后按 Delete 键即可；如果要在连线的十字交叉处加入节点，单击菜单栏中的"Place \ Junction"，光标变为十字形状，十字中间有一个小圆点，移动鼠标将十字移动到合适交点处，单击即可。另外应注意连线过程中不要与元件引脚交叉，否则会生成多余的节点。

如果用户对节点的大小等属性不满意，可以在放置节点前按 Tab 键，打开如图 3-37 所示的"Junction"对话框。用户可以在此对话框内的"Properties"页面定义网络符号的属性。其中包括节点的"Location"（位置）、"Size"（大小）、"Lock"（锁定）等属性。

图 3-36　"Wire" 对话框

图 3-37　"Junction" 对话框

7. 放置电路输入/输出点

选择菜单栏中的"Place \ Port"命令并单击，放置输出点，光标上出现电路输入/输出空心箭头图样，如图 3-38（a）所示。按 Tab 键，屏幕出现如图3-38（b）所示的放置输入/输出点"Port"对话框。

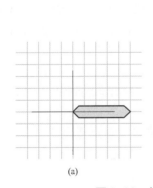

(a)

(b)

图 3-38　放置电路输入/输出点

（a）电路输入/输出空心箭头；（b）放置输入/输出点，"Port"对话框

将对话框中的"Name"栏内容改为"OUT1"，"Style"选取为"Right"，"Type"栏选取为"Output"，"Alignment"栏选取为"Center"，单击"OK"按钮，再将光标移到连接输出端口的导线上，双击即可定位，从而完成电路第一个输出点的放置。

同理，用同样的方法可以放置输出点 OUT2。

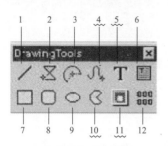

图 3-39 "Drawing tools" 工具栏

8. 绘制图案和放置文字

为了对图形做一些标示说明，可以在设计平面上绘制图案和放置说明文字，Protel 99 SE 提供了方便的绘图工具。"Drawing tools" 工具栏如图3-39 所示，各按钮的功能见表 3-2。例如，要放置一个矩形，在 "Drawing tools" 工具栏内单击绘制矩形按钮，发现光标变为十字形状并挂着一个矩形图形，移动光标到合适位置并单击，即可将矩形左上角固定，接着水平方向移动光标可调节矩形的宽度，垂直方向移动光标可改变矩形的高度，直到调整到合适的尺寸时，单击就可完成所绘制的矩形图形。

表 3-2　　　　　　　　"Drawing tools" 工具栏中各按钮的功能

按　钮	功　能　含　义	按　钮	功　能　含　义
1	绘制直线	7	绘制矩形
2	绘制多边形	8	绘制圆饼
3	绘制椭圆弧线	9	绘制椭圆
4	绘制曲线	10	绘制扇形
5	放置文字	11	粘贴图片
6	设置文本框	12	粘贴文本阵列

（1）如在电路图中需要绘制椭圆弧线，可按照以下步骤进行。

1）用鼠标左键单击 "Drawing Tools" 工具栏中绘制椭圆弧线按钮，此时十字形光标拖动一个椭圆弧线状的图形在工作平面上移动，此椭圆弧线的形状与前一次画的椭圆弧线形状相同。移动光标到合适位置，单击鼠标左键，确定椭圆的圆心。

2）此时光标自动跳到椭圆横向的圆周顶点，在工作平面上移动光标，选择合适的椭圆半径长度，单击鼠标左键确认。之后光标将再次逆时针方向跳到纵向的圆周顶点，选择适当的半径长度，单击鼠标左键确认。

3）此后光标会跳到椭圆弧线的一端，可拖动这一端到适当的位置，单击鼠标左键确认。然后光标会跳到弧线的另一端，用户可在确认其位置后单击鼠标左键。此时椭圆弧线的绘制完成。

4）此时系统仍然处于 "绘制椭圆弧线" 的命令状态，可继续重复以上操作，也可单击鼠标右键或按 Esc 键退出。

绘制椭圆弧线的过程如图 3-40 所示。图 3-40（a）为确定圆心，图 3-40（b）为确定水平半径，图 3-40（c）为确定纵向半径，图 3-40（d）为确定弧线始点，图 3-40（e）为确定弧线终点。

（2）添加文字的方法如下。

1）用鼠标左键单击 "Drawing Tools" 工具栏中的 T 按钮，执行添加文字命令，此时十字光标上带着一个虚框。

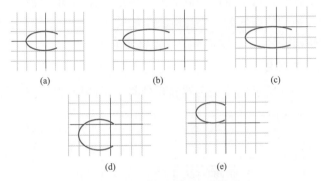

图 3-40　绘制椭圆弧线的过程

（a）确定圆心；（b）确定水平半径；（c）确定纵向半径；（d）确定弧线始点；（e）确定弧线终点

2）按键盘上的 Tab 键，在工作平面上弹出如图 3-41 所示的 "Annotation" 对话框。

图 3-41　"Annotation" 对话框

3）在 "Properties" 页面用户可以设置所加文本的内容、位置、方向、颜色，如果单击 "Change…" 按钮还可以进入 "字体" 设置对话框，如图 3-42 所示，用户可以在此对话框中对字体的大小、颜色、字形等进行设定。

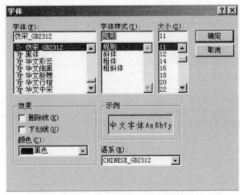

图 3-42　"字体" 设置对话框

4）完成文本的设置后，可用鼠标左键单击"确定"按钮加以确认。

5）此时十字光标拖动的虚框的大小与所要添加的文字的大小相同。移动光标到相应的位置，单击鼠标左键将其定位，一段文字的放置就完成了。

3.2.8　原理图绘制实践

下面以绘制如图 3-43 所示的"振荡器和积分器"电路原理图为例予以说明。

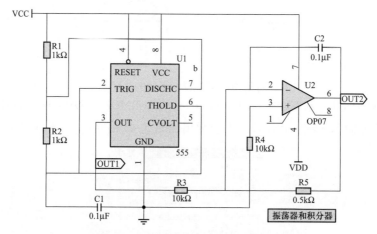

图 3-43　"振荡器和积分器"电路原理图

1. 设置图样参数

图样幅面设置通过菜单栏中的"Design \ Options"，进行选择。

2. 添加元件库

把"振荡器和积分器"电路原理图中的元件整理成表 3-3。

表 3-3　　　　　　　　　　　　　　振荡器和积分器所用元件列表

元件在图中标号	元件图形样本名	所存元件库	元件类型或标示值	元件封装
R1	RES2	Miscellaneous Devices. lib	1kΩ	AXIAL0. 4
R2	RES2	Miscellaneous Devices. lib	1kΩ	AXIAL0. 4
R3	RES2	Miscellaneous Devices. lib	10kΩ	AXIAL0. 4
R4	RES2	Miscellaneous Devices. lib	10kΩ	AXIAL0. 4
R5	RES2	Miscellaneous Devices. lib	0. 5kΩ	AXIAL0. 4
C1	CAP	Miscellaneous Devices. lib	0. 1μF	RAD0. 3
C2	CAP	Miscellaneous Devices. lib	0. 1μF	RAD0. 3
U1	555	Sim. ddb \ TIMER. LIB	555	DIP8
U2	OP07	Sim. ddb \ OpAmp. lib	OP07	DIP8
VCC		电源工具栏	12V	
VDD		电源工具栏	-12V	
GND		电源工具栏		

3. 放置元件

放置元件的方法如下。

（1）单击"Wiring tools"工具栏中的放置元件图标，会出现如图3-44所示的"Place Part"对话框。

（2）在对话框栏中填入要放置的元件图形样本名"RES2"，标号名称"R1"，元件类型"1k"，元件封装"AXIAL0.4"。单击下部的"OK"按钮，元件即可出现在原理图样画面上，不过这时元件是呈虚线浮动状态，移动鼠标可拖动元件移动，并且通过按 X 键可

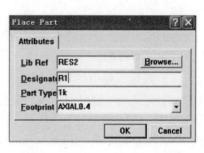

图3-44 "Place Part"对话框

使元件左右翻转，按 Y 键可使元件上下翻转，按空格键使元件沿逆时针方向旋转，通过这些操作把元件安放到合适的位置，也可以按键盘上的 Tab 键对元件进行属性编辑。依此方法可继续放置其他四个电阻，两个电容、555 定时器和运放 OP07 等元件。

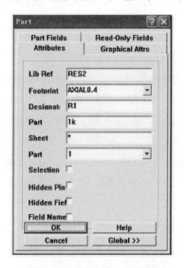

图3-45 "Part"对话框

4. 编辑元件属性

放置到原理图上的元件，可对它们的有关属性进行编辑，编辑的方法是：双击要编辑的元件符号，会弹出一个关于该元件"Part"对话框，如图3-45所示。

按有关选项定义对每个元件进行编辑，例如，对电阻 R1 的编辑方法为

"Lib Ref"栏填写"RES2"；

"Footprint"栏可填写"AXIAL0.4"，也可暂不填写；

"Designator"栏填写"R1"；

"Part"栏填写"1k"。

其他元件也以类似方法填写。

5. 放置电源和接地符号

以放置电源 VCC 为例加以说明，单击菜单栏"View \ Toolbars \ Power Objects"命令，在原理图编辑平面上会出现一个"Power Objects"工具栏，单击工具栏中的 VCC 图标，光标变为十字形状，十字中心有一个 V_{CC} 电源符号，移动光标拖动 V_{CC} 电源符号到图样上适当位置，单击鼠标左键将 VCC 位置固定。

用同样的方法可以放置电源 V_{DD} 和接地符号，并对 V_{CC}、V_{DD} 和地线进行属性编辑。

6. 放置连线和节点

放置连线和节点的方法如下。

（1）放置连线。在编辑平面上双击鼠标右键出现一个快捷菜单，从快捷菜单中选择单击"Place Wire"放置连线命令，光标变为十字形状，将光标移到所画连线的起点，如果连线附近有元件引脚，则在光标和引脚处出现一个大黑点，这时可单击鼠标左键确定连线的起始点，接着按所画连线方向移动鼠标指针到连线的另一端，若连线中间有转折，则在转折位置单击鼠标左键，然后按所画连线转折方向继续移动鼠标指针，待移到连线的终点处时，先

单击鼠标左键后再单击鼠标右键，结束本条连线。这时光标仍处于十字形状，可以开始下一条线的连接，直至完成所有连线的连接。最后按鼠标右键取消光标的十字形状，结束连线操作，回到等待状态。

（2）放置线路中的节点。在连线过程中，会在连线的丁字口交叉处自动加入，而在连线的十字交叉处不会自动加入。要想在连线的丁字口交叉处去掉节点，只要用鼠标左键单击该节点（节点周围会出现虚框），然后按 Delete 键即可；如果要在连线的十字交叉处加入节点，单击菜单栏中的"Place \ Junction"，光标变为十字形状，十字中间有一个小圆点，移动鼠标将十字移动到合适交点处，单击鼠标左键即可。另外应注意连线过程中不要与元件引脚交叉，否则会生成多余的节点。

图 3-46　文字编辑对话框

7. 放置电路输入/输出端口

选择菜单栏中的"Place \ Port"命令，并单击鼠标左键执行，光标变为十字形状，并拖带一个电路输入/输出端口图形。这时按 Tab 键，屏幕出现输入/输出端口"Port"对话框。

8. 画图案和放置文字

如果在上面画出的矩形内放置"振荡器和积分器"字符，可单击"Drawing tools"工具栏内的图标，光标变成十字形状，并在其右上角有一个虚框，这时再按 Tab 键，屏幕出现如图 3-46 所示的文字编辑对话框，可在对话框"Text"栏中填入文字"振荡器和积分器"，通过编辑文字对话框"Font"栏中"Change…"可以改变编辑文字的字体和大小。将光标移到合适的位置单击鼠标左键，完成文字放置，然后单击鼠标右键退出放置图形状态。

在原理图绘制过程中和绘制完后，单击工具栏中的存盘图标或菜单命令File \ Save 及时保存。

▶ 知识链接

Multisim 9 和 Visio 软件介绍

电子仿真软件 Multisim 9 和以前的版本比较，有着本质上的区别。目前 IIT 公司已被美国的 NI 公司收购，在 Multisim 9 中，引入了 NI 公司独创的、先进的 LabVIEW（laboratory virual instrument engineering workbench）技术，该技术是一种图形化的编程语言和开发环境，使用这种语言编程，工程技术人员可以从编写枯燥繁冗的程序代码中解放出来，在电脑的屏幕上"绘制"生动有趣的虚拟仪器程序流程图。工程师们可以利用 Multisim 9 中的 LabVIEW 采样仪器，甚至可以设计和自造虚拟仪器，有效地完成电子工程项目从最初的概念建模到最终的成品的全过程。这是一种目前世界上越来越被广大工程技术人员所熟悉和掌握的先进的设计理念和技术。

Multisim 9 软件具有系统设计工具，可建立电路图，具有完整的元件库、Spice 系统仿真、虚拟仪表、PCB 文件转换等功能。

Visio 软件和 Word、Excel 等软件一样，成为 Microsoft Office 的重要成员。它可提供满足各行各业需要的设计模板，还可根据自己的需要，建立个性化的新模板。

　　Visio 的界面很友好，操作也很简单，却具有强大的功能，可以绘出各种各样的流程图，它不仅仅局限在商业、软件业和电路设计领域，也是所有软件设计者必不可少的工具，可以用它制作的流程图包括电路流程图、工艺流程图、程序流程图、组织结构图、商业行销图、办公室布局图、方位图等。

第 4 章

仪表与保护电路
识图有妙招

在电能的生产、传输、分配和使用的各个环节，都离不开用电工测量仪表对电气参数进行测量。本章主要对低压供电、配电系统的仪表测量电路、信号电路和保护电路的识读进行介绍，以帮助读者提高电工识图和操作能力。

4.1 仪 表 测 量 电 路

在电工技术中，电工仪表是实现电磁测量过程中所需技术工具的总称。如用于测量电流、电压、电阻、电能、电功率和功率因数等参数所用的仪器仪表，都统称为电工仪表。

所谓测量，就是用专门的仪器或设备通过实验和计算求得被测量的值。测量是科学研究和生产过程中一个必不可少的环节。测量方法的先进与否在很大程度上决定着科学实验或生产技术的先进性。

一般来说，电工测量的任务是测量电流、电压、电功率、电能、电阻等电气参数，以便了解电气设备的运行情况和特征。

在工厂供电系统中，电工测量仪表的配置，一般要根据计量管理和电力部门的要求来确定。工厂常用的电工测量仪表有交（直）流电流表、交（直）流电压表、有功功率表、无功功率表、频率表、功率因数表、有功电能表、无功电能表以及万用表、绝缘电阻表、电桥等。

知识链接

测量仪表在供电线路的配置

在工厂供电线路中，电工测量仪表的配置情况大致按以下要求确定。

（1）母线。每段母线上都必须配置一只电压表，并需安装转换开关，用来检查三相电压的质量。

（2）变压器。为了掌握变压器的负荷情况，在变压器的一、二次侧都要安装电流表。另外，为了计量电能消耗，还要安装一只三相有功电能表和一只三相无功电能表。对于电压在 6~10kV、容量在 315kVA 以上的变压器，电能表要装在高压侧。对于容量在 315kVA 以下的，一般把电能表装在低压侧，这样可以省去电压互感器。

（3）6~10kV 配电线路。要安装电流表，用来测量线路的负荷情况。另外，为了计量用户的电能消耗，还要安装一只三相有功电能表和一只三相无功电能表。

（4）380/220V 低压配电线路。线路中通常要安装三只电流表，用来测量三相电流（也可以装一只电流表和一只转换开关）。另外，为了计量电能消耗，还要装一只三相四线有功电能表（也可以装三只单相电能表）。

（5）移相电容器。为了监视移相电容器的三相负荷是否平衡，必须安装三只电流表。同时为了监视电压的高低，还要安装一只电压表。另外，为了计量无功电能，还要装一只三相无功电能表。

4.1.1　电流测量电路

在进行电流测量时，通常选用电流表。常用的电流表有指针式和数字式两种。

电流表用于测量电路中的电流值，它的基本单位是安培（A），又称为安培表。

电流表可分为直流电流表、交流电流表两大类，这两类电流表在电气设备电路中都是与被测量电路串联使用的，如图 4-1（a）、（b）所示。

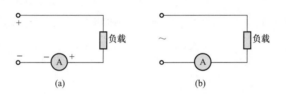

图 4-1　电流表测量基本电路

(a) 直流电流的测量；(b) 交流电流的测量

1. 直流电流测量电路

测量直流电流时通常选用磁电式直流电流表，如图 4-2 所示，在使用时要注意表的极性不要接反。在测量交流时若测量精度要求不高，可选用电磁式电流表，若测量精度要求高时则可选用电动式电流表。

测量电路中的电流，有两种方法可选用，即直接测量法和间接测量法。

（1）直接测量法。测量某一电路或支路的电流

图 4-2　直流电流表

时，将电流表串接到被测支路中，如图 4-1（a）所示。让被测电路或支路的电流流经电流表，通过电流表就可直接反映出被测电路或支路中电流的大小。

考虑到电流表本身是具有一定电阻的，电流表的串入必然使被测电路或支路的电阻增加，会影响被测电流，使其发生变化。为了使测量值能较为真实地反映出电流的原来值，要

求电流表的电阻 R_A 远小于电路的电阻 R。显然，在选用电流表时除了要考虑仪表的等级精度外，还要考虑电流表的内阻，要求满足 $R_A \ll R$，这样才能获得较为准确的测量结果，故电流表的内阻越小越好。

知识链接

直流电流表的使用规则

（1）直流电流表要串联在电路中，否则会发生短路故障。
（2）电流要从"+"接线柱入，从"-"接线柱出，否则指针反转。
（3）电流表直接接入电路中使用时，被测电流不要超过电流表的量程，否则会损坏电流表。
（4）绝对不允许不经过用电器而把电流表连到电源的两极上（这样会短路）。
（5）使用前，要确认刻度线每个大格和每个小格所代表的电流值，以便于读数。

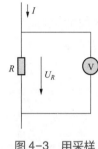

图4-3　用采样
电阻测电流

（2）间接测量法。测量某一支路的电流时，也可通过测量这一支路上某个电阻 R 两端的电压来间接测量电流。电压和电流的关系，可通过欧姆定律 $I = \dfrac{U_R}{R}$ 来计算。被测支路上如果没有合适的电阻，可在被测电路中接入一个小电阻，如图4-3所示。这个小电阻我们称为采样电阻。确定采样电阻的阻值时要兼顾到两个方面的因素：一是电阻的接入不能对原电路产生太大的影响，二是输出的电压值不能太小，以便于计算。

技能提高

扩大直流电流表的量程

如果要扩大仪表量程，用以测量较大电流，则应在仪表上并联分流器，其电路原理图如图4-4（a）所示。分流器可置于电流表内部，也可以外附。一般测量50A以上的电流，采用外附分流器，如图4-4（b）所示，在分流器两端的接头上有两组接线端钮，外边一组电位端钮，与电源线连接，内边一组电位端钮，与测量仪表连接。

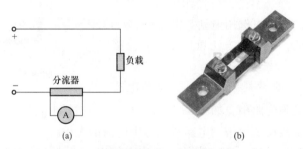

（a）　　　　　　　　　　　（b）

图4-4　并联分流器扩大直流电流表的量程

（a）电路原理图；（b）外附分流器

（1）电路主要元件简介。电路中的 IC2（KD-156）是一种能发出有余音效果的"叮咚"声和悦耳的鸟叫声的音乐 IC，其各引脚功能作用如下：① 脚接地（U_{SS}）；② 脚音频信号输出（O/P）；③ 脚音色、音质（ENV）；④ 脚电源（U_{DD}）；⑤ 脚内部振荡的输出端（OSC2）；⑥ 脚内部振荡的输入端（OSC1）；⑦ 脚正触发端（TRIG1）；⑧ 脚负触发端（TR-IG2）。

电路中的 IC1 是一个六反相器集成电路（CD4069），其引脚排列与功能如图 2-19 所示。

双音电子门铃电路中 S1 和 S2 是模拟开关，实际上是由集成电路构成的电子开关。当控制端接低电位时，模拟开关就断开，若控制端接上等于或略小于芯片电源电压的高电位时，模拟开关就闭合。模拟开关接通时的导通电阻较小，一般仅数十欧姆，开关的耐压不大于芯片工作电压，可通过 25mA 以下的电流。而开关断开时呈高阻状态，可达几十兆欧。

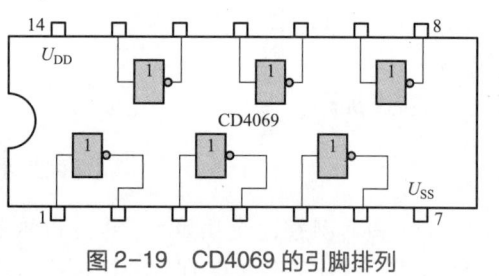

图2-19　CD4069 的引脚排列

IC2 的正触发端（TRIG1）和负触发端（TRIG2）分别受模拟开关 S2 和 S1 控制。平时，IC1-2 输入端通过电阻 R3 接地，故非门IC1-3输出端为低电平，于是 S2 处于截止状态。非门 IC1-4 输入端经过电阻 R1 接电源正极，故非门 IC1-6 输出端为低电平，于是 S1 也处于截止状态。

（2）当持续按压门铃按钮 SB 时，IC1-4 输出端变为高电位，经电阻 R2 给电容 C2 充电，当 C2 上电压超过 CMOS 门转换电压（一般为 $U_{DD}/2$）时，IC1-5 的输出端变为低电位，因而 IC1-6 的输出端变为高电位，S1 导通，IC2 的负触发端（TRIG2）受零电平触发，扬声器发出带有余音效果的"叮咚"声。当持续按压 SB 时，IC1-1 输出端变为高电位，并给电容 C1 和 C3 充电，但 IC1-1 输出的一次正跳变不足以使 C3 上的充电电压超过 CMOS 门转换电压，故IC1-2的输出端仍为高电平，IC1-3 的输出端为低电平，使 S2 仍处于截止状态。

（3）当连续点压 SB 时，IC1-1 输出端电位连续高低变化，经 C1 和二极管 VD2 不断地给 C3 充电，使 C3 上的电压迅速达到 CMOS 门转换电压，于是 IC1-2 输出端变成低电平，IC1-3 输出端变成高电平，使 S2 导通，IC2 的正触发端（TRIG1）受高电平触发，扬声器发出悦耳的鸟叫声。

需特别指出的是，VD1、VD2、C1、C3 构成的电路，从结构上看，和一般的倍压整流电路完全一样，但它不是倍压整流电路。倍压整流电路是将送来的交流信号倍压整流成直流，而这里送来的是脉冲信号。脉冲到来时，给 C1 和 C2 充电；脉冲过去后，C1 上的电荷通过 V_{D1} 迅速放掉，为下一个脉冲经过 C1 给 C3 充电做好准备，于是脉冲串就能不断地给 C3 充电。C1 还有一个作用，即当持续按压 SB 时，IC1-1 输出端为持续高电平，C1 将这种直流电平隔离，只放过脉冲的前沿正跳变给 C3 充电，仅这一个跳变不会使 C3 上的电压超过 CMOS 门转换电压，这就保证了持续按压 SB 时，只能触发 TRIG2 脚而不能触发 TRIG1 脚。

在连续点压 SB 时，虽然也有信号送到 IC1-4 的输入端，但不会造成 IC2 的 TRIG2 脚被触发，因为在连续点压 SB 时引起的 IC1-4 的输出端电位的连续高低变化，虽然在输出高电平时给 C2 充电，但在输出低电平时，C2 又迅速地通过二极管 VD3 放电，故 C2 上的电压总是达不到 CMOS 门的转换电压，所以 IC1-6 输出端一直保持为低电平，使 S1 保持截止状态，即 IC2 的 TRIG2 脚不被触发。

图 2-19 中 IC2 的 OSC1 脚与 OSC2 脚之间外接电阻 R5 与内部电容产生时钟振荡基准频率，适当调整该电阻阻值大小，可以改变音调。输出信号端接一个 NPN 型晶体管将音频信号放大后推动扬声器工作。

 技能提高

怎样快速提高识图能力

（1）由简到繁，逐步加深。作为初学者，总是希望把一个电路彻底搞懂，包括每一个元件的作用，但对一个复杂的电路往往是不易做到的。因而应先看一些简单的电路图，循序渐进，逐步积累经验。这样再看比较复杂的电路图时，就容易理解、掌握了。

（2）勤于动手，提高能力。为尽快提高识图能力，有条件的可以根据简单的电路图进行实际安装或制作。通过实际动手，不仅可以加深对各种元器件的认识，提高实际操作能力，而且能加深对电路的理解，学得懂，记得住。在制作中可能还会发现原电路的不足，加以改进，使原电路更完善，同时也培养了自己的创造力。

（3）勤做笔记，善于总结。初学者在积累了一定的识图经验后，要及时进行总结，把在识图中遇到的问题和心得及时记录下来。对已经识读过的电路要进行归纳分类，总结比较。特别是具有相同功能的不同电路，找出它们各自的特点及不足，尝试设计出新的改进电路。如此反复，自己的识图能力、分析问题、解决问题的能力、动手能力以及创新能力等都会得到大幅度提高。

电磁式电流表如果要扩大量程，不采用接分流器的办法，只需加大固定线圈线径即可。如果要将其做成多量程表，可以将固定线圈做成串、并联的形式来实现，分别如图 4-5 (a)、(b) 所示。从图 4-5 中可以看出，两线圈串联时量程小，并联时量程大。

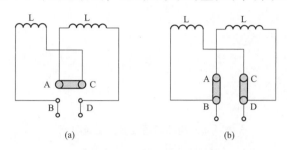

图 4-5　电磁式电流表扩大量程原理图

（a）固定线圈做成串联形式；（b）固定线圈做成并联形式

电动式电流表如果要扩大量程，仍可采用固定线圈与活动线圈串、并联的办法，如图 4-6 所示。其中，图 4-6 为电动式毫安表，图 4-6 (b) 为电动式安培表。

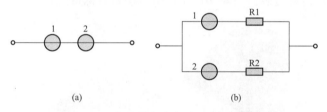

图 4-6　电动式电流表扩大量程原理图

（a）电动式毫安表；（b）电动式安培表

1—固定线圈；2—活动线圈

2. 单相交流电流测量电路

常用的交流电流表有指针式电流表和数字式电流表两种，如图 4-7 所示。其中，图 4-7 (a) 为指针式，图 4-7 (b) 为数字式。

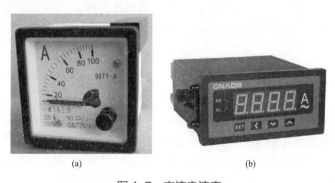

图 4-7　交流电流表

（a）指针式；（b）数字式

（1）用电流表直接测量交流电流。在测量较小电流时，电流表不分正、负极性，只要在测量量程范围内将它直接与负载串联即可，如图4-8所示。其中，图4-8（a）为单相负载，图4-8（b）为三相对称负载。

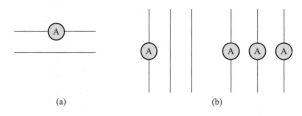

图4-8　电流表直接测量交流电流

（a）单相负载；（b）三相对称负载

（2）用电流表配合电流互感器测量交流电流。在低压电路中测量较大电流时，需要配接电流互感器，如图4-9所示为交流电流互感器。接线方法是将电流互感器一次绕组与电路中的负载串联，二次绕组接电流表，如图4-10所示。其中，图4-10（a）为单相负载，图4-10（b）为三相对称负载，图4-10（c）为三相不对称负载。

图4-9　交流电流互感器

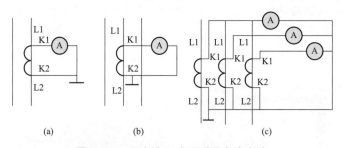

图4-10　用电流互感器测量交流电流

（a）单相负载；（b）三相对称负载；（c）三相不对称负载

电流互感器的电流比可在铭牌上查看，如图4-11所示。例如，一只电流表的满量程为1500A，则选择电流比为1500/5的电流互感器与它配合。只要所选用的电流互感器和电流表上所标的电流比值相同，就可以直接从表盘上读出一次电流值。

在使用交流互感器时，不允许交流互感器二次侧开路，否则会产生高压，对人及电气设备造成危害。

3. 三相交流电流测量电路

如图 4-11 所示为三相交流电流测量电路。如图 4-11 （a）所示是三只电流互感器接三相电源，接线时三只电流互感器的一端必须接地，如图 4-12 所示，以保证人身和电气设备的安全。如图 4-11 （b）所示为两只互感器接入三只电流表，这种方法测量可省去一只电流互感器。

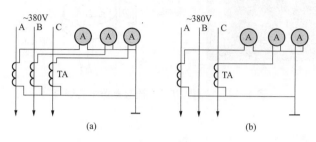

图 4-11　三相交流电流测量电路

（a）三只电流互感器接三相电源；（b）两只互感器接入三只电流表

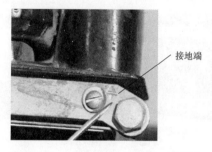

图 4-12　互感器二次绕组的一端接地

知识链接

使用电流互感器的注意事项

（1）使用电流互感器应遵循串联原则，即一次绕组与被测电路串联，二次绕组的一端仪表负载串联，另一端接地。

（2）电流互感器二次侧不允许开路，不允许在电流互感器的二次电路中装设熔断器。

（3）保证"同名端"同极性原则。使用时注意"L1-K1"为同名端，"L2-K2"为同名端，如图 4-13 所示。

图 4-13　电流互感器的同名端

目前新型的电流互感器是穿心式互感器，只要将被测线路从电流互感器中心穿过即可测量，使用十分方便，如图 4-14 所示。

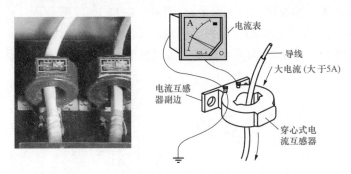

图 4-14　被测线路从电流互感器中心穿过

4.1.2　电压测量电路

用于测量电路中电压的仪表称为电压表。因为电压表的基本单位是伏特（V），故又称为伏特表，如图 4-15 所示。

图 4-15　电压表

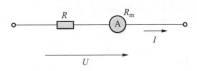

图 4-16　电压表的组成

电压表由基本的测量机构（电流表头）串联一定的固定电阻构成。如图 4-16 所示，电压和电流的关系为

$$I = \frac{U}{R + R_{\mathrm{m}}}$$

串接不同阻值的电阻就可构成不同量程的电压表。和电流表类似，测量直流电压时通常选用磁电式电压表，测量交流电压时通常用电磁式或电动式电压表。

测量电压时，电压表必须并接在被测电路中，以使电压表的端电压等于被测电压。但考虑到电压表本身的电阻 R_{V}，电压表并接到电路中相当于把一个电阻 R_{V} 并接到电路中，这必然会对电路中的各电压、电流产生影响，使其发生变化。为了使测量值较为真实地反映电压的原来值，就要求电压表的电阻越大越好，使其满足 $R_{\mathrm{V}} \geqslant R$，这里 R 是电路的等效电阻。可见要使电压测量满足一定的精度，除了要考虑仪表的测量误差外，还要考虑仪表内阻对电路的影响。

1. 单相交流电压测量电路

如图 4-17 所示为单相交流电压测量的基本电路。如图 4-17（a）所示为交流电压表直接并入电路，这时电压表 V 的示数为该电路两点端电压有效值 U。如图 4-17（b）所示为交流电压表经电压互感器 TV 接入电路，适用于高电压的测量。这时电压表 V 的示数为 U/Ku（Ku 为电压互感器电压比）。

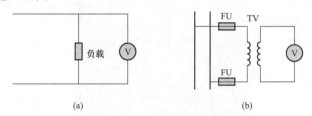

图 4-17 单相交流电压测量的基本电路

（a）交流电压表直接并入电路；（b）交流电压表经电压互感器 TV 接入电路

仪表用电压互感器的作用是把高电压按比例关系变换成 100V 或更低等级的标准二次电压，供保护、计量、仪表装置使用。同时，使用电压互感器可以将高电压与电气工作人员隔离。

一般情况下，选用的是配专用电压互感器的电压表，这时电压表的示数就等于电路电压 U。如果二次侧发生短路故障，将产生很大的短路电流损坏电压互感器，为此接入 FU 起短路保护。为防止绝缘损坏，高电压窜入二次侧，危及人身及设备，故铁心及二次侧绕组要采取接地保护。

2. 三相交流电压测量电路

三相交流电压测量基本电路如图 4-18 所示。如图 4-18（a）所示为三只交流电压表直接并入三相电路分别测量三相电压，这时各电压表的示数即为该相电路两点端电压有效值 U。如图 4-18（b）所示为两只单相电压互感器 TV 接线的测量电路，接线中不允许二次侧线圈短路。为防止短路，保护电压互感器而串入熔断器 FU。

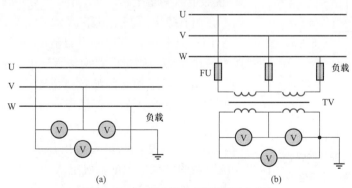

图 4-18 三相交流电压测量基本电路

（a）三只交流电压表直接并入三相电路；（b）两只单相电压互感器 TV 接线的测量电路

在三相交流电压时，配用互感器的电压表量程一般为100V，选择时根据被测电路电压等级和电压表自身量程合理配合使用。读数时，电压表表盘刻度值已按互感器比率折算出，可以直接读取，如图4-19所示。

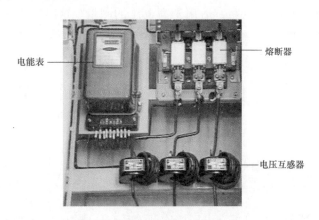

图4-19 电压互感器的应用示例

知识链接

使用电压互感器的注意事项

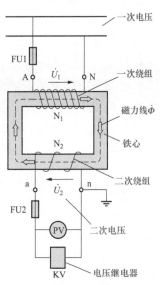

图4-20 电压互感器的同名端与二次线圈的一端及外壳接地

（1）电压互感器的一次侧和二次侧都不允许短路，在它的一次侧和二次侧都应装设熔断器。

（2）电压互感器二次侧的一端必须接地。

（3）保证"同名端"同极性原则，安装时应注意"A-a"为同名端，"N-n"为同名端，如图4-20所示。

3. 直流电压测量电路

以下介绍直流电压测量电路。

（1）用直流电压表直接测量直流电压。测量直流电压必须采用直流电压表，测量电路两端直流电压的线路如图4-21（a）所示。电压表正端必须接被测电路正极或高电位点，负端接负极或低电位点，在仪表量程允许范围内测量。这样接线，才能保证电压表表针正偏。否则，表针会反偏。

（2）串联分压电阻测量直流电压。如果被测电压较高，需扩大电压表的量程，无论是磁电式、电磁式或电动式仪表，均可在电压表外串联分压电阻，如图4-21（b）所示。

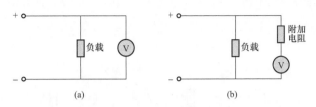

图4-21 直流电压测量电路

（a）直流电压表测量直流电压电路；（b）串联分压电阻测量直流电压电路

分压电阻可以直接安装在电压表内部，也可外附，作为电压表的附件。所串分压电阻越大，则量程越大，如图4-22所示为直流电压表扩大量程的接线方法。

直流电压表的接线与交流电压表的接线基本相同，区别在于直流电压表的正、负极要与被测量电路的正、负极连接一致。

图4-22 直流电压表扩大量程的接线方法

4.1.3 功率测量电路

功率表用于测量直流电路和交流电路中的电功率。常用功率表有指针式功率表和数字式功率表两大类，分别如图4-23（a）、（b）所示。

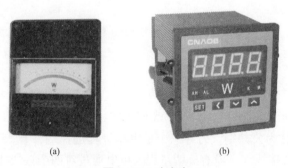

图4-23 功率表

（a）指针式功率表；（b）数字式功率表

1. 直流电路功率测量电路

在直流情况下，可通过测量电压和电流，由公式 $P=UI$ 算出功率。测量电路如图4-24所示，其中图4-24（a）为高值法，测得的电压值包括负载压降和电流表的压降，由此算出的功率为

$$P' = UI = I(U_R + U_A) = P + P_A$$

图4-24（b）为低值法，测得的电流值包含负载中的电流和电压表的电流，由此算出的功率为

$$P'' = UI = U(U_R + I_V) = P + P_V$$

由此可见，这两种方法都有误差，在测量时应选用误差较小的一种方法，一般当

$R_L < \sqrt{R_A R_V}$ 时采用如图4-24（a）所示的高值法，当 $R_L > \sqrt{R_A R_V}$ 时采用如图4-24（b）所示的低值法。

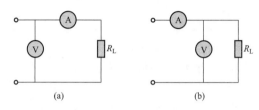

图4-24　伏安法测量功率

（a）高值法；（b）低值法

功率表的量程选择

功率表的量程选择包括电流量程的选择和电压量程的选择。

4.1　功率表接线图

（1）电流量程的选择原则，必须保证功率表的电流量程大于或等于被测量电路的电流。

（2）电压量程的选择原则，必须保证功率表的电压量程大于或等于被测量电路的电压。

总之，只有保证功率表的电压线圈和电流线圈都不过载，测量的功率值才准确，功率表也才不会被烧坏。

【例4-1】D34-W型功率表的量程选择方法。

如图4-25（a）所示为D34-W型功率表面板图，该表有四个电压接线柱，其中一个带有"*"标记的接线柱为公共端，另外三个是电压量程选择端，有25V、50V和100V三个量程。该表有四个电流接线柱，没有标明量程，可以通过对四个接线柱的不同连接方式改变量程。如通过活动连接片让两个0.25A的电流线圈串联，得到0.25A的量程，如图4-25（b）所示；通过活动连接片让两个电流线圈并联，得到0.5A的量程，如图4-25（c）所示。

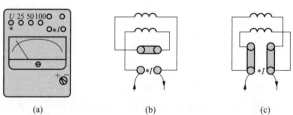

图4-25　D34-W型功率表

（a）D34-W型功率表；（b）通过活动连接片，两个0.25A电流线圈串联；

（c）通过活动连接片，两个电流线圈并联

当根据电路参数选择电压量程 50V、电流量程为 0.25A 时，D34-W 型功率表的实际连线如图 4-26 所示。

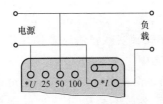

图 4-26　D34-W 型功率表接线示例

2. 单相交流电路功率测量电路

为了防止功率表的表针反向偏转，功率表接线时应遵循"同名端"原则，即功率表中标注"＊"的电流端钮接到电源的正极端，另一端接负载端，如图 4-27 所示。

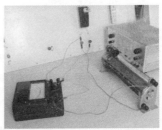

图 4-27　功率表接线方法示例

电流线圈串联接入电路中，功率表标注有"＊"（或标注"●"，下同）的电压端可以接到电流端钮的任意一端，另一个电压端钮则跨接到负载的另一端，如图 4-28 所示。其中图 4-28（a）为电压线圈前接法；图 4-28（b）为电压线圈后接法。

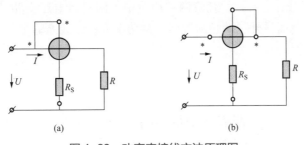

(a)　　　　　　　　　　(b)

图 4-28　功率表接线方法原理图
（a）电压线圈前接法；（b）电压线圈后接法

电压线圈前接法适用于负载电流较小的电路，电压线圈后接法适用于负载电流较大的电路。

知识点拨

功率表接线有讲究

初学者在对功率表接线时，往往容易出现如图4-29所示的几种错误接线方式。

在图4-29（a）、（b）中，不论按实线接法还是按虚线接法都是错误的，都是有一个线圈的极性接反了，一个线圈的电流从"＊"端流进，另一个线圈电流又从"＊"端流出。

对于图4-29（c），从电流的方向来看，指针不会反向偏转，但由于附加电阻值比可动线圈的阻值大得多，电源电压几乎全部降在R_S上，这既会形成附加力矩造成附加误差，又会有击穿绝缘的危险。同理，图4-29（b）中的电路不但方向错误，而且R_S的位置也接错了。

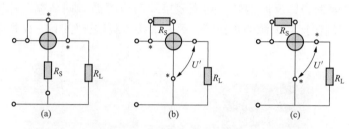

图4-29 功率表的错误接线方式

（a）错误接线方式（一）；（b）错误接线方式（二）；（c）错误接线方式（三）

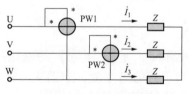

图4-30 两表法测量
三相三线有功功率电路

3. 两表法测量三相三线有功功率电路

用两只单相功率表测量三相三线有功功率的方法称为"两表法"，如图4-30所示，这是用单相功率表测量三相三线制电路功率的最常用方法，而且不管三相负载是否对称。

图4-30中，功率表PW1、PW2的电流线圈串接入任意两相相线中，两只表电压支路"＊"端必须接至电流线圈所接的相线上，而另外一端必须接到未接功率表电流线圈的第三条线上，使电压支路通过的是线电压。

知识点拨

两表法测量电路的应用范围

在三相三线制电路中，由于三相电流的矢量和等于零，因此，两只功率表测得的瞬时功率之和等于三相瞬时总功率，即两表所测得的瞬时功率之和在一个周期内的平均值等于三相瞬时功率在一个周期内的平均值，三相负载的有功功率就是两只功率表读数之和（$P=P_1+P_2$）。

在三相四线不对称负载电路中，因三相电流瞬时之和不等于零，所以这种测量三相总功率的"两表法"只适用于三相三线制，而不适用于三相四线制不对称电路。

4. 三相功率表测量三相有功功率电路

三相功率表是利用两个功率表测量三相电路功率的原理制成的。它具有两个独立单元，每一个单元就相当于一个单相功率表，这两个单元的可动部分固定连接在同一轴上，可绕轴自由偏转，以直接测量三相三线电路功率。

这种三相功率表通常称为二元三相功率表。它有 7 个接线端钮，其中 4 个为电流端钮，3 个为电压端钮，接线如图 4-31（a）所示。接线时，电流线圈带 "＊" 端钮分别接至 U 相和 W 相的电源侧，使电流线圈通过线电流；电压线圈带 "＊" 端钮分别接 U 相和 W 相的电源侧，无 "＊" 标志的端钮接 V 相，使电压支路承受线电压。

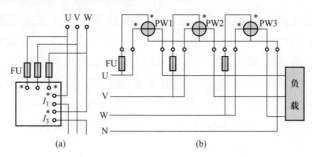

图 4-31 三相功率表测量三相有功功率电路
（a）二元三相功率表测量三相有功功率电路；（b）三元三相功率表测量三相有功功率电路

此外，还有三元三相功率表，它包含有三个独立单元，用来测量三相四线电路功率，接线如图 4-31（b）所示。仪表外壳上有 10 个接线端钮，包括三个电流线圈的 6 个端钮和三个电压线圈的 4 个端钮。接线时将三个电流线圈分别串联在三相电路中，三个电压线圈则应分别并联在三相电路和中性线上。

📖 知识链接

使用功率表的注意事项

（1）功率表在使用过程中应水平放置。

（2）仪表指针如果不指在零位时，可以利用表盖上的零位调整器调整。

（3）测量时，如果遇仪表指针反向偏转，应改变仪表面板上的 "＋" "－" 换向开关极性，切忌互换电压接线，以免使仪表产生误差。

（4）功率表与其他指示仪表不同，指针偏转大小只表明功率值，并不显示仪表本身是否过载，有时表针虽未达到满度，但只要电压或电流之一超过该表的量程就会损坏仪表。为此在使用功率表时，通常需接入电压表和电流表进行监控。

（5）功率表所测功率值包括其本身电流线圈的功率损耗，在做准确测量时，应从测得的功率中减去电流线圈消耗的功率，才是所求负载消耗的功率。

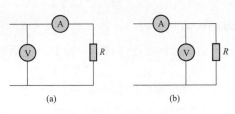

图 4-32　伏安法测量电阻

（a）电压表外接；（b）电压表内接

4.1.4　电阻测量电路

普通电阻（10Ω～10MΩ）的测量可采用下述 4 种方法。

（1）用万用表或多用表的欧姆挡测量电阻，这种方法最简单，但它的准确度低。

（2）用电压表和电流表测量电阻。将被测电阻接到直流电源上，用电压表和电流表分别测量出它的电压和电流，如图 4-32 所示，由欧姆定律算出阻值 $R=U/I$。这种测量方法称为伏安法，其准确度由电压和电流测量的准确度决定，一般来说准确度不高。图 4-32（a）为电压表外接，图 4-32（b）为电压表内接。

（3）用直流单臂电桥测量电阻。直流单臂电桥也称为惠斯登电桥，它由 4 个桥臂 R_1、R_2、R_3、R_4，直流电源 E 及检流计 G 组成，如图 4-33 所示。其中 R_1 是被测电阻。通过调节已知的可调电阻 R_2、R_3 和 R_4 则可使检流计指零，即电桥达到平衡。电桥平衡的条件为

$$\frac{R_1}{R_2}=\frac{R_3}{R_4}$$

这种测量方法的准确度较高，其准确度在检流计的灵敏度足够高的情况下，与电源无关，仅由标准电阻的准确度决定。

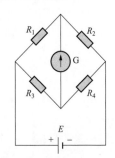

图 4-33　直流单臂电桥原理图

直流单臂电桥是一种比较式测量仪表，其电阻测量范围为 1Ω～10MΩ，主要用于测试低阻值电阻。如在修理电动机时测量绕组直流电阻；在线路检修时，测量线路的直流电阻等。常用的直流电桥有直流单臂电桥和直流双臂电桥两大类。这里只介绍直流单臂电桥的使用。

QJ-23 型直流单臂电桥实物图如图 4-34（a）所示，电路图如图 4-34（b）所示。

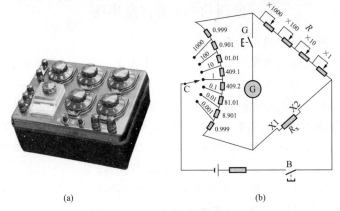

（a）　　　　　　　　　　　（b）

图 4-34　QJ-23 型直流单臂电桥

（a）QJ-23 型直流单臂电桥实物图；（b）电路图

4.2　定时限过电流
保护电路

（4）用绝缘电阻表测量电阻。电气工程中常常需要测试电机、电器和电路的绝缘电阻以及其他的高阻值电阻，兆欧表是最常用的一种仪表。

4.2　保 护 电 路

在配电系统中，必须采用保护元件和设置保护电路。它们在正常情况下，监视被保护元件的运行状态；当发生不正常情况或短路事故时，保护元件动作，切断故障电路。

4.2.1　断路器事故掉闸指示电路

指示电路也称为信号电路，它是通过灯光或音响，表明电路的工作状态和设备的运行情况。

如图 4-35 所示为断路器事故掉闸指示电路图。WS是信号回路电源小母线。电路工作原理：当断路器发生事故掉闸时，图 4-35 中的断路器 QF 辅助触点闭合，蜂鸣器 HA 经中间继电器 KA 的动断触点 KA1 和控制开关 SA 的两对触点、QF 辅助触点、熔断器 FU2 构成闭合回路，蜂鸣器发出报警音响信号。

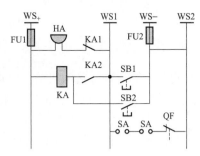

图 4-35　断路器事故掉闸
指示电路图

按下音响解除按钮 SB2，中间继电器 KA 得电，其动合触点 KA2 闭合，经 SA、QF、FU2 形成回路自锁，这时动断触点 KA1 分断，蜂鸣器回路被切断，于是，音响解除。

SB1 为音响试验按钮。按下 SB1 蜂鸣器 HA 得电发出音响。SB1 是为平时试验音响是否正常而设置的。

4.2.2　高压线路带时限的过电流保护

带时限的过电流保护，按其动作时间特性分，有定时限过电流保护和反时限过电流保护两种。所谓定时限，就是保护装置的动作时间是固定的，与短路电流的大小无关。所谓反时限，就是保护装置的动作时间与反应到继电器中的短路电流的大小成反比关系，短路电流越大，动作时间越短。反时限特性也称为反比延时特性。

1. 定时限过电流保护电路

定时限过电流保护的原理接线图和展开图如图 4-36（a）、（b）所示。它由启动元件（电磁式电流继电器）、时限元件（电磁式时间继电器）、信号元件（电磁式信号继电器）和出口元件（电磁式中间继电器）等 4 部分组成。其中 YR 为断路器的跳闸线圈，QF 为断路器操动机构的辅助触点，TA1 和 TA2 为装在 U 相和 W 相上的电流互感器。

保护装置的动作原理是，当一次电路发生相间短路时，电流继电器 KA1、KA2 中至少有一个瞬时动作，闭合其动合触点（动合触点），使时间继电器 KT 动作。经过 KT 整定的时限后，其延时触点闭合，使串联的信号继电器 KS 和中间继电器 KM 动作。KM 动作后，其触点接通断路器的跳闸线圈 YR 的回路，使断路器 QF 跳闸，切除短路故障。与此同时，KS动作，其信号指示牌掉下，并接通信号回路，给出灯光和音响信号。在断路器跳闸时，QF

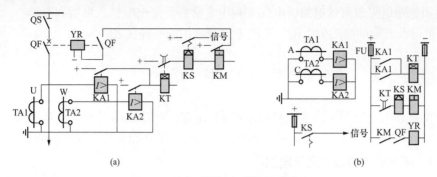

图 4-36　定时限过电流保护电路图

（a）原理接线图；（b）展开图

的辅助触点随之断开跳闸回路，以减少中间继电器触点的工作时间。在短路故障被切除后，继电保护装置除 KS 外的其他所有继电器均自动返回起始状态，而 KS 可手动复位。

2. 反时限过电流保护电路

反时限过电流保护由 GL 型电流继电器组成。如图 4-37 所示为两相两继电器式接线的去分流跳闸的反时限过电流保护的电路图。其中，如图 4-37（a）所示为接线图；如图 4-37（b）所示为展开图。

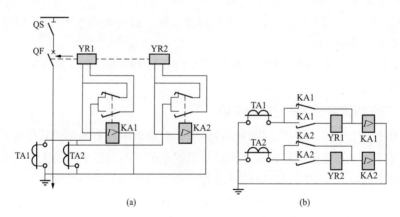

图 4-37　反时限过电流保护电路图

（a）接线图；（b）展开图

当一次电路发生相间短路时，电流继电器 KA1、KA2 至少有一个动作，经过一定时限后（时限长短与短路电流大小成反比关系），其动合触点闭合，紧接着其动断触点断开，这时断路器跳闸线圈 YR 因分流而通电，从而使断路器跳闸，切除短路故障部分。在继电器去分流跳闸的同时，其信号牌自动掉下，指示保护装置已动作。在短路故障被切除后，继电器自动返回，信号牌则需手动复位。

图 4-37 中，电流继电器 KA1、KA2 都增加了一对动合触点与跳闸线圈串联，其作用是用来防止继电器动断触点在一次电路正常时，由于外界震动等偶然因素使之意外断开而导致断路器误

跳闸的事故。增加这对动合触点后，即使动断触点偶然断开，也不会造成断路器误跳闸。

4.2.3　触电保护器电路

1. 电压型低压触电保护器电路

如图4-38所示电路是一种电压型低压触电保护器电路。当发生触电时，人体、大地、整流桥及继电器和变压器中性线构成一闭合回路，有电流流过。当电流达到继电器的启动电流值时，继电器吸合，使交流接触器失电，切断电源，人体得到安全保护。其中，SB3为模拟触电实验按钮。

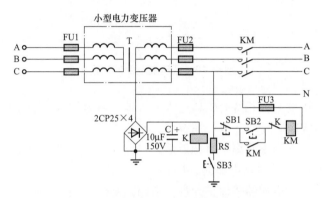

图4-38　电压型低压触电保护器电路

2. 电流低压型触电保护器电路

如图4-39所示的电流低压型触电压保护器电路是通过发生触电事故时，电流经零序电流互感器、人体、大地到中性点形成的一个闭合回路。此时零序电流互感器的二次绕组因一次电流不平衡而产生电动势和电流。此电流经放大后使K吸合，使交流接触器失压而切断电源，保证人身安全。其中，SB2为模拟触电实验按钮。

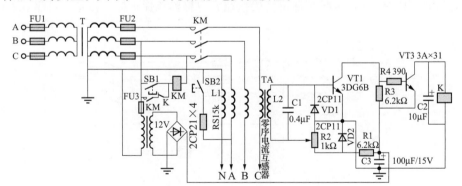

图4-39　电流低压型触电保护器电路

4.2.4　低压漏电保护电路

1. 电压型低压漏电保护电路

安装低压漏电保护器是一种有效的防漏电保护措施，如图4-40所示。

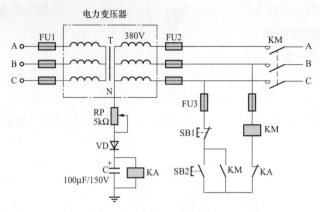

图 4-40   低压漏电保护电路

当人接触到电路中的某根相线时，通过人、大地、继电器 KA 等与变压器中性点构成回路，电流通过二极管 VD 整流、电容 C 滤波后，灵敏继电器 KA 动作，使接触器 KM 线圈失电，断开主回路电源。而当人脱离了电源以后，电路便能手动恢复供电。通过电位器 RP 可调节保护电路的灵敏度。采用该电路时，中性点不允许重复接地，设备也不允许接零，这样，中性点必须安装低压避雷器等保护元件。电路的绝缘性能必须良好。

电压型低压漏电保护电路的缺点是当电路漏电严重时，即使没有人触电，也将自动断开电源。同时，这种保护器能使变压器低压侧电网全部列入保护范围，动作时停电范围大，只适合于小容量的电力变压器使用。

电压型低压漏电保护器电路如图 4-41 所示。发生漏电事故时，电流经人体、大地、桥式整流器 VC 及灵敏继电器 KA 和变压器 T 中性线形成回路。当电流达到灵敏继电器的启动电流值时，KA 吸合、动断触点断开，使交流接触器 KM 线圈失电，主触点切断电源，人体得到安全保护。其中，SB3 为模拟漏电实验按钮，以检验该保护器工作是否可靠。

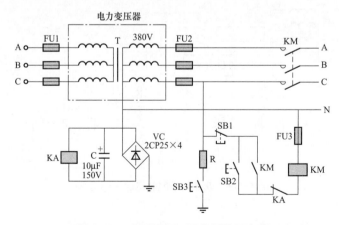

图 4-41   电压型低压漏电保护器电路

2. 电流型低压漏电保护电路

如图 4-42 所示为电流型低压漏电保护器电路。按下启动按钮 SB2，接触器 KM 线圈得电自锁，主触点闭合，接通电路。当电路发生漏电事故时，电流经人体、大地到中性点形成回路，此时三相电流不平衡，零序电流互感器 TA 二次线圈产生电动势和电流。这个电流经放大元件放大后，送往灵敏继电器 KA 线圈。当漏电电流达到一定值时，KA 动作，KA 动断触点断开，使交流接触器线圈失电，主触点切断电源，保证了人身安全。其中，SB3 为模拟漏电实验按钮，R4 用于限制电流大小。

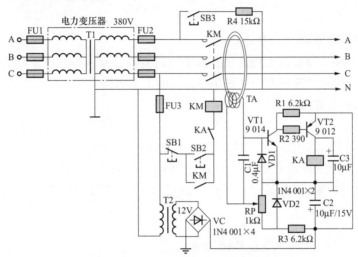

图 4-42　电流型低压漏电保护器电路

4.2.5　母线绝缘监察电路

如图 4-43 所示为装于 6~10kV 母线的绝缘监察装置及电压测量的原理电路图。绝缘监察装置主要用来监视小接地电流系统相对地的绝缘情况。

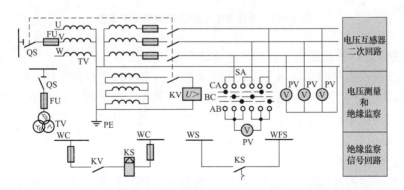

图 4-43　装于 6~10kV 母线的绝缘监察装置及电压测量的原理电路图

TV—电压互感器；QS—高压隔离开关及辅助触点；SA—电压转换开关；

PV—电压表；KV—电压继电器；KS—信号继电器；WC—控制小母线；

WS—信号小母线；WFS—预报信号小母线

　　该绝缘监察装置采用三个单相三绕组电压互感器或一个三相五柱三绕组电压互感器，这类电压互感器二次绕组有两组绕组。一组接成星形，在它的引出线上接三只电压表 PV，系统正常运行时，反映各个相电压；在系统发生一相接地时，则对应相的电压表指零，而另两只电压表读数升高到线电压。另一组接成开口三角形（也称为辅助二次绕组），构成零序电压互感器，在开口处接一个过电压继电器 KV。系统正常运行时，三相电压对称，开口三角形两端电压接近于零，继电器不动作；在系统发生一相接地时，接地相电压为零，另两个相差 120° 的相电压叠加，则开口处出现近 100V 的零序电压，使电压继电器 KV 动作，发出报警的灯光和音响信号。

4.2.6　防雷保护电路

　　为了防止供电系统受雷击而损坏，通常采用避雷针、避雷线、避雷器等进行防雷保护。下面仅介绍降压变电站和车间变电站采用避雷器的保护电路。

　　1. 降压变电站的进线防雷保护电路

　　如图 4-44 所示为降压变电站的进线防雷保护电路。其中，避雷器 F1 作为进线的先行保护，当进线沿线传来雷电波时，经 F1 放电，减弱了雷电波的能量，架在进线上方的避雷线的作用是保护进线免遭直击雷的损害；F2 的作用是保护断路器 QF 的绝缘套管；F3 是降压变电站进线防雷的最后一道保护，雷电波经它放电后进入变电站就没有什么危害了。

4.3　常用防雷典型
电路图

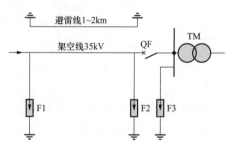

图 4-44　降压变电站的进线防雷保护电路

　　2. 车间变电站（高压配电装置）的进线防雷保护电路

　　如图 4-45 所示为车间变电站（高压配电装置）的进线防雷保护电路。在每路进线的终端和母线上都装设避雷器。若进线有一段电缆的架空线路，避雷器装设在架空线路终端的电缆终端处。图 4-45 中，架空进线装设了避雷器 F1，母线上装设了避雷器 F3，避雷器 F2 装设在架空线路终端的电缆终端头处。

　　3. 高压电动机的防雷保护电路

　　如图 4-46 所示为高压电动机的防雷保护接线示意图。避雷器 F1 与电缆配合作用，利用雷电流将 F1 击穿后的集肤效应，可大大减小流过电缆芯线的雷电流。与避雷器 F2 并联的电容 C（$0.25\sim0.5\mu F$）则可降低母线上的冲击波陡度。

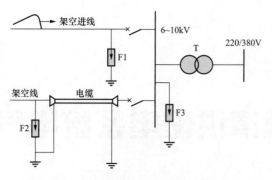

图 4-45　车间变电站的进线防雷保护电路

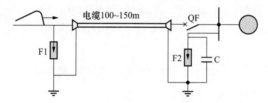

图 4-46　高压电动机的防雷保护接线示意图

第 5 章

理清供配电系统电气图

东西南北电力网，星罗棋布遍城乡。由各种电压等级的电力线路，将各种类型的发电厂、变电站和电力用户紧密地联系在一起，构成了庞大的电力供配电系统。电力供配电系统电气图可分为主电路（也称一次系统图、一次回路图）和辅助电路图（也称二次系统图、二次回路图）。

5.1　电力系统电气图

5.1.1　电力系统及其单线图

1. 电力系统示意图

电能的生产、传输和使用必须同时进行，这是电能与市场上其他商品不同的特性。正因为电能不能大量存储，就需要将发电、输电、变电、配电和用电等环节组成一个发、供、用的有机整体，称为电力系统。如图 5-1 所示是从发电厂到用户最简单的送电过程示意图。

5.1　电力系统电气图

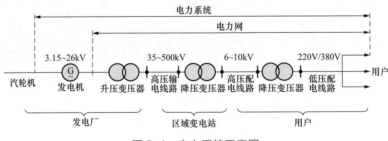

图 5-1　电力系统示意图

2. 电力系统单线图

为了提高供电的可靠性和经济性，一般是采用联络电路将各个单独的发电厂联合起来并联运行。如图 5-2 所示是一个较大电力系统的单线图。该系统有四个发电厂，其中有两个火力发电厂，一个热电厂，一个水电厂。大型水力发电厂的发电机直接与升压变压器连接，升压到 220kV，再用双回路 220kV 高电压远距离输电。热电厂建于热能用户的中心，对附近用户，用发电机电压 10kV 供电，同时还通过一台升压变压器和一条 110kV 电路与大电网相连。火力发电厂 I 的 10kV 母线电压通过升压变压器升压到 110kV，再与大电网相连，同时用 10kV

电路向附近用户和配电变压器（变电站 F）供电，配电变压器将电压降低到 380V/220V，供给低压电网。火力发电厂Ⅱ直接将发电机出口电压升高到 110kV，再与大电网相连。

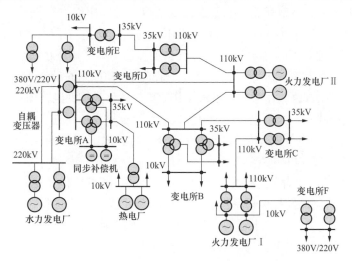

图 5-2　电力系统单线图

变电站 A 和变电站 B 是电力系统中各发电厂相互联系的枢纽，称为枢纽变电站或区域变电站。变电站 A 有两台自耦变压器将 220kV 电压降低到 110kV，并且还有两台三线圈变压器，除连接 110kV 及 35kV 两种电压等级电网外，低压绕组采用 10kV 电压供给两台同步补偿机，以满足电网中无功功率补偿的需要。变电站 C 称为穿越变电站，变电站 D、E 称为地区变电站。变电站 D 由 110kV 电路输入电能，降压后，供给地区变电站 E 和 35kV 用户。

5.1.2　电力系统电路图

以下介绍一次设备和二次设备。

（1）一次设备又称为主设备，是指直接发电、输电、变电、配电、供电的主系统上所用的设备，如发电机、变压器、开关、接触器、电动机、电热器、输电线等。

表述一次设备相互连接，构成的发、输、变、配、供电或进行其他电力生产电气回路，称为一次回路图或主电路图。由一次设备构成的一次回路以输送电能为主要目的。

（2）二次设备又称为辅助设备，是指为保证一次设备安全、可靠、经济、合理地运行而配置的附属设备，如继电保护、测量仪表、控制开关、信号装置及自动控制装置等。电力系统常用的二次设备主要有如下四种。

1）信号装置：一台设备是否已带电工作，工作是否正常，一个开关是否已合闸送电，在许多情况下从外表是分辨不清的，需要设置各种信号，如灯光信号、音响信号等。

2）测量设备：灯光与音响信号能表明设备的大致工作状态，如果要详细监视电源的质量与设备的工作状态，还要借助仪表对各种电气参量进行测量，如测量电压、频率的高低，电流、功率的大小，电能的多少等，需要安装各种电工仪表，如电压表、频率表、电流表、功率表、相位表、电能表等，以及各种附属设备。

3）保护设备：电气设备与电路在运行的过程中，有时会超过其允许的工作能力，有时会产生故障，需要有一套反映故障和其他不正常状态，发出故障与不正常工作状态的信号并对电路与设备工作状态进行调整（断开、切换）的保护设备。

4）自动控制系统：小型开关，如普通低压闸刀，可以用手进行操作，但是控制高电压或大电流的开关设备，有的体积很大，手动是不行的，尤其是当系统出了故障需要迅速断开开关时，手动更是不能胜任，需要有一套电气自动控制与电气操作系统。

上述这些对主设备与系统进行监视、测量、保护及自动控制的设备，称为辅助设备。将辅助设备按一定顺序连接起来，用来说明电气工作原理的，称为辅助电路图；用来说明电气安装接线的，称为辅助接线图。如果主要用于电气控制，又可称为控制电路图和控制接线图。

（3）辅助电路图是电气图中的重要组成部分，与其他电气图相比较，往往显得比较复杂。其复杂性主要表现在以下两个方面。

1）辅助设备数量多。辅助设备比主设备要多得多。随着主设备电压等级的升高，容量的增大，要求的自动化操作与保护系统也越来越复杂，辅助设备的数量与种类也越多。

2）辅助电路连线复杂。由于辅助设备数量多，连接辅助设备之间的连线也很多，而且辅助设备之间的连线不像主设备之间的连线那么简单。

为了表示辅助电路的原理和接线，辅助电路图和接线图有以下几种图：属于辅助电路图的有集中式电路图、半集中式电路图、分开式电路图；属于辅助接线图的有单元接线图或接线表、端子接线图或接线表、辅助电缆配置图或配置表、辅助设备平面布置图等。

实际上，辅助电路图和辅助接线图不是一类单独的图种，其表示方法并没有更多特殊的地方，其中的辅助电路图必须遵守电路图的有关规定；辅助接线图、表必须遵守接线图和接线表的有关规定。但鉴于辅助电路图和接线图的复杂性以及某些特点，本书将在后面的章节专门阐述，其中侧重于怎样阅读和使用辅助电路图和接线图。

5.1.3 电力网

人们把电力系统中各级电压的电力线路及其联系的变电站称为电力网或电网，即电力网是电力系统中除发电机以外的部分，如图5-3所示为电力网示意图。

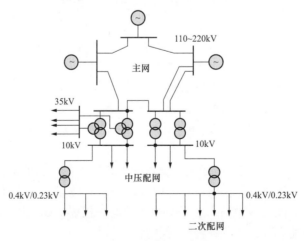

图5-3 电力网示意图

电力网是将各电压等级的输电电路和各种类型的变电站连接而成的网络。按其在电力系统中的作用不同，电力网分为输电网和配电网。

（1）输电网是以高电压甚至超高电压将发电厂、变电站之间连接起来的送电网络，是电力系统的主网架。

（2）配电网是直接将电能送到用户的网络。配电网的电压依据用户需要而定。配电网又分为高压（指 35kV 及以上电压）配电网、中压（指 10、6、3kV）配电网和低压（220、380V）配电网。

5.2 一次系统图

5.2.1 一次系统图的分类

在一个电力网中，按照不同的接线方式，一次系统图有放射式、树干式和环式三种基本形式。

5.2 识读一次
系统图

1. 高压线路的三种接线方式

以下介绍高压线路的三种接线方式。

（1）放射式线路图。放射式线路可分为单回路放射式线路和双回路放射式线路，如图 5-4 所示为高压放射式线路的电路图。

单回路放射式线路适用于三级负荷，其线路之间互不影响，供电可靠性较高，而且便于装设自动装置，但是高压开关设备用得较多，且每台高压断路器须装设一个高压开关柜，从而使投资增加。这种放射式线路发生故障或检修时，该线路所供电的负荷都要停电。

如图 5-4（a）所示单回路放射式，QS1 和 QS2 是电源断路器上的隔离开关，其中，QS1 是母线隔离开关，用于检修断路器时隔离电源；QS2 是线路隔离开关，用于隔离用户侧反向送电或防止雷电等过电压通过线路入户，以保证设备和人身安全。

如图 5-4（b）所示的单电源双回路放射式供电系统的任意一个变配电站都是由双回路线路供电。变压器 T1 和 T2 在系统中构成两条回路，当其中一条回路发生故障或需要停电检修时，在低压侧可通过联络开关 QS7 给全部负荷供电，提高了供电的可靠性。该系统一般适用于二级负荷配电。

如图 5-4（c）所示的双电源双回路放射式供电系统采用两路电源进线，任意一个低压变电站都可以得到两路电源由两条回路供电。当其中某一电源或某一回路发生故障或需要停电检修时，可以通过高压联络开关 QS11 或低压联络开关 QS3、QS8 由另一电源或另一回路给全部负荷供电。提高了供电的可靠性，一般适用于二级负荷配电。

（2）树干式线路图。如图 5-5 所示是高压树干式线路的电路图。树干式接线与放射式接线相比，具有以下优点：多数情况下，能减小线路的有色金属消耗量，采用的高压开关数量少，投资较省。但有下列缺点：供电可靠性较低，当高压配电干线发生故障或检修时，接在干线上的所有变电站都要停电，且在实现自动化方面，适应性较差。要提高供电可靠性，可采用双干线供电或两端供电的接线方式。

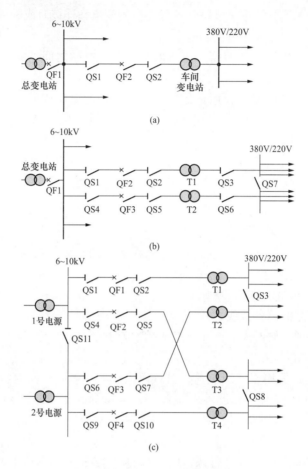

图5-4 高压放射式线路的电路图

如图5-5（a）所示为架空线路的单回路树干式供电系统图。三台变压器 T1~T3，呈树干式排列。FU1~FU3 为熔断器（或采用断路器），在系统中起保护作用。QS3~QS5 是三个隔离开关，起隔离高压电源作用，以保证在检修过程中的人身安全。由于此系统当干线发生故障或需要停电检修时会造成大面积停电，因而供电可靠性不高，一般适用于三级负荷配电。

如图5-5（b）所示为单侧双回路树干式供电系统图，该系统每一馈线有两条线路，每条线路各带一台变压器和相应的高压配电装置。QS3 是高压侧联络开关，一路停电时，可由另一条线路供电。QS13、QS12、QS16、QS17 是低压侧联络开关，通过联络开关可提高供电的可靠性。此系统一般适用于三级负荷和一些次要场合的二级负荷的配电。

（3）环式线路图。环形接线实质上是两端供电的树干式接线。这种接线在现代化城市电网中应用很广。为了避免环形线路上发生故障时影响整个电网，也为了便于实现线路保护的速断性，大多数环形线路采用"开口"运行方式，即环形线路中有一处开关是断开的。

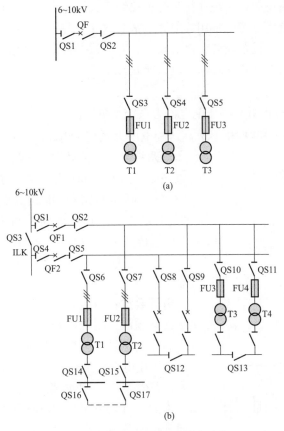

图 5-5　高压树干式线路的电路图

　　如图 5-6 所示是环形式接线的电路图。该系统中将同一个电源的两段母线 WB1 和 WB2 上引出的两条链式干线的末端（如 B 端和 D 端），用线路 WL5 联络起来。系统正常工作时联络开关 QS5 和 QS11 处于分断位置，两条线路为开环运行状态。当系统中任意一段干线发生故障时，只要通过一定的倒闸操作，断开故障点两侧的隔离开关，把故障切除后即可恢复供电，并且在此过程中不影响其他段干线向其负荷供电。此系统一般适用于三级或二级负荷。

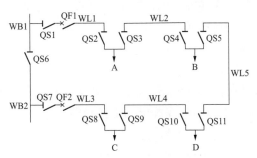

图 5-6　高压环形式接线的电路图

实际上，工厂的高压配电系统往往是几种接线方式的组合，依具体情况而定。不过一般地说，高压配电系统宜优先考虑采用放射式。放射式的供电可靠性较高，且便于运行管理。但放射式采用的高压开关设备较多，投资较大，对于供电可靠性要求不高的辅助生产区和生活住宅区，可考虑采用树干式或环形配电，比较经济。

（4）看图实践。

【例5-1】6~10kV/0.4kV 高压配电电力系统主电路图。

如图5-7所示为6~10kV/0.4kV 高压配电电力系统主电路图。

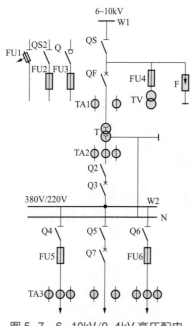

图5-7　6~10kV/0.4kV 高压配电
电力系统主电路图

电路特点：一种最常见的高压侧无母线的电气系统主电路图。由 6~10kV 架空线或电缆引入，经高压隔离开关 QS 和高压断路器 QF 送到变压器 T；当负荷较小（如 315kVA 及以下）时，可采用跌落式熔断器（FU1）、隔离开关（QS2）-熔断器（FU2）；也可以采用负荷开关（Q）-熔断器（FU3）对变压器实施高压控制。

看图要点：一些大中型工矿企业的负载较大，高压供电线必须深入到工矿企业内部。1kV 以上的配电系统称为高压配电系统。高压配电一般采用 10kV，但若 3~6kV 高压用电设备负载较大，也可采用 3~6kV 配电。近年来，某些大型企业负载很大，对供电可靠性要求更高，为此，可采用 35kV 高压配电。3~10kV 高压配电方式通常按照负荷大小、设备容量、供电可靠性、经济技术指标等不同的要求，分别采用放射式、树干式和环形式等供电方式。广大小型厂矿、企业、车间、城镇、乡村的电力供应，大多采用 6~10kV/0.4kV 的高压配电电力系统供电。

经变压器 T 降压成 400/230V 低压后，进入低压配电室，经低压总开关（空气断路器或负荷开关）送到低压母线，再经过低压刀开关 Q 和熔断器或其他开关送至各用电点。

看图实践：高、低压侧均装有电流互感器及电压互感器，用于测量及保护。电流互感器的二次线圈与电压互感器的二次线圈分别接到电能表的电流线圈和电压线圈，以便计量电能量损耗。电流互感器二次线圈还接通电流表，以便测量各相电流，并供电给电流继电器以实现过电流保护。电压互感器的二次线圈接到电压表，以便测量电压，并供电给绝缘监测用的仪表。

为了防止雷电波沿架空线侵入变电站，在进线处安装有避雷器 F。

【例5-2】一台变压器的 6~10kV 变配电站主接线图。

一台变压器的 6~10kV 变配电站主接线图如图5-8所示。

电路特点：一台变压器且容量较小的变配电站的主接线。只装一台主变压器的车间变电站，其高压侧一般采用无母线的接线。

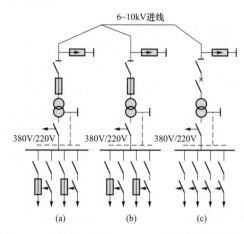

图 5-8 一台变压器的 6 ~10kV 变配电站主接线图

看图要点： 变配电站的主接线是指由各种开关电器、电力变压器、母线、电力电缆、移相电容器等电气设备，依一定次序相连接的接受和分配电能的电路。图 5-8 中的三种主接线方案，高压侧采用的开关不同。

看图实践： 从图 5-8（a）中可以看出，高压侧不用母线（或称汇流排），仅装有隔离开关和熔断器；低压侧电压为 380V/220V。出线端装有断路器或熔断器。图 5-8（b）、图 5-8（c）适用于变压器容量在 560kVA 以下或经常操作的情况，其高压侧改装负荷开关或油断路器。这种主接线方式简单、投资少、运行方便，但可靠性差，在高压侧发生故障时将全部停电。当然在低压侧有备用电源时，也可用于一、二级负荷。

【例 5-3】 两台变压器的 6~10kV 变配电站主接线图。

如图 5-9 所示为两台变压器供电的 6~10kV 变配电站主接线图。

电路特点： 装有两台主变压器的车间变电站的高、低压侧主接线的应用方式。

看图要点： 主接线是采用双回电路和两台变压器的接线，适用于一、二级负荷或用电量较大的民用建筑和工矿企业。当其中一路进线电源中断时，可以通过母线联络开关将停电部分的负载转接到另一路进线上去，保证一、二级负荷设备继续供电。

看图实践： 主接线中的高压开关，有油断路器、负荷开关和隔离开关。油断路器有灭弧装置，可以频繁地接通和切断负荷，也能切断故障时的短路电流。负荷开关具有角形灭弧装置，但灭弧能力比油断路器差，只能切断负荷电流，使用时应和熔断器配合使用。隔离开关是高压闸刀开关，不具备灭弧装置，不能带负荷拉闸，是在维修时将负荷与电源隔开，常与油断路器联合使用。高压开关操作时应注意，在隔离开关和油断路器联合使用，接通电源

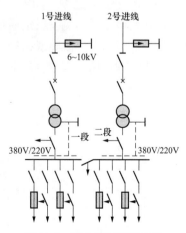

图 5-9 两台变压器供电的
6 ~10kV 变配电站主接线图

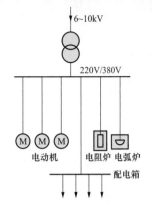

图 5-10　低压放射式线路图

时，应先合隔离开关，后合油断路器；在断开电源时，应先断开油断路器，后断开隔离开关。

在负荷开关和高压熔断器联合使用、要维护检修设备时，应先切断负荷开关，然后取出高压熔断器以保证安全。

2. 低压线路三种接线方式

工厂和民用的低压配电线路也有放射式、树干式和环形式等三种基本接线方式。

（1）低压放射式线路图。如图 5-10 所示为低压放射式线路图。其特点：引出线发生故障时互不影响，供电可靠性较高，操作维修方便；但是一般情况下，其有色金属消耗量较大，采用的开关设备也较多。放射式接线多用于设备容量大或对供电可靠性要求高的设备供电。这种接线方式一般用于三级或部分次要的二级用电负荷。

（2）树干式线路图。如图 5-11 所示为两种常见的低压树干式线路图。其中，图 5-11（a）为低压母线放射式配电的树干式，图 5-11（b）为低压"变压器-干线组"的树干式。树干式接线的特点正好与放射式接线相反。一般情况下，树干式采用的开关设备较少，有色金属消耗量也较小，但干线发生故障时，影响范围大，供电可靠性较低。树干式接线在机械加工车间、工具车间和机修车间中应用比较普遍，而且多采用成套的封闭型母线，灵活方便，也较安全。适用于供电给容量较小而分布较均匀的用电设备，如机床、小型加热炉等，使变电站结构简化，投资大为降低。

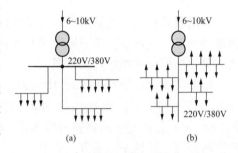

图 5-11　低压树干式线路图

树干式线路也适用于容量较小、分布均匀、供电可靠性要求不高的三级用电负荷。

（3）环形式线路图。如图5-12所示是由一台变压器供电的低压环形接线图。工厂内的一些车间变电站低压侧一般也通过低压联络线相互连接成为环形。环形接线，供电可靠性较高。任一段线路发生故障或检修时，都不致造成供电中断，或只短时停电，一旦切换电源的操作完成，即能恢复供电。环形接线，可使电能损耗和电压损耗减小，但是环形系统的保护装置及其整定配合比较复杂。如配合不当，容易发生误动作，反而扩大故障停电范围。低压环形式线路通常采用"开口"运行方式。

在工厂的低压配电系统中，往往是采用几种接线方式的组合，依具体情况而定。不过在正常环境的车间或建筑内，当大部分用电设备不很大而无特殊要求时，一般采用树干式配电。

【例 5-4】 380V/220V 低压电力系统电路图。

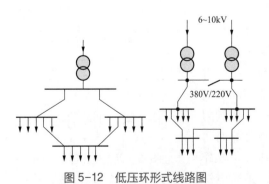

图 5-12　低压环形式线路图

如图 5-13 所示为常见的 380V/220V 低压配电电气系统图。

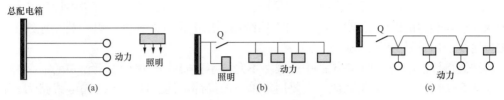

图 5-13　380V/220V 低压配电气系统图

电路特点：380V/220V 低压电气系统是指由 6~40kV/0.4kV 配电变压器二次侧或低压发电站作为电源，供动力、照明等用电负载的供电系统。配电线路的接线方式有三种，这三种接线方式各有优缺点。这种低压电气系统具有以下特点。

5.3　低压配电系统的接线方式

（1）一般采用三相四线（三根相线一根中性线）供电系统，提供三相 380V 和单相 220V 电源，满足动力、照明负载对电源电压的一般要求。

（2）一般车间的照明干线应和动力干线分开，照明电源应接在动力进线总开关的进线侧。

（3）对于特别重要的负载，有时应考虑两个电源，在用电设备最后控制的一级进行自动切换，以保证不间断运行；必要时，电源变压器之间的低压系统，可考虑相互联络、相互供电。

看图要点：380V/220V 低压电气系统的基本形式通常采用放射式、树干式及链式。看图时应注意分辨三种方式各自的接线特点。

看图实践：如图 5-13（a）所示为放射式，各个用户由独立电路供电，照明配电单独从总配电箱引出。供电可靠性高，但投资大、费用高，只适用于单台设备容量大或对供电可靠性要求高的场合。

如图 5-13（b）所示为树干式，从低压母线上引出干线，沿着干线走向再引出若干分支线，然后再引至各个用电器。这种电路虽然成本低，但供电可靠性较差。

如图 5-13（c）所示为链式，实际上是一种变形连接的树干式接线。这种电路只适用于用电设备彼此相距很近，容量小的次要用电设备。链式供电的负载一般不超过 3~4 台。

3. 低压配电系统的接地方式

三相交流低压电网的接地方式有三大类五小类，即 TT 系统、IT 系统和 TN 系统，其中 TN 系统又分为 TN—S 系统、TN—C-S 系统和 TN—C 系统。

在接地方式名称中，第一个字母 T 表示一点直接接地，I 表示所有带电部分与地绝缘。第二个字母表示用电设备的外露可导电部分对地的关系：T 表示与地有直接的电气连接而与配电系统的任何接地点无关，N 表示与配电系统的接地点有直接的电气连接。第二个字母后面的字母表示中性线与保护线的组合情况：S 表示分开（单独），C 表示公用，C-S 表示开头部分是公用，后面部分分开。

（1）TT 系统和 IT 系统。如图 5-14（a）所示 TT 系统，主要用于农村集体电网等小负荷供配电系统，接地保护可靠性完全取决于接地线的状态及其安装工艺。

TT系统的配电变压器中性线N直接接地，并且只能是该点接地。对于中性线其余各点的绝缘要求与相线的绝缘要求相同。在TT系统中，用电设备的外壳可以安装接地线，称为保护接地线，用符号PEN表示。

特别值得注意的是：TT系统的中性线上不允许单独安装开关，也不允许单独接熔断器。

如图5-14（b）所示IT系统，主要用于单独的局部电网。IT系统的输电线路为三相三线制，配电变压器的中性线N不接地或者通过一个高阻抗接地，用电设备外壳直接接地，称为保护接地，用符号PEE表示。该系统在出现第一次故障时故障电流小，电气设备金属外壳不会产生危险性的接触电压，因此，可以不切断电源，使电气设备继续运行，并可通过报警装置及检查消除故障。IT系统内发生第二次故障时应自动切断电源，即当在另一相线或中性线上发生第二次故障时，必须快速切除故障。

IT电力系统的带电部分与大地间不直接连接，而电气设施的外露可导电部分则是接地的。在供电距离不是很长时，供电的可靠性高、安全性非常好。一般用于不允许停电的场所，或者是要求严格地连续供电的地方，例如电力炼钢、大医院的手术室、地下矿井等处。

5.4 低压系统的接地形式

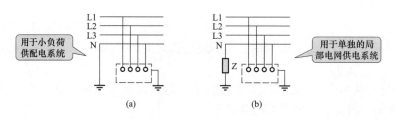

图5-14　TT系统和IT系统

（a）TT系统；（b）IT系统

指点迷津

TT和IT系统记忆口诀

低压电网要接地，TT方式为其一。

此种供电应用广，农网低压最适宜。

配变中线用电壳，两者直接接大地。

接地唯一配变点，地线绝缘与相齐。

防止中线出断裂，导线截面不可细。

中线不单装开关，也不许装熔断器。

三相三线IT制，保护接地PEE。

连续供电安全好，缺点在于供电距。

（2）TN-C 系统。TN-C 系统的 N 线和 PE 线合用一根导线——保护中性线（PEN 线），所有设备外露可导电部分（如金属外壳等）均与 PEN 线相连，又称为"三相四线制中性点直接接地系统"，如图 5-15 所示。当三相负荷不平衡或只有单相用电设备时，PEN 线上有电流通过。这种系统一般能够满足供电可靠性的要求，而且投资省，节约有色金属，所以在我国城乡低压配电系统中应用最为普遍。

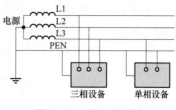

图 5-15　TN-C 系统

指点迷津

TN-C 系统记忆口诀

低压电网要接地，TN-C 型为其一。
三相四线供电制，城乡电网较适宜。
配变中线接大地，电壳中线连一起。
设备外壳保护线，为其命名为 PE。
中线重复来接地，安全用电更适宜。
为防中线惹祸端，所有规定同 TT。

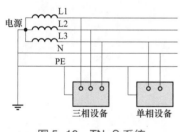

图 5-16　TN-S 系统

（3）TN-S 系统。TN-S 系统的 N 线和 PE 线是分开的，所有设备的外露可导电部分均与公共 PE 线相连，又称为"三相五线制中性点直接接地系统"，如图 5-16 所示。该系统的特点是公共 PE 线在正常情况下没有电流通过，因此，不会对接在 PE 线上的其他用电设备产生电磁干扰。此外，由于其 N 线与 PE 线分开，因此，其 N 线即使断线也不影响接在 PE 线上的用电设备，提高用电的安全性。所以这种系统多用于环境条件较差、对安全可靠性要求高及用电设备对电磁干扰要求较严的场所。

指点迷津

TN-S 系统记忆口诀

低压电网要接地，TN-C 型为其一。
三相五线供电制，城市电网较适宜。
中线断线无影响，用电安全数第一。

（4）TN-C-S 系统。TN-C-S 系统的前部为 TN-C 系统，后部为 TN-S 系统（或部分为 TN-S 系统），如图 5-17 所示。它兼有 TN-C 系统和 TN-S 系统的优点，常用于配电系统末端环境条件较差且要求无电磁干扰的数据处理，或具有精密检测装置等设备的场所。

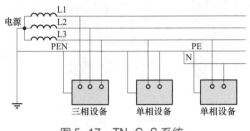

图 5-17　TN-C-S 系统

TN-C-S 系统在建筑物进户处将中性线一分为二，一根作工作中性线，另一根作保护中性线。采用该系统时，如果保护中性线从电气装置的某一点分为保护中性线和工作中性线后，则从该点起至负载处，就不允许把这两种线再合拼成具有保护中性线和工作中性线两种功能的保护中性线。在保护中性线分开之前，安装要求等参考 TN—C 系统。在保护中性线分为保护中性线和工作中性线后，安装要求参考 TN—S 系统。在这种系统中不得装设漏电总保护，只能装设漏电中级保护（视安装位置考虑）和漏电末级保护。

指点迷津

TN-C-S 系统记忆口诀
进户零线一分二，工作保护各一线。
具有 TN 的优点，精密装置用供电。

知识链接

TN 系统及中性线的作用

我国的低压配电系统通常采用三相四线制，即 380V/220V 低压配电系统，该系统采用电源中性点直接接地方式，而且引出中性线（N 线）或保护线（PE 线）。这种将中性点直接接地，而且引出中性线或保护线的三相四线制系统，称为 TN 系统。

在低压配电的 TN 系统中，中性线（N 线）不可或缺。中性线具有以下三个方面的重要作用：

（1）用来接驳相电压 220 V 的单相设备。

（2）用来传导三相系统中的不平衡电流和单相电流。

（3）减少负载中性点电压偏移。

5.2.2　一次系统图的特点

通过前面对高压线路、低压线路基本接线方式的介绍，可总结出一次系统图的图样特点有以下几个方面。

（1）一次系统图的基本组成和主要特征一般用概略图来描述。

（2）通常仅用符号表示各项设备，而对设备的技术数据、详细的电气接线、电气原理等都不做详细表示。详细描述这些内容则要参看分系统电气图、接线图、电路图等。

（3）为了简化作图，对于相同的项目，其内部构成只描述了其中的一个，其余项目只在功能框内注以"电路同××"，避免了对项目的重复描述，图面更清晰，更便于阅读。

（4）对于较小系统的电气系统图，除特殊情况外，几乎无一例外地画成单线图，并以母线为核心将各个项目（如电源、负载、开关电器、电线电缆等）联系在一起。

（5）母线的上方为电源进线，电源的进线如果以出线的形式送至母线，则将此电源进线引至图的下方，然后用转折线接至开关柜，再接到母线上。母线的下方为出线，一般都是经过配电屏中的开关设备和电线电缆送至负载的。

（6）在分系统电气系统图中，为了较详细地描述对象，通常都标注主要项目的技术数据。

（7）为了突出系统图的功能，供使用维修参考，图中一般还标注了有关的设计参数，如系统的设备容量、计算容量、计算电流以及各路出线的安装功率、计算功率、计算电流、电压损失等。这些是图样所表达的重要内容，也是这类电气系统图的重要特色之一。

（8）配电屏是系统的主要组成部分。阅读电气系统图应按照图样标注的配电屏型号，查阅有关手册，把这些基本电气系统图读懂。

根据以上特点，下面再看两个实际例子。

【例 5-5】某大型工厂的供电系统图。

如图 5-18 所示是某大型工厂的供电系统图。

电路特点：为工厂供配电系统主接线电路图，即一次系统图。

看图要点：可按照本节介绍的一次系统图的特点来识读本电路图。

看图实践：

（1）采用概略图来描述该系统的组成情况，该供电系统为双回路供电，由两台主变压器 T1、T2 及 4 个汇流排（母线）构成。从汇流排上所标注的电压可知，这是一个由高压变换低压的变电、输配电系统图，它由双回路供电（即一路为正常运行供电，另一路为备用回路）。

（2）用符号表示各项设备。例如：变压器 T1、T2，35kV电压通过变压器 T1、T2 降为 10kV 电压。

（3）采用的是单线图，图的上半部分以 35kV 母线为核心，

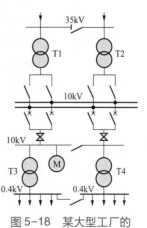

图 5-18　某大型工厂的
供电系统图

图的下半部分以 10kV 母线为核心，将各个项目（如负载 M、转换开关、电线电缆等）联系在一起。

（4）母线的上方为电源进线，母线的下方为出线。10kV 的母线为双母线，可提高供电的可靠性，当其中一个母线出现故障时，可利用另一母线继续维持正常供电。10kV 母线还有一个分段母线，可减小双母线的尺寸和变电站建筑面积。

（5）图中标注了有关的设计参数，如 10kV 电压通过 T3、T4 再降压后的电压为 0.4kV，即 T3 或 T4 二次侧的电压为用电设备所要求的电源额定电压 400V/230V。

（6）为了提高供电的可靠性，采用了高压侧联络线，一旦 T3 发生故障，可通过 T4 的低压侧联络。

（7）本系统图只表达了电能的传输过程，而没有表达具体细节，要了解其细节，应当看它的变电站的主接线图和其他有关图纸。这种系统图比较好看，它的层次都很清楚。

【例 5-6】某中型工厂供电系统图。

如图 5-19 所示是某中型工厂供电系统图。

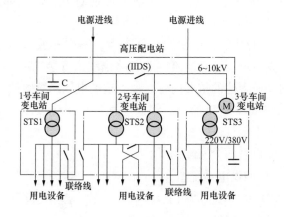

图 5-19 某中型工厂供电系统图

电路特点：由一个高压配电单元和三个低压配电单元构成。

看图要点：高压配电所的电源进线处为 6~10kV 电网的电能，然后分配给各车间变电站，再由车间变电站变换为 220V/380V 的电压，配给用电设备。

这张图仅表达了这个工厂电能的传输过程，没有给出具体变配电站的配电装置名称、参数等，而且是一个单线系统图，但它对该厂的供电过程表达得非常清楚。

看图实践：

（1）该高压配电所由两条 6~10kV 的电源进线，分别接在高压配电所的两段母线上。这两段母线间装有一个分段隔离开关，形成"单母线分段制"供电。在任一条电源进线发生故障或进行检修而被切除后，可以利用分段隔离开关来恢复对整个配电所的供电。

（2）高压配电所有 4 条高压输电线路，分别送给三个车间变电站。其中两条供给 2 号车间变电站，分别来自两段母线，而其他两条分别送给 1 号、3 号车间变电站。各车间变电站的低压母线都采用单母线，为了提高供电可靠性，保证一、二级负荷不断开，在低压侧均采用联络线。此外，该高压配电所有一条线直接供给高压电动机。

5.2.3　一次系统图的识图方法

一套复杂的电力系统一次电路图，是由许多基本电气图构成的。阅读比较复杂的电力系统一次电路图，首先要根据基本电气系统图主电路的特点，掌握基本电气系统图的阅读方法及其要领。

（1）读一次电路图一般是从主变压器开始，了解主变压器的技术参数，然后先看高压侧的接线，再看低压侧的接线。

（2）为进一步编制详细的技术文件提供依据和供安装、操作、维修时参考，一次电路图上一般都标注几个重要参数，如设备容量、计算容量、负荷等级、线路电压损失等。在读图时要了解这些参数的含义，并从中获得有关信息。

📺 知识链接

图上标注参数的含义

（1）设备容量。设备容量是指某一电气系统或某一供电线路（干线）上安装的配电设备（注意：包括暂时不用的设备，但不包括备用的设备）铭牌所写的额定容量之和，用符号 P 或 S 表示，单位为 kW 或 kV·A。

（2）计算容量。在某一系统或某一干线上虽然安装了许多用电设备，但这些设备在同一时刻不一定同时都在工作，即使同时运行也不一定是同时处于满载运行状态，因为一些设备（特别是容量较大的设备）一般是短时的或是间断运行的。因此，不能完全根据设备容量的大小来确定线路导线和开关设备的规格。在工厂变配电站设计过程中，要确定一个假定负载，以便满足按照此负载的发热条件来选择电气设备、负载的功率或负载电流，称为计算容量，用 P_{30}、Q_{30}、S_{30} 或 P_{js}、Q_{js}、S_{js} 表示。

（3）计算电流。其计算容量对应的电流称为计算电流，用符号 I_{30} 或 I_{js} 表示。

（4）需要系数：在确定计算容量的过程中，不考虑短时出现的尖峰电流，对持续 30min 以上的最大负荷必须考虑。需要系数就是考虑了设备是否满负荷、是否同时运行以及设备工作效率等因素而确定的一个综合系数，用 K 表示。

（3）电气系统一次电路图是以各配电屏的单元为基础组合而成的。阅读电气系统一次电路图时，应按照图样标注的配电屏型号查阅有关手册，把有关配电屏电气系统一次电路图看懂。

（4）看图的顺序可按电能输送的路径，即从电源进线→母线→开关设备→馈线等顺序进行。

指点迷津

一次系统识图口诀

一次系统设备多，高压低压分别看。

接线方式有三种，概略图纸来呈现。

系统庞大较复杂，划分单元是关键。

电能流向为线索，彼此关系要分辨。

回路结构须清理，掌握功能和特点。

读图入手看主变，再看电源进出线。

参数信息应清楚，配电设备多察看。

遵循程序细分析，由浅入深反复练。

【例 5-7】 某工程综合供电电气系统图。

如图 5-20 所示某工程综合供电电气系统图。

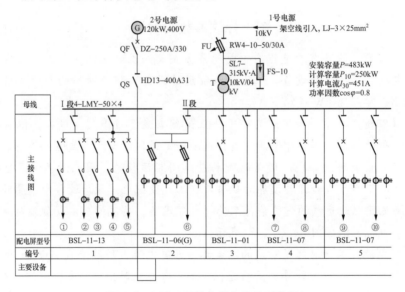

图 5-20 某工程综合供电电气系统图

电路特点：

（1）由两个电源组成。1 号电源为 10kV 架空线路外电源，架空线路电源进入系统时首先经过 FU 加到主变压器 T。FU 采用的是户外跌落式熔断器（俗称跌落保险）。2 号电源为本工程独立的柴油发电机组自备电源。母线分段，供电可靠性较高。电源进线与配线采用 1~5 号 5 个配电屏。成套配电屏结构紧凑，便于安装、维护和管理。

（2）母线上方为电源和进线，该系统采用两路电源进线方式，即外电源和自备电源。外电源是正常供电电源，10kV 电压通过降压变压器 T 将电压变换成 0.4kV，经 3 号配电屏送到低压Ⅱ段母线再经 2 号配电屏送到低压Ⅰ段母线上。为了保证变压器不受大气过电压的侵害，在变压器的高压侧装有 FS-10 型避雷器。自备发电机可产生 0.4kV 电压，经 2 号配电屏送到母线上，在外电源因故障或检修中断供电时，可保证重要负荷不间断供电。

看图要点：读这类电气系统图，除要了解系统的构成情况、电能流向和遵循"电源→进线→母线→馈线"的读图次序外，还要了解图形符号的含义、各种设备的型号规格含义、各类电气参数的含义，即需"参数信息应清楚，配电设备仔细看"。

看图实践：

（1）电源进线与开关设备。10kV 高压电源经降压变压器降至 400V 后，由铝排送到 3 号配电屏，然后送到母线上。3 号配电屏的型号是 BSL-11-01。通过查阅手册得知，其主要用做电源进线。配电屏内有两个刀开关和一个 DW10 型断路器（额定电流为 600A，整定电流为 800A），它对变压器过电流、失电压等具有保护作用。两个刀开关，一个与变压器相连，一个与母线相连，起到隔离电源的作用。配电屏内装有三只电流互感器，主要供测量仪表用。

自备发电机经一个断路器和一个刀开关送到 2 号配电屏，然后引至母线。断路器采用一个额定电流为 250A、整定电流为 330A 的装置式 DZ 型自动空气断路器，主要用于控制发动机正常送电和对发电机进行保护。刀开关起对带电母线的隔离作用。2 号配电屏的型号是 BSL-11-06（G），为受电或馈电兼联络用配电屏，有一路进线和一路馈线。进线是由自备发电机供电，经过三只电流互感器和一组刀熔开关，然后分为 3 路。其中左边一路直接与Ⅰ段母线相连；右边一路经过隔离开关送到Ⅱ段母线，这里的隔离刀开关作为两段母线的联络开关用；右边另一路接馈线电缆。

（2）母线。此系统采用的是单母线分段放射式接线方式，两段母线经上述隔离刀开关进行联络。外电源正常供电时，自备发电机不供电，联络开关闭合，母线段、Ⅱ段均由 10kV 架空线路经变压器向系统供电；外电源中断时，变压器出线开关断开，联络开关也断开，由自备发电机给Ⅰ段母线供电，此时Ⅱ段母线不得电，只供实验室、办公室、水泵房、宿舍等重要负荷用电。在一定的条件下，也可让两段母线全部带电，但要注意根据实际情况断开某些负荷，以确保发电机不超载运行。

（3）馈电线路。在电气系统一次电路图上通过图形与文字描述馈电线的参量有线路的编号、线路的设备容量（或功率）、计算容量、计算电流、线路的长度、采用的导线或电缆的型号及截面积、线路的敷设与安装方式、线路的电压损失、控制开关及动作整定值、电流互感器、线路供电负荷的地点名称等。本系统共有 10 条回路馈电线，通过查阅技术资料可获得其他信息。

【例 5-8】某车间变电站供配电主电路图。

一台主变压器的车间变电站供配电主电路图如图 5-21 所示。

电路特点：本例题与例 5-2 电路结构基本相同，但绘图方法有所差异。车间变电站只装有一台主变压器，高压侧采用无母线的接线。

看图要点：图纸的三种的主接线方案，高压侧采用的开关电器不同，应注意区别。

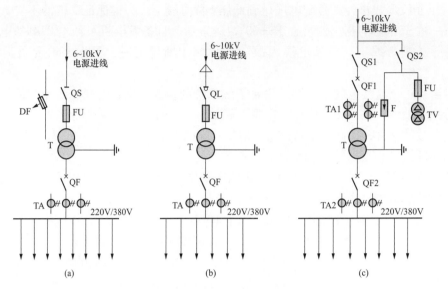

图 5-21　一台主变压器的车间变电站供配电所主电路图

看图实践:

(1) 高压侧采用隔离开关和熔断器的变电站主接线, 如图 5-21 (a) 所示。这种主接线, 一般只用于 300kV·A 及以下容量的变电站中。

本系统由一台主变压器 T 及一个汇流排 (母线) 构成。6~10kV 电压的电能经隔离开关 QS 进入变压器 T, 通过变压器 T 降为 220V/380V 电压, 然后供负载使用。

这种变电站相当简单、经济, 但供电可靠性不高, 当主变压器或高压侧停电检修或发生故障时, 整个变电站要停。由于隔离开关不能带负荷操作, 因此变电站停电和送电操作的程序比较麻烦, 如果稍有疏忽, 还容易发生带负荷拉闸的严重事故, 而且在熔断器熔断后, 更换熔体需一定时间, 从而使在排除故障后恢复供电的时间延长, 更影响了供电可靠性。但这种主接线对于三级负荷的小容量变电站是比较适宜的。

(2) 高压侧采用负荷开关和熔断器的变电站主接线图, 如图 5-21 (b) 所示。该系统由一台主变压器 T 及一个汇流排 (母线) 构成。

6~10kV 电压的电能经负荷开关 QL 进入变压器, 通过变压器 T 降为 220V/380V 电压, 然后供负载使用。

由于负荷开关能带负荷操作, 从而使变电站停电和送电的操作比上述主接线要简便、灵活得多, 也不存在带负荷拉闸的危险。在发生过负载时, 负荷开关由热脱扣器进行保护, 使开关跳闸, 但在发生短路故障时, 只能是熔断器熔断, 可见这种主接线仍然存在着在排除短路故障后恢复供电的时间较长的缺点。这种主接线也比较简单、经济, 虽能带负荷操作, 但供电可靠性仍然不高, 一般只用于三级负荷的变电站。

(3) 高压侧采用隔离开关和断路器的变电站主接线图, 如图 5-21 (c) 所示。该系统由一台主变压器 T 及一个汇流排 (母线) 构成。

6～10kV 电压的电能经隔离开关 QS1 和断路器 QF1 进入变压器，通过变压器 T 降为 220V/380V 电压，然后供负载使用。

这种主接线由于采用了高压断路器，因此变电站的停、送电操作十分灵活、方便，同时高压断路器都配有继电保护装置，在变电站发生短路和过负载时，均能自动跳闸，而且在短路故障和过载情况消除后，又可直接迅速合闸，从而使恢复供电的时间大大缩短。如果配备自动重合闸装置，则供电可靠性更可进一步提高。但是如果变电站只此一路电源进线时，一般只用于三级负荷。如果变电站低压侧有联络线与其他变电站相连时，则可用于二级负荷。如果变电站有两路电源进线，则供电可靠性相应提高，可供二级负荷或少量一级负荷。

【例 5-9】某工厂 10kV 变电站一次系统图。

如图 5-22 所示为某工厂 10kV 变电站一次系统图。

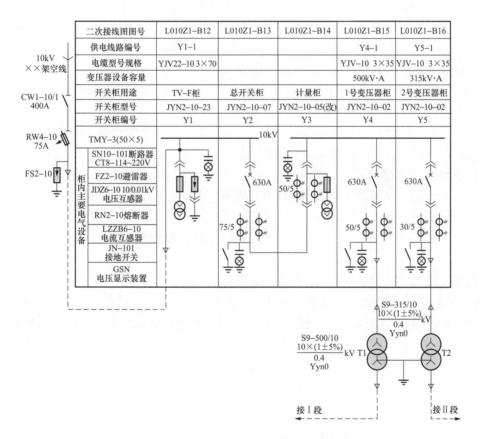

图 5-22　某工厂 10kV 变电站一次系统图

电路特点：左侧为电源进线情况。电源从架空线处用高压电缆埋地引入，在架空线转接电缆处的电杆上装一台 CW1-10/1 型 400A 户外隔离开关，隔离开关下装一组 RW4-10

型 75A 跌落式熔断器做线路的短路保护，另装一组 FS2-10 型阀式避雷器做防雷电波保护。

全部高压设备装在 5 个 JYN2 型手车式高压开关柜中。

看图要点：在图 5-22 上部表格中，第一行为二次接线图的图号，第二行为供电线路编号，第三行为引入、引出各柜高压电缆的型号规格，第四行是变压器容量，第五行为开关柜用途，第六行为开关柜型号，第七行为开关柜编号。

看图实践：Y1 柜是一台电压互感器和避雷器柜，利用手车上的插头做隔离开关，手车上有一台电压互感器、一组阀式避雷器和一组户内型熔断器，在柜上装有感应式信号灯。电缆进入高压开关柜后，与开关柜顶上的硬铜母线连接，母线连接到 Y2 柜。母线规格为 50mm×5mm。

Y2 柜为开关柜，手车上装有一台型号为 SN10-101、额定电流为 630A 的少油断路器，其规格标注在左侧的设备型号表中。表中 CT8-114～20V 为断路器操动机构的型号，操动机构使用交流 220V 电压做脱扣器电源。断路器下口装两组 75/5 电流互感器，并接一组感应信号灯和维修时使用的 JN-101 型接地开关。断路器下口母线从柜下部接入 Y3 柜。

Y3 柜为计量柜，手车上为一组计量用电流互感器和一台计量用电压互感器。电压互感器用熔断器做短路保护。在柜中上段母线上接一组感应式信号灯，作为电压显示装置。柜上部母线连接至 Y4、Y5 柜。

Y4、Y5 柜为两个相同的断路器柜，作为 1 号、2 号变压器的分路主开关柜。两个柜中手车上各装一台额定电流为 630A 的少油断路器、两组电流互感器、一组电压显示信号灯和一组接地开关。两柜通过高压电缆分别与两台变压器的高压套管连接。

两台变压器为 S9 型油浸式变压器，T1 功率为 500kV·A，T2 功率为 315kV·A，分别向两段低压母线供电，变压器低压侧额定电压 0.4kV，无载调压范围为 ±5%。两台变压器的连接组别均为 Yyn0，即高低压侧均为星形连接，低压侧为中性点接地，并引出中性线。

【例 5-10】 某工厂 10kV 变电站低压侧系统图。

某工厂 10kV 变电站低压侧系统图如图 5-23 所示。

电路特点：由于该变配电站的规模比较大、设备数量较多，故该供电系统一次系统采用的是按开关柜展开的方法绘制的。

P1 柜和 P15 柜分别是两台变压器低压侧电缆引入柜，由于低压侧电流很大，使用三根 1kV 单芯截面为 500mm² 的铜芯塑料电缆（VV-1，1×500）做引入电缆。电缆进入低压柜后直接接在柜上部的母线上，母线规格为 60mm×6mm。

看图要点：共有 15 个低压开关柜，分为两组：P1～P8 为一组，柜上部由 Ⅰ 段母线连接；P10～P15 为另一组，柜上部由 Ⅱ 段母线连接。P9 为联络柜，把两段母线连起来。一般情况下两段母线是断开的，当其中一台变压器维修时，可通过联络柜，用另一台变压器向一些较重要的配电回路送电。

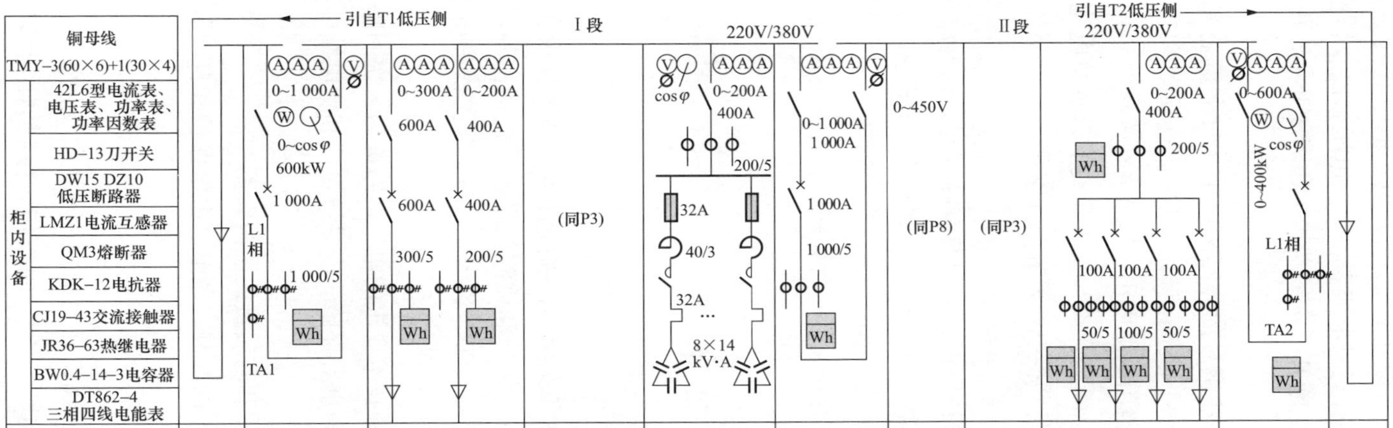

柜内设备	P1	P2	P3	P4-P7	P8	P9	P10	P11, P12	P13	P14	P15
铜母线 TMY-3(60×6)+1(30×4) 42L6型电流表、电压表、功率表、功率因数表 HD-13刀开关 DW15DZ10低压断路器 LMZ1电流互感器 QM3交流接触器 KDK-12电抗器 CJ19-43交流接触器 JR36-63热继电器 BW0.4-14-3电容器 DT862-4三相四线电能表											
配电柜编号	P1	P2	P3	P4-P7	P8	P9	P10	P11, P12	P13	P14	P15
配电柜型号	PGL2-01	PGL2-06C-01	PGL2-28-06	PGL2-28-06	PGJ1-2	PGL2-06C-02	PGJ1-2	PGL2-28-06	PGL-40-01	PGL2-07D-01	PGL2-01
配电线路编号	PX1	PX1	PX3-1 PX3-2	PX4-PX7				PX11, PX12	PX PX PX 13-1 13-2 13-3		PX15
用途	电缆变电	1号变低压总开关	工装相框车间动力　机修车间动力	铸工、金工、冲压装配等车间动力	电容自动补偿(1)	低压联络	电容自动补偿(2)	热处理车间等及备用　办公楼生活区照明	照明 照明 照明　防空洞照明　备用	2号变低压总开关	电缆变电
回路计算电流(A)		750	300　200	200-300		750		60-400	50 100 100　50	600	
低压断路器脱扣器额定电流(A)		1000	400　300	300-400		1000		100-600	80 100 100　80	800	
低压断路器瞬时脱扣器额定电流(A)		3000	1200　900	900-1200		3000		500-1800	800 1000 1000　800	2400	
配电电缆型号规格	3(VV-1 1×500)	VV22-1 3×150+1×95+1×35	VV22-1 3×35+1×35		112kV·A			VV22-1 3×35+1×10	VV22-1 3×35+1×10　同左	同左	3(VV-1 1×500)
二次接线图图号	OZA.354.223	OZA.354.240	OZA.354.240	同P3	112kV·A	OZA.354.240		OZA.354.240	OZA.354.240(改)	OZA.354.223	
备注	电缆无铠装	TA1为电容补偿柜(1)用　Wh为DT862型 220V/380V		同P3				Wh为DT862 220V/380V	Wh为三相四线 柜宽改为800mm	TA2为电容柜(2)用	电缆无铠装

图 5-23　某工厂10kV变电站低压侧系统图

引自T1低压侧　　I段　　220V/380V　　II段　　引自T2低压侧 220V/380V

看图实践： P2 柜和 P14 柜分别是两段低压母线上的总开关柜，柜中装有主断路器 DW15、刀开关 HD-13、电流互感器 LMZ1，还装有三只电流表、一只电压表以及转换开关、功率表、功率因数表、电能表各一只。母线在柜上断开，进线端接进线隔离开关，出线端接出线隔离开关。

Ⅰ 段上的 P3~P7 和 Ⅱ 段上的 P11、P12 为同一型号的分路配电柜，每个柜上有两条动力支路，分别用隔离开关和断路器 DZ10 控制，每一支路上装三只电流互感器和三只电流表，并安装一只电能表计量各支路用电量。各支路用电缆引出，送往各个车间。

P13 柜为厂区总照明配电柜，柜中装有一只总隔离开关，隔离开关下口装总电流互感器和电流表、电能表。然后分 4 个支路，由 4 只断路器控制。断路器下装各支路互感器和电能表，各支路用电缆引出送往各照明区域。

P8 柜和 P10 柜分别为两段母线上的电容自动补偿柜，柜内装有隔离开关、电流互感器、电流表、电压表、功率因数表，另装两组三相电容器组，由交流接触器 CJ19-43 控制，并装两组电抗器 KDK-12。电容器可以根据用电负荷的功率因数情况自动切换。

P9 柜为两段母线的联络柜，柜中装设两台隔离开关、一台断路器，并装有电流互感器、电流表、电压表和电能表。柜的型号与 P1 柜相同。

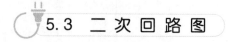

5.3 二次回路图

5.3.1 二次回路图的分类

5.5 二次回路
识图要领

为了保证一次设备运行的可靠性和安全性，需要许多辅助电气设备为之服务，这些对一次设备进行控制、调节、保护和监测的设备，包括控制器具、继电保护和自动装置、测量仪表、信号器具等，称为二次设备。二次设备通过电压互感器和电流互感器与一次设备取得电的联系。

二次设备按照一定的规则连接起来以实现某种技术要求的电气回路称为二次回路。二次回路是电力系统安全生产、经济运行、可靠供电的重要保障，它是发电厂和变电站中不可缺少的重要组成部分。

按照用途，通常将二次回路图分为原理接线图和安装接线图两大类。

二次回路的内容包括发电厂和变电站一次设备的控制、调节、继电保护和自动装置、测量和信号回路以及操作电源系统。

1. 控制回路

控制回路是由控制开关和控制对象（断路器、隔离开关）的传递机构及执行（或操动）机构组成的。其作用是对一次开关设备进行"跳""合"闸操作。控制回路有以下分类方法。

（1）按自动化程度可分为手动控制和自动控制两种。

（2）按控制距离可分为就地控制和距离控制两种。

（3）按控制方式可分为分散控制和集中控制两种，分散控制均为"一对一"控制，集中控制有"一对一"和"一对 N"的选线控制。

（4）按操作电源性质可分为直流操作和交流操作两种；按操作电源电压和电流大小可分为强电控制和弱电控制两种。

知识链接

二次回路常用控制开关器件

在二次系统图中，经常使用一些手动操作的低压小电流开关，如按钮、转换开关等。

常见控制按钮的触点结构位置有三种形式：动合按钮、动断按钮和复合按钮，其内部结构及图形符号如图 5-24 所示。

图 5-24　控制按钮的结构及图形符号

转换开关的图形符号和文字符号如图 5-25 所示。

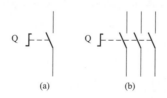

图 5-25　转换开关的图形符号和文字符号

（a）单极；（b）三极

常用按钮功能与对应的文字符号见表 5-1，按钮颜色的文字符号及含义见表 5-2。

表 5-1   常用按钮功能与对应的文字符号

文字符号	功　能	文字符号	功　能
ON	接通	FAST	高速
OFF	断开	SECOND	中速
START	启动	SLOW	低速
STOP	停止	HAND	手动
INCH	点动	AUTO	自动
RUN	运行	UP	上升
FORWARD	正转（向前）	DOWN	下降
REVERSE	反转（向后）	RESET	复位
HIGH	高	EMERG STOP	急停
LOW	低	JOG	微动
OPEN	开	TEST	试验
CLOSE	关		

表 5-2   常用按钮颜色的代表意义及用途

按钮	推荐选用颜色	典型用途举例
紧急-停止/断开	红色	同一按钮既用于紧急的，又用于正常的停止/断开操作
停止/断开	白、灰和黑色（其中最常用的是黑色，红色也允许使用）	同一按钮用于正常的停止/断开操作
启动/接通	白色	当使用白色、黑色来区别启动/接通和停止/断开时，白色用于
停止/断开	黑色	启动/接通操作器，黑色必须用于停止/断开操作器
复位动作	蓝色	用于复位动作

2. 调节回路

调节回路是指调节型自动装置。它由测量机构、传送机构、调节器和执行机构组成。其作用是根据一次设备运行参数的变化，实时在线调节一次设备的工作状态，以满足运行要求。

3. 继电保护和自动装置回路

继电保护和自动装置回路由测量部分、比较部分、逻辑判断部分和执行部分组成。其作用是自动判别一次设备的运行状态，在系统发生故障或异常运行时，自动跳开断路器，切除故障或发出故障信号，故障或异常运行状态消失后，快速投入断路器，恢复系统正常运行。

4. 测量回路

测量回路由各种测量仪表及其相关回路组成。配电柜上的仪表一般安装在面板上，又称为开关板表，其作用是指示或记录一次设备的运行参数，以便运行人员掌握一次设备运行情况。它是分析电能质量、计算经济指标、了解系统主设备运行工况的主要依据。

知识链接

开关板表的电气符号

常用电气测量仪表的图形符号见表5-3，图形符号内标注的文字符号见表5-4。常用电工仪表的文字符号见表5-5。

表 5-3　　　　　　　　　　　常用电气测量仪表的图形符号

名　称	符　号		说　明
指示仪表及示例（电压表）	✳	V	图中的"✳"可由被测对象计量单位的文字符号、化学分子式、图形符号之一代替
记录仪表及示例（记录式功率表）	✳	W	
积算仪表及示例（电能表）	✳	Wh	

表 5-4　　　　　　　　　　　图形符号内标注的文字符号

类别	名　称	符　号	类别	名　称	符　号
被测量对象	电压表	V，kV，mV，μV	被测量对象	功率因数表	$\cos\varphi$
	电流表	A，kA，mA，μA		相位表	φ
	功率表	W，kW，MW		无功电流表	$I\sin\varphi$
	无功功率表	V·A，kV·A		最大功率指示器	$P_{\max}$
	电能表	kWh		差动电压表	U_d
	无功电能表	kV·Ah		极性表	±
	频率表	Hz，kHz，MHz			
	欧姆表	Ω，kΩ，MΩ			

表 5-5　　　　　　　　　　　常用电工仪表的文字符号

名　称	文字符号	说　明	名　称	文字符号	说　明
测量仪表	P	电工仪表及各种测量设备、试验设备通用符号	频率表	PF（Hz）	
电流表	PA，A		操作时间表	PT（T）	
电压表	PV，V		记录器	PS（S）	
功率表	PW（W）		计数器	PC（C）	
电能表	PJ（kWh）				

5. 信号回路

信号回路由信号发送机构、传送机构和信号器具构成。其作用是反映一、二次设备的工作状态。信号回路有以下几种分类方法。

（1）按信号性质可分为事故信号、预告信号、指挥信号和位置信号四种。

（2）按信号的显示方式可分为灯光信号和音响信号两种。

（3）按信号的复归方式可分为手动复归和自动复归两种。

信号设备分为正常运行显示信号设备、事故信号设备、指挥信号设备等。

1）正常运行显示信号设备一般为不同颜色的信号灯、光字牌，常用于电源指示（有、无及相别）、开关通断位置指示、设备运行与停止显示等。

2）事故信号设备包括事故预告信号设备和事故已发生信号设备（简称事故信号设备）。事故信号在某些情况下又称为中央信号。当电气设备或系统出现了某些事故预兆或某些不正常情况（如绝缘不良、中性点不接地、三相系统中一相接地、轻度过负荷、设备温升偏高等），但尚未达到设备或系统即刻不能运行的严重程度，这时所发出的信号称为事故预告信号；当电气设备或系统故障已经发生、自动开关已跳闸，这时所发出的信号称事故信号。事故预告信号和事故信号一般由灯光信号和音响信号两部分组成。音响信号可唤起值班人员和操作人员注意；灯光信号可提示事故类别、性质，事故发生地点等。为了区分事故信号和事故预告信号，可采用不同的音响信号设备，如事故信号采用蜂鸣器、电笛、电喇叭等，事故预告信号采用电铃。

3）指挥信号主要用于不同地点（如控制室和操作间）之间的信号联络与信号指挥，多采用光字牌、音响等。

▶ 知识链接

常用信号设备的电气符号

常用信号设备的图形符号和文字符号见表5-6。信号灯颜色的文字符号及其含义见表5-7。

表5-6　　　　　　　　　　　常用信号设备的图形符号和文字符号

名　称	图形符号	文字符号	说　明
信号灯	⊗	H，HL	一般符号。如果要求指示颜色，则在靠近符号处标出下列字母：RD—红，YE—黄，GN—绿，BL—蓝，WH—白；如果要求指出灯的类型，则在靠近符号处标出下列字母：Ne—氖，IN—白炽，FL—荧光，LED—发光二极管
闪光信号灯	⊗	HL	事故指示，注意
电喇叭		HA	事故信号

名　称	图形符号	文字符号	说　　　明
电铃		HA	事故预告信号
电笛		HA	事故信号、报警信号
蜂鸣器		HA	事故信号

表 5-7　　　　　　　　　　　信号灯颜色的文字符号及其含义

颜色	文字符号	含　　　义
红	HR	L3 相电源指示，开关闭合，设备正在运行，反常情况，危险
黄	HY	L1 相电源指示，警告，小心
绿	HG	L2 相电源指示，开关断开，设备准备启动
白	HW	工作正常，电路已通电，主开关处于工作位置，设备正在运行
蓝	HB	必须遵守的指令信号

6. 操作电源系统

操作电源系统由电源设备和供电网络组成，它包括直流和交流电源系统。其作用是供给上述各回路工作电源。发电厂和变电站的操作电源多采用直流电源系统，简称直流系统，对小型变电站也有采用交流电源或整流电源的。

5.3.2　原理接线图

原理接线图以清晰、明显的形式表示出仪表、继电器、控制开关、辅助触点等二次设备和电源装置之间的电气连接及其相互动作的顺序和工作原理。它通常有以下两种形式。

1. 归总式原理接线图

归总式原理接线图简称原理图，以整体的形式表示各二次设备之间的电气连接，一般与一次回路的有关部分画在一起。在这种图中，设备的触点和绕组集中地表示出来，综合地表示出交流电压、电流回路和直流电源之间的联系。原理图能够使阅图者对二次回路的构成以及动作过程有一个明确的整体概念，在变电站的继电保护、自动装置和电气测量回路设计中使用。

如图 5-26 所示为某 10kV 线路的过电流保护原理图。其工作原理和动作顺序：当线路过负荷或故障时，流过它的电流增大，使流过接于电流互感器二次侧的电流继电器的电流也相应增大，在电流超过保护装置的整定值时，电流继电器 KA1～KA2 动作，其动合触点接通时间继电器 KT 线圈，经过预定的时限，KT 的触点闭合发出跳闸脉冲使断路器跳闸线圈 YT 带电，断路器 QF 跳闸，同时跳闸脉冲电流流经信号继电器 KS 的线圈，其触点闭合发出信号。

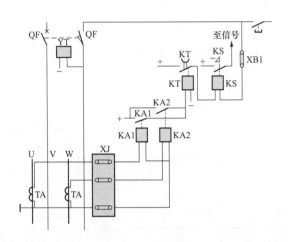

图 5-26　10kV 线路过电流保护原理图

从图 5-26 中可以看出，一次设备和二次设备都以完整的图形符号表示出来，能使我们对整套保护装置的工作原理有一个整体概念。但是这种图存在着一些不足。

（1）只能表示继电保护装置的主要元件，而对细节之处则无法表示。

（2）不能表明继电器之间连接线的实际位置，不便维护和调试。

（3）没有表示出各元件内部的接线情况，如端子编号、回路编号等。

（4）标出的直流"+""-"极比较分散，不易看图。

（5）对于较复杂的继电保护装置（如距离保护等）很难用原理接线图表现出来，即使画出了图，也很难看清楚，在实际工作中受到限制。

2. 展开式原理接线图

展开式原理接线图简称展开图，以分散的形式表示二次设备之间的电气连接。在这种图中，设备的触点和线圈分散布置，按它们动作的顺序相互串联从电源的"+"极到"-"极，或从电源的一相到另一相，算做一条"支路"。依次从上到下排列成若干行（当水平布置时）或从左到右排列成若干列（当垂直布置时）。同时，展开图是按交流电压回路、交流电流回路和直流回路分别绘制的。如图 5-27 所示为某 10kV 线路过电流保护展开图，即与图 5-26 对应的展开图，在每一回路的右侧附有说明。

展开图有以下优点。

（1）容易跟踪回路的动作顺序。

（2）便于二次回路设计，可以很方便地采用展开图中的基本逻辑环节作为单元电路来构成满足一定技术要求的接线。

（3）容易发现接线中的错误回路。

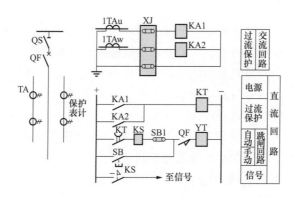

图 5-27　10kV 线路过电流保护展开图

展开图在电工装置中用得非常普遍，一般用来表示回路的某一部分或整个装置的工作原理。如发电机的控制、保护、监测回路展开图，中央信号展开图等。

技能提高

阅读展开图的顺序

在阅读展开图时，一般规律是先阅读交流回路，后阅读直流回路。从上往下、从左至右地查找。直流操作回路两侧的竖线表示正、负电源，向上的箭头及数字表明从控制回路中的熔断器引来。

由如图 5-28 所示展开图可看出，信号回路中的 KS 触点闭合，接通信号电源的正极，再经过光字牌的信号灯接通电源负极，光字牌点亮。可见，展开图接线清晰，易于阅读，便于了解整个保护的全过程。

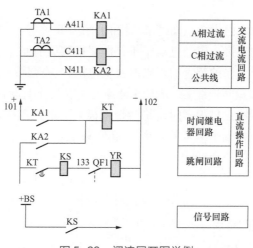

图 5-28　阅读展开图举例

5.3.3 安装接线图

安装接线图是二次回路设计的最后阶段，用来作为设备制造、现场安装的实用二次接线图，也是运行、调试、检修等的主要参考图。在这种图上设备和器具均按实际情况布置。设备、器具的端子和导线、电缆的走向均用符号、标号加以标志。两端连接不同端子的导线，为了便于查找其走向，采用专门的"对面原则"的标号方法。

安装图包括屏面布置图、屏后接线图和端子排图。

（1）屏面布置图。屏面布置图是根据屏的安排、元件排列位置和相互间距离尺寸的布置、运行操作合理、维护施工方便等情况加工制造屏的依据。

（2）屏后接线图。屏后接线图用于表示屏内的设备、器具之间和与屏外设备之间的电气连接，在图上应一一标明。

1）安装单位编号。所谓安装单位，是在一个屏上，凡是属于某一个一次回路的（与该一次回路有关的）所有二次设备。用Ⅰ、Ⅱ、Ⅲ等数字表示。

2）设备顺序编号。属于同一个安装单位的设备，根据其在屏上的排列位置、顺序（从屏后面看，屏前的左边即屏后的右边），从右至左、从上到下进行编号，用数字1、2、3等表示。

3）二次设备按照具体元件，采用标准文字符号标注，同类设备按1、2、3等序号编号。

为了安装施工方便，对二次回路采用等电位原则编号的方法。在回路中，电位相等的用同一个数字表示，否则用不同的数字表示。如经过线圈和触点可用上述方法编号。

（3）端子排图。端子排图用于表示连接屏内外各设备和器具的各种端子排的布置及电气连接。接线端子排是二次回路接线中的连接配件，屏内设备和屏外设备之间通过接线端子进行连接，将需要接线用的端子组合在一起，便形成端子排。

端子排的排列，一般采用垂直布置方式，位于屏后的两侧，水平布置较少。端子排如图5-29所示。

直接与小母线连接的屏内设备（如熔断器和小闸刀开关等）应经过端子排连接；同一屏内的各安装单位之间的连接，应经过端子排；需要把某屏的回路经本屏而转接到其他屏的时候，可经过端子排；屏内保护装置的正电源及负电源，应接到端子排。端子排图是表示屏与屏之间的电缆连接（即盘间连线），屏内各设备之间以及屏上设备与端子排之间连接的图纸。在连线时，如果连接线数目很多时，将会带来很大困难，容易造成接线错误。为此，必须对连接线进行标号。连接端子编号常采用"相对编号法"。就是有甲、乙两个端子，用导线把它们连接起来，在甲端子旁标注上乙端子的标号，在乙端子旁标注上甲端子的标号，在进行连线时，事先将每个端子的标号打印在未用的塑料短管上，将其套在每根导线的两端，作为导线端的标志，然后根据图纸对每个设备对号连接。

5.3.4 二次回路图的特点

二次回路图是电气工程图的重要组成部分，它与其他电气图相比，显得更复杂一些。其复杂性主要因为自身表现出以下几个特点。

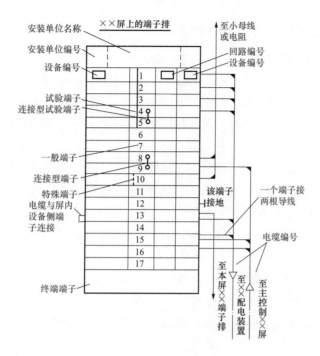

图 5-29 端子排示意图

（1）二次设备数量多。二次设备比一次设备要多得多。随着一次设备电压等级的升高，容量的增大，要求的自动化操作与保护系统也越来越复杂，二次设备的数量与种类也越多。

（2）二次连线复杂。二次设备数量多，连接二次设备之间的连线也很多，而且二次设备之间的连线不像一次设备之间的连线那么简单。通常情况下，一次设备只在相邻设备之间连接，且导线的根数仅限于单相两根、三相三根或四根（带中性线）、直流两根，而二次设备之间的连线可以跨越很远的距离和空间，且往往互相交错连接。另外，某些二次设备的引接线很多，如一个中间继电器的引入、引出线多达 20 余根。

（3）二次设备动作程序多。工作原理复杂大多数一次设备动作过程是通或断，带电或不带电等；而大多数二次设备的动作过程程序多，工作原理复杂。

以一般保护电路为例，通常应有传感元件感受被测参量，再将被测量送到执行元件，或立即执行，或延时执行，或同时作用于几个元件动作，或按一定次序作用于几个元件分别动作；动作之后还要发出动作信号，如音响、灯光显示、数字和文字指示等。这样，二次回路图必然要复杂得多。

（4）二次设备工作电源种类多。在某一确定的系统中，一次设备的电压等级是很少的，如 10kV 配电变电站，一次设备的电压等级只有 10kV 和 380V/220V。但二次设备的工作电压等级和电源种类却可能有多种，有直流、交流，有 380V 以下的各种电压等级，如 380V、

220V、110V、36V、24V、12V、6.3V、1.5V 等。

5.3.5 阅读二次回路图的方法及要领

1. 阅读二次回路图的方法

二次回路图阅读的难度较大。识读比较复杂的二次图时，通常应掌握以下方法。

（1）概略了解图的全部内容，如图样的名称、设备明细表、设计说明等，然后大致看一遍图样的主要内容，尤其要看与二次电路相关的主电路，从而达到比较准确地把握住图样所表现的主题。

如图 5-26 和图 5-27 所示的主题是线路的过负荷保护。阅读此图首先应带着"断路器QF 是怎样实现自动跳闸的"这个问题，进而了解各个继电器动作的条件，阅读起来才会脉络清晰。如果对过负荷保护这一主题不明确，有些问题就不能理解。如时间继电器 KT 的作用，只有过负荷保护才需要延时动作，如果是短路保护，就不需要延时了。

（2）在电路图中，各种开关触点都是按起始状态位置画的，如按钮未按下、开关未合闸、继电器线圈未通电、触点未动作等。这种状态称为图的原始状态。但看图时不能完全按原始状态来分析，否则很难理解图样所表现的工作原理。为了读图方便，可将图样或图样的一部分改画成某种带电状态的图样，称为状态分析图。状态分析图是由看图者作为看图过程而绘制的一种图，通常不必十分正规地画出，用铅笔在原图上另加标记亦可。

（3）在电路图中，同一设备的各个元件位于不同回路的情况比较多，在用分开表示法图中往往将各个元件画在不同的回路，甚至不同的图纸上。看图时应从整体观念上去了解各设备的作用。例如，辅助开关的开合状态应从主开关开合状态去分析，继电器触点的开合状态应从继电器线圈带电状态或从其他传感元件的工作状态去分析。一般来说，继电器触点是执行元件，应从触点看线圈的状态，不要看到线圈再去找触点。

（4）任何一个复杂的电路都是由若干基本电路、基本环节构成的。看复杂的电路图一般应将图分成若干部分来看，由易到难，层层深入，分别将各个部分、各个回路看懂，整个图样就能看懂。

如阅读图 5-26 和图 5-27，可先看主电路，再看二次电路；看二次电路时，一般从上至下，先看交流电路，再看跳闸电路，然后再看信号电路。在阅读过程中，可能会有某些问题一时难以理解，可以暂时留下来，待阅读完了其他部分，也可能自然解决了。

（5）二次图的种类较多。对某一设备、装置和系统，这些图实际上是从不同的使用角度、不同的侧面，对同一对象采用不同的描述手段。显然，这些图存在着内部的联系。为此，读各种二次图应将各种图联系起来阅读。掌握各类图的互换与绘制方法，是阅读二次图的一个十分重要的方法。

2. 二次回路图识图要领

二次回路图比较复杂，看图时，通常应掌握以下要领：

先交流，后直流；

交流看电源，直流找线圈；

抓住触点不放松，一个一个全查清；

先上后下，先左后右，屏外设备一个也不漏。

具体说明如下。

（1）先交流，后直流：先看二次接线图的交流回路，把交流回路看完弄懂后，根据交流回路的电气量以及在系统中发生故障时这些电气量的变化特点，向直流逻辑回路推断，再看直流回路。一般说来，交流回路比较简单，容易看懂。

（2）交流看电源，直流找线圈：交流回路要从电源入手。交流回路有交流电流和电压回路两部分，先找出电源来自哪组电流互感器或哪组电压互感器，在两种互感器中传输的电流量或电压量起什么作用，与直流回路有何关系，这些电气量是由哪些继电器反映出来的，找出它们的符号和相应的触点回路，看它们用在什么回路，与什么回路有关，在心中形成一个基本轮廓。

（3）抓住触点不放松，一个一个全查清：继电器线圈找到后，再找出与之相应的触点。根据触点的闭合或断开引起回路变化的情况，再进一步分析，直至查清整个逻辑回路的动作过程。

（4）先上后下，先左后右，屏外设备一个也不漏：主要是针对端子排图和屏后安装图而言。看端子排图一定要配合展开图来看，展开图有如下规律。

1）直流母线或交流电压母线用粗线条表示，以示区别于其他回路的联络线。

2）继电器和各种电气元件的文字符号与相应原理接线图中的文字符号一致。

3）继电器和每一个小的逻辑回路的作用都在展开图的右侧注明。

4）继电器的触点和电气元件之间的连接线段都有回路标号。

5）同一个继电器的线圈与触点采用相同的文字符号。

6）各种小母线和辅助小母线都有标号。

7）对于个别继电器或触点在另一张图中表示，或在其他安装单位中有表示，都在图纸中说明去向，对任何引进触点或回路也说明来处。

8）直流"+"极按奇数顺序标号，"-"极则按偶数标号。回路经过电气元件（如线圈、电阻、电容等）后，其标号性质随着改变。

9）常用的回路都有固定的标号，如断路器 QF 的跳闸回路用 33，合闸回路用 3 等。

10）交流回路的标号除用三位数外，前面还加注文字符号。交流电流回路数字范围为 400~599；电压回路为 600~799。其中个位数表示不同回路；十位数表示互感器组数。回路使用的标号组，要与互感器文字后的"序号"相对应。如：电流互感器 TA1 的 U 相回路标号是 U411~U419；电压互感器 TV2 的 U 相回路标号应是 U621~U629。

11）展开图上凡屏内与屏外有联系的回路，均在端子排图上有一个回路标号，单纯看端子排图是不易看懂的。端子排图是一系列的数字和文字符号的集合，把它与展开图结合起来看就可清楚它的连接回路。

二次回路识图记忆口诀

二次回路较复杂，电路原理表清楚。
回路原理展开图，原理动作可互补。
屏面安装有困难，布置接线图做辅。
识图有个小技巧，一次二次分清楚。
看完交流看直流，触头对应线圈数。
上下左右顺序看，屏外设备依次数。

3. 看图实践

【例 5-11】 DW 型断路器的电磁操作控制回路图。

如图 5-30 所示是 DW 型断路器的交、直流电磁操作控制回路图。

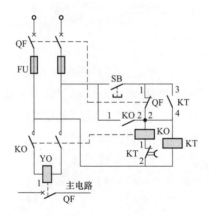

图 5-30 DW 型断路器的交、 直流电磁操作控制回路图

电路特点：用于完成断路器的合闸操作。

看图要点：先看图中的元件表、图形符号和文字符号，电路由合闸线圈 YO、合闸接触器 KO、时间继电器等组成。按照看图方法，要使断路器合闸，必须先使 YO 线圈得电；要使 YO 线圈得电，必须使 KO 动合触点闭合，即必须使 KO 接触器线圈得电。要使 KO 线圈得电，必须满足 SB 按钮闭合，同时 QF 的动断触点不断开，或 KO 的动合触点闭合（必须是 KO 线圈先得电后，才能闭合，起自保作用）且时间继电器的动断触点不断开。这样，大体上分析出了它们的因果关系。

看图实践：当按下合闸按钮 SB 时，合闸接触器 KO 得电，同时时间继电器 KT 也得电，KO 的动合触点闭合，使合闸电磁铁线圈 YO 得电，断路器合闸，同时 KO 的另一个辅助触点 KO（1-2）自保（即使松开 SB 按钮也能保持 KO 和 KT 有电）。当 KT 的延时时间到时，KT 的动断触点断开，使 KO 线圈失电，其动合触点断开，切断合闸回路，

使合闸线圈的通电时间为 KT 的延时时间。这里设置时间继电器的作用有两个：防止合闸线圈 YO 长时间通电而过热烧毁（因为它是短时工作制的）、KT 的动合触点是用来"防跳"。

KT 动合触点的"防跳"过程：当合闸按钮 SB 按下不返回或被粘住，而断路器 QF 所在的电路存在着永久性短路时，则继电保护装置就会使断路器 QF 跳闸，这时断路器的动断触点 QF（1-2）闭合。假如没有这个时间继电器 KT 及其动断触点 KT（1-2）和动合触点 KT（3-4），则合闸接触器 KO 将再次自动通电动作，使合闸线圈 YO 再次通电，断路器 QF 再次自动合闸。由于是永久性短路，继电保护装置又要动作，使断路器再次跳闸。这时 QF 的动断触点又闭合，又要使 QF 再一次合闸。如此反复地在短路状态下跳闸、合闸（称之为"跳动"现象），将会使断路器的触点烧毁而熔焊在一起，使短路故障扩大。增加时间继电器 KT 后，在 SB 不返回或被粘住时，时间继电器 KT 瞬时闭合的动合触点 KT（3-4）是闭合的，保持了 KT 通电，这样 KT 的动断触点 KT（1-2）打开，不会在 QF 跳闸之后再次使 KO 通电，断路器再次合闸，从而达到了"防跳"的目的。断路器 QF 的动断触点 QF（1-2）用来防止断路器已经处于合闸位置时的误合闸操作。

从本例的分析可见，要看懂、分析清楚电路图的功能或作用，除了要知道图中的图形符号、文字符号、元器件的工作原理外，还需要具备与之相关的理论知识。

【例 5-12】 重复动作的中央复归式事故音响信号装置电路。

如图 5-31 所示是重复动作的中央复归式音响信号装置的电路图。

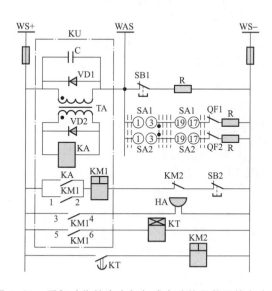

图 5-31　重复动作的中央复归式音响信号装置的电路图

电路特点： 当任一断路器发生事故跳闸时，瞬时发出音响信号。

看图要点： 这种电路含有组合单元，首先要弄清楚组合单元的工作原理。从图 5-31 中可见，KU 是一个组合单元，被称为 ZC-23 型冲击继电器，又称为信号脉冲继电器。它由脉冲变换器、中间继电器等组成。当脉冲变换器 TA 的一次侧通有电流时，其二次侧同名端就有电压输出，使干簧继电器 KA 动作，它的动合触点控制中间继电器 KM1。当脉冲变换器 TA 的一次侧电流减小时，其二次侧就会产生一个感应电动势来阻止其减小，这时感应电动势由异名端输出，被二极管 VD2 旁路，不会加到 KA 上。一次侧的电容和二极管 VD1 用于抗干扰。

看图实践：假设 QF1 断路器跳闸，由于 QF1 的动断触点闭合，而控制开关 SA1 处于合闸后状态，即 1 与 3、19 与 17 接通，这样事故音响信号小母线 WAS 与信号小母线 WS-接通，KU 中的脉冲变换器 TA 的一次侧电流开始增加，那么二次侧同名端就输出一个感应电动势，使干簧继电器 KA 动作。KA 的动合触点闭合，使 KM1 有电，其动合触点 KM1（1-2）闭合自保；而 KM1（3-4）闭合使 HA 有电，发出断路器自动跳闸声音信号；KM1（5-6）闭合，使时间继电器 KT 有电。若在延时时间内值班人员知道断路器跳闸，可通过消音按钮 SB2 使 KM1 失电，消除音响。在 KT 的延时时间过后，其延时动合触点闭合，使 KM2 有电，KM2 动合触点打开，使 KM1 失电，而停止 HA 音响延时，时间继电器 KT 和中间继电器 KM2 也复位。这时势必使 KM1 再次获电，但此时 KA 早已失电，这是因为脉冲变换器一次侧的电流上升到稳定时，TA 铁心中没有变化的磁通，所以二次侧就没有感应电动势。当有另一台断路器再自动跳闸时，在事故音响信号小母线 WAS 与信号小母线 WS-之间增加了一条并联支路，这时 TA 的一次侧电流又增加，同样二次侧的同名端输出电压使 KA 动作，又发出音响报警信号。可见，这种信号装置只要有断路器自动跳闸，都能给出音响信号，它是可以"重复动作"的。

一般线路、电气设备的工作状态指示信号都是由设备的控制回路来控制的，如上述断路器的闭合、断开状态都由控制回路来控制指示信号。而事故和预告信号都汇总在一起，构成一个中央信号装置，安装在值班室或控制室中，以告知值班人员设备或线路发生或将要发生故障。在变配电站中，中央事故信号装置能够在任一断路器发生事故跳闸时，瞬时发出音响信号，并在控制屏上或配电装置上显示事故跳闸的具体断路器位置的灯光指示信号。

【例 5-13】 某厂用电源 AAT 接线图。其中，图 5-32（a）为直流回路，图 5-32（b）为一次接线，图 5-32（c）为交流电压回路。

如图 5-32 所示是某厂用电源 AAT（备用电源线路自动投入装置）接线图。

电路特点：当正常工作电源进线发生故障时，备用线路自动投入使用。

看图要点：该厂用电源电压为交流 380V，由两台厂用变压器 T1、T2 供电，低压母线分两段，QF3 为分段断路器，此种主接线可按明备用和暗备用两种方式运行，一般在水电站、变电站采用暗备用方式运行。本图即是按暗备用方式设计的，在水电站、变电站得到广泛应用。

看图实践：

（1）正常工作。采用暗备用方式工作，QF1、QF2 合闸，QF3 跳闸，T1、T2 各带一段母线运行。

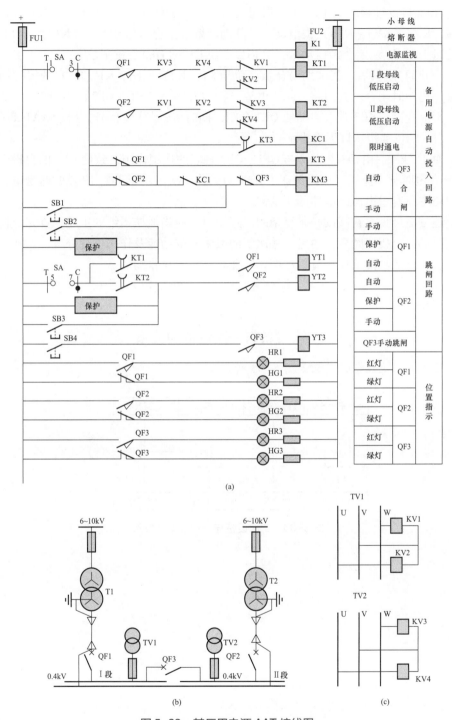

图 5-32 某厂用电源 AAT 接线图

（a）直流回路；（b）一次接线；（c）交流电压回路

（2）AAT自投过程。当Ⅰ（Ⅱ）段母线失电时，TV1（TV2）失电，接在TV1（TV2）上的KV1、KV2（KV3、KV4）失电动作，其动断触点闭合，启动KT1（KT2）。KT1（KT2）的触点延时1.0~1.5s闭合，启动KC1（KC2）使QF1（QF2）跳闸。

QF1（QF2）跳闸后，其辅助动合触点断开K1（K2）回路，K1（K2）的瞬时闭合延时释放的触点仍短时闭合。其回路为：正电源→K1（K2）→QF1（QF2）→XB1→KC3→KS→负电源，形成通路，KC3带电启动使QF3合闸，同时KS动作发信号，指示AAT动作，QF1（QF2）、QF3的位置指示灯更换指示。

（3）回路分析。由于K1、K2与QF1、QF2触点的连锁作用，致使QF3的自投中间继电器KC3只有短时脉冲流过，从而保证了AAT只动作1次。由于T1、T2正常时带电，因而低压启动回路中没有过电压继电器的闭锁回路，简化了接线。

由上述分析可见，在阅读一张复杂的电路图时，应当抓住图纸的主题，首先分析主要部分，把主要部分分析清楚后，再对一些次要的或附属的功能及作用进行分析，这样才能把电路图中的各元件的功能或作用分析透彻，才能真正看懂这张图。

知识链接

二次设备与一次设备的关系

二次设备与一次设备的关系如图5-33所示。

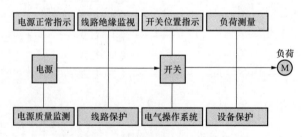

图5-33 二次设备与一次设备的关系

第 *6* 章

常用机电设备电气图心中有数

随着科学技术的进步，特别是微电子技术和电力电子技术的发展，电气控制元件发生了质的飞跃，现在的机电产品使用越来越方便，但其控制线路却越来越复杂。技术在飞速发展，识读机电设备电气图的难度在不断加大，但继电式控制仍然是电气设备控制的基础，学会了看懂继电式控制电路图，才有可能看懂由 PLC、微机控制的电路图。

6.1　机电设备控制电气图

机电设备几乎包罗万象，涉及工业生产及人们日常生活的方方面面。本节主要介绍对电动机或生产设备控制对象的电气控制装置电气图的识读方法和步骤。

6.1　电气控制
原理图

6.1.1　电气控制图的分类及其特点

以电动机或生产机械的电气控制装置为主要描述对象，表示其工作原理、电气接线、安装方法等的图样，称为电气控制图。其中，主要表示其工作原理的称为控制电路图；主要表示其电气接线关系的称为控制接线图；主要表示其元件布置的称为平面布置图。如图 6-1 所示是具有过载保护的自锁正、反转控制线路。如图 6-1（a）、（b）、（c）所示分别是控制电路图、安装接线图和平面布置图。

1. 电气控制电路图

电气控制电路图简称电路图，是将电气控制装置各种电气元件用图形符号表示并按其工作顺序排列，详细表示控制装置、电路的基本构成和连接关系的图。电路图是电气线路安装、调试和维修的理论依据。

如图 6-1（a）所示，控制电路图将电气元件的不同组成部分，按照电路连接顺序分开布置，充分表达了电气设备和电器元件的用途、作用和工作原理，但不考虑其实际位置。

（1）电气控制电路图的组成。电气控制电路图一般由电源电路、主电路和辅助电路（包括控制电路、信号电路和照明电路）组成。

1）主电路。主电路是指给用电器（电动机、电弧炉等）供电的电路，它是受辅助电路控制的电路。主电路又称为主回路或一次电路，这个电路的电流较大。主电路习惯用粗实线画在图纸的左边或上部。

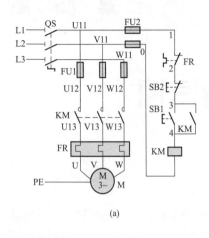

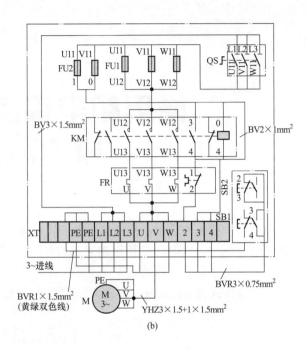

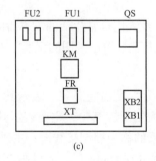

6.2 自锁、连锁和互锁

图6-1 具有过载保护的自锁正、反转控制线路

(a) 控制电路图; (b) 安装接线图; (c) 平面布置图

2) 辅助电路。辅助电路是控制主电路动作的电路，也可以说是给主电路发出指令信号的电路。辅助电路又称为控制电路或二次电路等。辅助电路由继电器和接触器的线圈、继电器的触点、接触器的辅助触点、按钮、照明灯、信号灯、控制变压器等组成。这部分电路的电流一般都较小。辅助电路习惯用细实线画在图纸的右边或下部。

3) 电源电路。电源电路表明电源的类型及电压等级。

在实际的电气电路图中，主电路一般比较简单，用电器数量较少；而辅助电路比主电路复杂，控制元件也较多，有的辅助电路是很复杂的，由多个单元电路组成。在每个单元电路中又有若干小回路，每个小回路中有一个或几个控制元件。这样复杂的控制电路分析起来是比较困难的，要求有坚实的理论基础和丰富的实践经验。

（2）电气控制电路图绘制规则和特点。在本书前面章节的相关内容中已对绘制电气图的规则进行了一些介绍，为能顺利识读机电设备的电气图，现对电路图绘制规则和特点进行简要的归纳。

1）电路图中，电源电路、主电路、控制电路和信号电路分开绘制。

电源电路画成水平线，三相交流电源相序 L1、L2、L3 由上到下或由左到右依次排列画出，中性线 N 和保护地线 PE 画在相线之下或之右。直流电源则按正端在上、负端在下画出。电源开关要水平画出。

主电路，即每个受电的动力装置（如电动机）及其保护电器（如熔断器、热继电器的热元件等）应垂直于电源线画出。主电路可用单线表示，也可用多线表示。

控制电路和信号电路应垂直画在两条或几条水平电源线之间。电器的线圈、信号灯等耗电元件直接与下方 PE 水平线连接，而控制触点连接在上方水平电源线与耗电元件之间。

无论主电路还是辅助电路，各电气元件一般应按生产设备动作的先后动作顺序从上到下或从左到右依次排列，可水平布置或垂直布置。看图时，要根据控制电路编排上的特点，也要一行行地进行分析。

一般在控制电路图上的每一并联支路旁注明该部分的控制作用，看图时掌握这些特点，去分析控制电路的作用就会比较容易。

在电气控制电路图中主电路图与辅助电路图是相辅相成的，其控制作用实际上是由辅助电路控制主电路。对于不太复杂的电气控制电路，主电路和辅助电路可绘制在同一图上。

2）由多个部件组成的电气元件和设备，根据便于阅读的原则来安排，可以采用集中表示法、半集中表示法或分开表示法。对于较复杂的控制电路多采用分开表示法。同一电气元件的各部件可以不画在一起，而是按其在电路中所起作用分别画在不同电路中，但属于同一电器上的各部件都必须标以相同的文字符号。例如，图 6-1 中接触器 KM，其线圈和辅助触点画在控制电路中，主触点画在主电路中，但用同一文字符号 KM 标注。若图中相同的电气元件较多时，需要在电器文字符号后面加上数字以示区别。

看分开表示法的图时，注意通过文字符号或项目代号，看出元件各部分之间的联系，尤其是接触器、继电器这类元件中线圈与触点的关系。

3）所有电气开关和触点的状态，均以线圈未通电；手柄置于零位；行程开关、按钮等的触点不受外力状态；生产机械在原始位置为基础。即图中表示的仅仅是常态。

4）电路图中，有直接联系的交叉导线接点，要用小黑点表示；无直接联系的交叉导线接点不画小黑点。

5）电动机和电器的各接线端子都有回路标号。

6）各元件在图中标有位置编号，以便寻找对应元件，将电路图分成若干图区，并标明电路的用途、作用（在上方）及区号（在下方）。

7）接触器以及电压、电流、时间继电器等，它们的触点的动作是依靠其吸引线圈通、断电来实现的。但是还有一些电器，如按钮、行程开关、压力继电器、温度继电器等没有吸引线圈，只有触点，这些触点的动作是依靠外力或其他因素实现的。为此在看图时应当特别注意，在控制电路中是找不到这些电器的吸引线圈的。

2. 电气控制接线图

表示电气控制装置中各元件间的连接关系，主要用于安装接线和查线的简图，称为电气控制接线图。由于一般的小型电气控制装置可以看做一个单元，因此，电气控制接线图的常见形式是单元接线图，必要时也画出端子接线图，也可同时给出接线表。

电气控制单元接线图通常有单线法（线束法）表示的接线图、多线法（散线法）表示的接线图、中断线法（标号法）表示的接线图等多种形式。

接线图是在电路图基础上绘制出来的，看接线图必须参考电路图。

（1）单线法表示的电气控制接线图。在电气控制装置中，走向相同的各元件之间的连接线用一根图线表示，即图上的一根线代表实际的一组线或一束线。这种形式的接线图称为单线法表示的电气控制安装接线图，也称为线束法表示的安装接线图。

图 6-1（b）是与图 6-1（a）相对应的单线法表示的安装接线图。在这种图上画出了设备、元件、端子排之间的相对位置。它们之间的连接导线不是每一根都画出来，而是把走向相同的导线合并成一根线条。对于那些走向不完全相同，但只要在某一段上走向相同，那么这根线条在这一段上也代表了那一根导线，在其走向变化时，可以逐条分出去。

线束法中的线条，有从中途汇合进来的，也有从中途分出去的，最后各自到达终点，即所连元件的接线端子。在线束法表示的安装接线图中，主电路和辅助电路是严格分开的，它们即使走向相同也必须分别表示。在图中，一根线条代表几根导线，从直观上可以分辨清楚，从导线的标注根数也可以看出。

（2）接线图的绘制原则及特点。电路接线图是依据相应电路图而绘制的。电路图以表明电气设备、装置和控制元件之间的相互控制关系为出发点，以能明确分析出电路工作过程为目标。电路接线图则以表明电气设备、装置和控制元件的具体接线为出发点，以接线方便、布线合理为目标。电路接线图必须标明每条线所接的具体位置，每条线都有具体明确的线号。

1）接线图应表示出各电器的实际位置，同一电器的各元件要画在一起，并且常用虚线框起来，如一个接触器是将其线圈、主触点、辅助触点都绘制于一起用虚线框起来。

2）要表示出各电动机、电器之间的电气连接，如图 6-1 所示是用线条表示的。凡是导线走向相同的可以合并画成单线。控制板内和板外各元件之间的电气连接是通过接线端子来进行的。

3）接线图中各电气元件的图形符号和文字符号以及端子的编号应与电路图一致，以便对照查找。线束两端及中间分支出去的每一根导线与电气元件相连时，在接线端子处都应有标号，属于同一根导线的若干段应标注同一个标号。

4）主电路用粗实线表示，辅助电路用细实线表示。每一个线束都标注了导线的根数、型号、截面积，以及导线的敷设方法和穿线管的种类和管径。

3. 平面布置图

平面布置图是根据电气元件在控制板上的实际安装位置，采用简化的外形符号（如正方形、矩形、圆形等）而绘制的一种简图，它不表达各电器的具体结构、作用、接线情况以及工作原理，主要用于电气元件的布置和安装。图中各电器的文字符号必须与控制电路图

和电气安装接线图的标注相一致，如图 6-1（b）所示。

值得指出：在生产实际中，控制电路图、安装接线图和平面布置图要结合起来使用。

6.1.2　机电设备控制电气图

电气控制是借助于各种电磁元件的结构、特性对机械设备进行自动或远距离控制的一种方法。电气元件是一种根据外界的信号和要求，采用手动或自动断开电路，断续或连续改变电参数，以实现电路或非电对象的切换、控制、保护、检测和调节。

在掌握常用电气符号的基础上，学会识读控制电气图的基本方法，才能在实际工作中迅速、正确地进行安装、接线和调试。能否正确识读机电设备电气图，真正把它看懂，结合故障进行分析并找出其特点和规律，使其成为设备电路故障诊断与排除以及全面进行检修的主要依据，已经成为电工迫切需要解决的问题。读图或分析电路的快慢，可从一个侧面反映出维修人员对专业知识的掌握程度。

1. 识图方法及要点

以下介绍识图方法及要点。

（1）识图的重点是分析电路及元器件的工作状态。电气控制电路是为生产机械和生产过程服务的，在分析电气控制电路前，应该充分了解生产机械要完成哪些动作，这些动作之间又有什么联系，即熟悉生产机械的工艺情况，必要时可以画出简单的工艺流程图。如车床主轴转动时，要求油泵先给齿轮箱供润滑油，即应保证在润滑电动机启动后才允许主拖动电动机启动，也就是控制对象对控制电路提出了顺序控制的要求。又如，接触器、继电器、中间继电器的线圈得电，带动衔铁的吸合，使它们的主、辅触点做相反（原来断开的接通，原来接通的断开）的变化，去接通或断开主电路及其他电路，以实现控制。又如时间继电器，线圈得电后，其动合、动断触点不是马上接通或断开，而是延时一段时间，才接通或断开电路。延时时间的长短是可以调整改变的。只要我们掌握这些元器件的结构、特点，其控制电路就很容易看懂了。

（2）理清电路的受控与被受控关系。电气控制电路分主电路（一次电路）和辅助电路（二次电路）。主电路受辅助电路直接控制，辅助电路是通过较弱电流的控制主电路动作的。有的新型机电设备为了减小总开关的电流，设置了一些继电器。有时，继电器的控制线圈属于一个开关控制，而其触点所控制的电器可能属于另一个开关（或熔断器），在识图时要加以注意。

（3）利用符号辨别出线路中的设备。熟记接触器、继电器等器件的图形符号和文字符号，有利于快速识图，也有利于理清电路中所包含的电气设备种类、数量、用途等，以便在读图时抓住重点。

（4）观整体，盯"局部"，采用逆读溯源法将电路进行分解。无论多么复杂的电气电路，都是由一些基本的电气控制电路构成的。在分析电路时，要善于化整为零。为此，可以按主电路的构成情况，再利用逆读溯源法，把控制电路分解成与主电路的用电器（如电动机）相对应的几个基本电路，然后利用顺读跟踪法，一个环节一个环节地分析。还应注意那些满足特殊要求的特殊部分，再利用顺读跟踪法把各环节串起来。这样，就不难看懂图了。

技能提高

逆读溯源法和顺读跟踪法

根据主电路中主触点的文字符号，在辅助电路中很容易找到该接触器的线圈电路，但该接触器的相关电路就不容易找到，可采用逆读溯源法和顺读跟踪法去寻找。

(1) 逆读溯源法。

1) 在接触器线圈电路中串、并联的其他接触器、继电器、行程开关、转换开关的触点，这些触点的闭合、断开就是该接触器得电、失电的条件。

2) 由这些触点再找出它们的线圈电路及其相关电路，在这些线圈电路中还会有其他接触器、继电器的触点等。

3) 如此找下去，直到找到主令电器为止。

值得注意的是，行程开关、转换开关、按钮、压力继电器、温度继电器等没有吸引线圈，只有触点，这些触点的动作是依靠外力或其他因素实现的，需要找到其所依靠的外力。另外，当某一个继电器或接触器得电吸合后，应该把它的所有触点所带动的前后级电气元件的作用、状态全部找出，并列在其电气文字符号的下方。还要注意有多少副触点就有多少条支路，不得遗漏。

(2) 顺读跟踪法。找出该接触器在其他电路中的辅助动合触点、动断触点，这些触点为其他接触器、继电器得电、失电提供条件或者为互锁、连锁提供条件，引起其他电气元件动作，驱动执行电器。

(5) 以电流"回路"为突破口，综合分析。把基本控制电路串联起来，采用顺读跟踪法分析整个电路。例如在分析被控电路时，理清哪些器件应经常接通？哪些应短暂接通？哪些应先接通？哪些应后接通？哪些应当单独工作？哪些应当同时工作？哪些器件不允许同时接通？这样，以电路的"通/断"为纽带，以电流"回路"为突破口，顺藤摸瓜，有利于正确分析电路。

2. 看图的具体步骤和方法

识图的基本步骤：先看主电路，后看辅助电路，并根据辅助电路各分回路中控制元件的动作情况，研究辅助电路如何对控制电路进行控制。

(1) 看主电路的具体步骤和方法。主电路中元件和用电器一般情况下都比辅助电路少，看主电路时，可以顺着电源引入端往下逐次观察。

1) 看电动机和其他用电器。电动机所在的电路是主电路，用电器是指消耗电能或者将电能转换为其他能量的电气设备或装置，如电动机、电炉等。看图时首先要看清楚主电路中有几个用电器，它们的类别、用途、接线方式以及一些不同的要求等。

2) 看清用电器与控制元件的对应关系。看清楚主电路中的用电器是采用什么控制元件进行控制，是用几个控制元件控制。实际电路中对用电器的控制方式有多种，有的用电器只用开关控制，有的用电器用启动器控制，有的用电器用接触器或其他继电器控制，有的用电器用程序控制器控制，而有的用电器直接用功率放大集成电路控制。正由于用电器种类繁多，因此对用电器的控制方式就有很多种，这就要求分析清楚主电路中的用电器与控制元件的对应关系。

3）看清楚主电路中除用电器以外的其他元件，以及这些元件所起的作用。如图 6-1 (a) 中主电路除了有用电器三相感应电动机外，还有接触器 KM 的主触点、热继电器 FR 的发热元件和熔断器 FU1。开关 QS 是总电源开关，也就是使电路与电源接通或断开的开关；熔断器 FU1 是短路保护元件，即电路发生短路时，熔断器熔体立即熔断，使负载与电源断开；热继电器 FR 起对电路过载保护作用。

4）看电源。要了解电源的种类和电压等级，是直流电源还是交流电源。

（2）看辅助电路的具体步骤和方法。

1）看辅助电路的电源。分清辅助电路的电源种类和电压等级。辅助电路电源也有直流和交流两类。辅助电路所用交流电源电压一般为 380V 或 220V，频率为 50Hz。辅助电路电源若引自三相电源的两根相线，电压为 380V；若引自三相电源的一根相线和一根中性线，则电压为 220V。辅助电路电源常用直流电源等级有 110V、24V、12V 三种。

2）弄清辅助电路中每个控制元件的作用，各控制元件对主电路用电器的控制关系。辅助电路是一个大回路，而在大回路中经常包含着若干个小回路，在每个小回路中有一个或多个控制元件。一般情况下，主电路中用电器越多，则辅助电路的小回路和控制元件也就越多。

3）弄清辅助电路中各控制元件的动作情况和对主电路中用电器控制作用是看懂电路图的关键。研究辅助电路中各个控制元件之间的约束关系，是研究电路工作原理和看电路图的重要步骤。在电路中，所有电气设备、装置、控制元件都不是孤立存在的，而是相互之间都有密切联系，有的元件之间是控制与被控制的关系，有的是相互制约关系，有的是联动关系。在辅助电路中控制元件之间的关系也是如此。

4）结合典型电路分析。电气控制电路主要由按钮、继电器、接触器等组成，只要搞清元器件的结构、特性和动作原理及电路的基本控制方式，抓住几种典型电路，掌握其控制规律，其他电路的难点则不攻自破。

（3）看安装接线图的步骤和方法。学会看电路图是学会看安装接线图的基础，学会看安装接线图是进行实际接线的基础。反过来，通过具体电路接线又促使看安装接线图和看电路图能力的提高。看安装接线图，首先要看清楚电路图，结合电路图看安装接线图是看懂安装接线图的最好方法。

1）分析电路图中主电路和辅助电路所含有的元件，弄清楚每个元件的动作原理，特别是辅助电路中控制元件之间的关系，辅助电路中有哪些控制元件与主电路有关系。

2）搞清电路图和接线图中元件的对应关系。虽然电路图各元件的图形符号与电路接线图中元件图形符号都按照国标符号绘制，但是电路图是根据电路工作原理绘制，而接线图是按电路实际接线绘制，这就造成对同一元件在两种图中绘制方法上可能有区别。如接触器、继电器、热继电器、时间继电器等控制元件，在控制电路图中是将它们的线圈和触点画在不同位置（不同支路中），在安装接线图中是将同一继电器的线圈和触点画在一起的。

3）弄清楚接线图中接线导线的根数和所用导线的具体规格。通过对接线图细致观察，可以得出所需导线的准确根数和所用导线的具体规格。

4）根据接线图中的线号分析主电路的线路走向。分析主电路的线路走向是从电源引入线开始，依次找出接主电路用电器所经过的元件。

5）根据线号分析辅助电路的线路走向。在实际电路接线过程中，主电路和辅助电路是分先后顺序接线的，这样做的目的是避免主、辅电路混杂。分析辅助电路的线路走向是从辅助电路电源引入端开始，依次分析每条分支的线路走向。

6）很多接线图中并不标明导线及元件的具体型号规格，而是将电路中所有元件和导线的型号规格列入元件明细表中，看图时一定要结合元件明细表进行分析。

▶ 技能提高

机电设备电气图识图要领

识图注意抓重点，图样说明先搞清。
主辅电路有区别，交流直流要分清。
读图次序应遵循，先主后辅思路清。
细细解读主电路，设备电源当查清。
辅助电路较复杂，各条回路须理清。
各个元件有联系，功能作用应弄清。
控制关系讲条件，动作情况看得清。
综合分析与归纳，一个图样识得清。

6.3 位置图、
接线图

 6.2 电动机控制电路图

6.2.1 电动机控制电路的 10 个基本环节

在一个控制电路中，能实现某项功能的若干电气元件的组合，称为一个控制环节，整个控制电路就是由这些控制环节有机地组合而成的。

电动机控制电路一般包括以下一些基本环节。

（1）电源环节。电源环节包括主电路供电电源和辅助电路工作电源，由电源开关、电源变压器、整流装置、稳压装置、控制变压器、照明变压器等组成。

（2）保护环节。保护环节由对设备和线路进行保护的装置组成，如短路保护由熔断器完成，过载保护由热继电器完成，失压、欠压保护由失压线圈（接触器）完成。另外，有时还使用各种保护继电器来完成各种专门的保护功能。

（3）启动环节。启动环节包括直接启动和减压启动，由接触器和各种开关组成。

（4）运行环节。运行环节是电路的基本环节，其作用是使电路在需要的状态下运行，包括电动机的正反转、调速等。

（5）停止环节。停止环节的作用是切断控制电路供电电源，使设备由运转变为停止。停止环节由控制按钮、开关等组成。

（6）制动环节。制动环节的作用是使电动机在切断电源以后迅速停止运转。制动环节一般由制动电磁铁、能耗电阻等组成。

（7）联锁环节。联锁环节实际上也是一种保护环节。由工艺过程所决定的设备工作程序不能同时或颠倒执行，通过联锁环节限制设备运行的先后顺序。联锁环节一般通过对继电器触点和辅助开关的逻辑组合来完成。

（8）信号环节。信号环节是显示设备和线路工作状态是否正常的环节，一般由蜂鸣器、信号灯、音响设备等组成。

（9）手动工作环节。电气控制线路一般都能实现自动控制，为了提高线路工作的应用范围，适应设备安装完毕及事故处理后试车的需要，在控制线路中往往还设有手动工作环节。手动工作环节一般由转换开关和组合开关等组成。

（10）点动环节。点动环节是控制电动机瞬时启动或停止的环节，通过控制按钮完成。

知识点拨

电动机控制电路的 10 个控制环节不一定每一种控制线路中全都具备，复杂控制线路的基本环节多一些。

在电动机控制电路的 10 个环节中，最基本的是电源环节、保护环节、启动环节、运行环节、联锁环节和停止环节。

6.2.2　电动机控制电路中的常用电器

在电动机控制电路中，为满足不同控制功能的需要，使用电器很多。表 6-1 列出了常用的电动机控制电路的常用电器的功能或作用，以帮助读者识图需要，关于这些电器详细的指示，请读者阅读本丛书之《低压控制系统应用快速入门》。

表 6-1　　　　　　　　　　常用的电动机控制电路的常用电器的功能或作用

序号	电器名称	功能或作用	实物图
1	负荷开关	负荷开关是手动直接启动所用设备的控制电器，分为开启式负荷开关（胶盖闸）和封闭式负荷开关（铁壳开关）	
2	组合开关	组合开关又称转换开关。可用作电源引入开关或作为 5.5kW 以下电动机的直接启动、停止、正反转和变速等的控制开关。在机床设备上用它来做电源总开关	

续表

序号	电器名称	功能或作用	实物图
3	倒顺开关	倒顺开关又称万能转换开关，是一种专用的组合开关。这种开关经常用于小型三相异步电动机正反转控制	
4	按钮	按钮是一种短时接通或断开小电流电路的电器，它不直接控制主电路的通断，而是在控制电路中发出"指令"控制接触器，再由接触器控制主电路，所以又叫做主令电器	
5	接触器	接触器是用来接通或断开主电路的控制电器，是自动控制电路的核心器件，控制电路各个环节的工作大多数是通过接触器的通断实现的。其优点是动作迅速，操作方便，便于远程控制。其不足是噪声大，寿命较短。由于它只能接通和分断电流，不具备短路保护功能，故必须与熔断器、热继电器等保护电器配合使用。交流接触器的主触头为 3 对动合触头，用于控制三相主电路；辅助触头为 2 对动合触头和两对动断触头，用于完成必要的控制环节。小型接触器辅助触头的容量为 5A	
6	热继电器	热继电器是对电动机和其他用电设备进行过载保护的控制电器。与熔断器相比，它的动作速度更快，保护功能更为可靠	
7	中间继电器	中间继电器属于电磁继电器的一种。它通常用于控制各种电磁线圈，使有关信号放大，也可将信号同时传送给几个元件，使它们互相配合起自动控制作用	

续表

序号	电器名称	功能或作用	实物图
8	时间继电器	时间继电器是利用电磁原理或机械动作原理实现触点延时闭合或延时断开的自动控制电器。常用的有空气阻尼式、电磁式、电动式及晶体管式等	
9	速度继电器	速度继电器与电动机轴装在一起，当转速降低到一定程度时，继电器内的触头就会断开，切断电动机电源，电动机停止转动	
10	磁力启动器	磁力启动器是一种全压启动控制电器，又叫电磁开关。由交流接触器、热继电器和按钮组成，封装在铁质壳体内。装在壳上的按钮控制交流接触器线圈回路的通断，并通过交流接触器的通断控制电动机的启动和停止。不可逆磁力启动器用于控制电动机的单向运转，可逆磁力启动器用于控制电动机的正反转	
11	星-三角启动器	星-三角启动器是电动机降压启动设备之一，适用于定子绕组接成三角形鼠笼式电动机的降压启动。它有手动式和自动式两种。手动式星-三角启动器未带保护装置，必须与其他保护电器配合使用。自动式星-三角启动器有过载和失压保护功能	
12	自耦补偿启动器	自耦补偿启动器又叫补偿器，是鼠笼式电动机的另一种常用降压启动设备，主要用于较大容量鼠笼式电动机的启动，它的控制方式也分为手动式和自动式两种	

续表

序号	电器名称	功能或作用	实物图
13	行程开关	行程开关又叫限位开关或位置开关。属于主令电器的另一种类型,其作用与按钮相同,都是向继电器、接触器发出电信号指令,实现对生产机械的控制。不同的是按钮靠手动操作,行程开关则是靠生产机械的某些运动部件与它的传动部位发生碰撞,令其内部触头动作,分断或切换电路,从而限制生产机械行程、位置或改变其运动状态,指令生产机械停车、反转或变速等	
14	控制器	控制器主要用于电力传动的控制设备中,通过变换主回路、励磁回路的接法,或者变换电路中电阻的接法,以控制电动机的启动、换向、制动及调整。它在起重、运输、冶金、造纸、机械制造等部门的应用是相当普遍的。控制器可分为平面控制器(KP型)、鼓形控制器(KG型)、凸轮控制器(KT型)3种类型	
15	电磁抱闸	电磁抱闸是电动机制动装置。电动机启动时,电磁抱闸上的电磁铁通电,电磁铁的衔铁克服弹簧的作用力,带动拉开抱闸闸瓦,电动机开始运转。电磁铁不通电时,抱闸在弹簧作用下,闸瓦紧紧抱住电动机轴上的闸轮,电动机停止运转	
16	启动电阻器	启动电阻器串接在绕线式电动机的转子回路中,在启动时来用减小启动电流。启动电阻器有两种,铸铁电阻器和频敏变阻器	

6.2.3 电动机控制电路看图实践

【例 6-1】电动机点动正转控制线路。

电动机点动正转控制电路图如图 6-2（a）所示，接线图如图 6-2（b）所示，器材明细表见表 6-2。

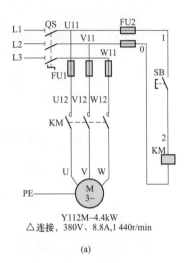

(a)

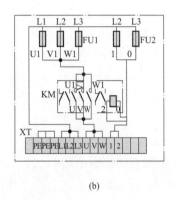

(b)

图 6-2 电动机点动正转控制电路图与接线图

（a）电路图；（b）接线图

6.4 电动机点动控制

表 6-2 器材明细表

代号	名 称	型 号	规 格	数量
M	三相异步电动机	Y-112M-4	4kW、380V、△接法	1
QS	组合开关	HZ10-25-3	三极，额定电流 25A	1
FU1	螺旋式熔断器	RL1-60/25	500V、60A 配熔体，额定电流 25A	3
FU2	螺旋式熔断器	RL1—15/2	500V、15A 配熔体，额定电流 2A	2
KM	交流接触器	CJ10—20	20A、线圈电压 380V	1
SB	按钮	LA10—3H	保护式、按钮数 3	1
T	端子排	JX2—1015	10A、15 节	1
	配电板		650mm×500mm×50mm	1

电路功能：用按钮、接触器等二次电路来控制主电路，完成电动机运转的最简单的正转控制线路。

看图要点：在如图 6-2（a）所示电路中，三相电源线 L1、L2、L3 依次水平画在图的上方，电源开关水平画出；由熔断器 FU1、接触器 KM 的三对主触点和电动机组成的主电路，垂直电源线画在图的左侧；由启动按钮 SB，接触器 KM 的线圈组成的控制电路跨接在

L1 和 L2 的两条电源线之间垂直画在主电路的右侧，且耗能元件 KM 的线圈与下边电源线 L2 相连画在电路的下方，启动按钮 SB 则画在控制电路中，为表示它们是同一电器，在它们的图形符号旁边标注了相同的文字符号 KM。线路按规定在各接点进行了编号。图 6-2（a）中，没有专门的指示电路和照明电路。

图 6-2（b）为图 6-2（a）的安装接线图，画出了设备、元件、端子排之间的相对位置，为电路安装和检修提供了方便。看图时，应将这两个图结合起来进行对比分析。

电路特点： 主电路由电动机 M、接触器主触点 KM、熔断器 FU1 和电源构成；辅助电路由电源→熔断器 FU2→按钮 SB→接触器线圈 KM→熔断器 FU2→电源构成。

由于辅助电路控制电流远小于主电路工作电流，因此控制安全，达到了以小电流控制大电流的目的。但本电路也有不便之处，即电动机运转期间不能松开按钮，否则电动机停止转动。可见，本电路只适用于控制短时运行的电动机。

看图实践： 当电动机需要点动时，先合上组合开关 QS，此时电动机 M 尚未接通电源。

按下启动按钮→接触器线圈得电→主触点闭合→电动机转动；

松开按钮→接触器失电→电动机停转。

停止使用时，断开组合开关 QS。

【例 6-2】 电动机单向启动控制电路。

如图 6-3 所示为电动机单向启动控制电路原理图。其中，图 6-3（a）为电路图，图 6-3（b）为接线图。

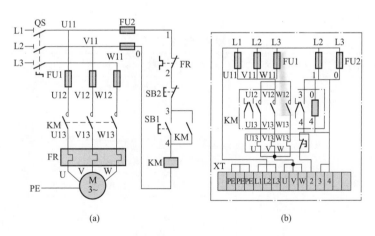

图 6-3　电动机单向启动控制电路原理图
（a）电路图；（b）接线图

电路功能： 电动机得电运转，失电停，自始至终一个方向运转。

看图要点： 电动机单向启动控制电路在点动控制线路的基础上，控制线路中串接了一个停止按钮 SB2，在启动按钮 SB1 的两端并接了接触器 KM 的一对动合触点，使电路具有自锁功能和欠电压、失电压（零电压）保护功能。同时，在主电路中串联了热继电器 FR 的热元

件，在辅助电路中串联了热继电器 FR 的动断触点，使电路具有短路保护和过载保护功能。

接触器 KM 的自锁触点并接在启动按钮 SB1 的两端，停止按钮 SB2 串接在控制电路中。

从图 6-3（b）中可以看出，热继电器的热元件串接在主电路中，动断触点串接在控制电路中，如图 6-4 所示。热继电器的连接导线过粗或太细会影响热继电器的正常工作。因为连接导线的粗细不同使散热量不同，会影响热继电器的电流热效应。各种规格热继电器的连接导线的选用可按厂家的使用说明或查阅电工手册。

图 6-4　热继电器在
电路中的连接

电路特点：不仅能够实现电动机连续运转，而且具有短路保护、过载保护及欠电压、失电压保护功能，又称为具有过载保护的接触器自锁正转控制电路。

（1）熔断器短路保护功能。由熔断器 FU1、FU2 分别实现主电路和控制电路的短路保护。熔断器的熔体串联在被保护电路中，当电路发生短路或严重过载时，熔体会自动熔断，从而切断电路，达到保护的目的。

（2）过载保护功能。熔断器难以实现对电动机的长期过载保护，为此采用热继电器 FR 实现对电动机的长期过载保护。当电动机为额定电流时，电动机为额定温升，热继电器 FR 不动作；在过载电流较小时，热继电器要经过较长时间才动作；过载电流较大时，热继电器很快动作。串接在电动机定子电路中的双金属片因过热变形，致使其串接在控制电路中的动断触点断开，切断 KM 线圈电路，电动机停止运转，实现过载保护。

（3）失电压与欠电压保护功能。为了防止电源恢复时电动机启动的保护称为零压或失电压保护。

当电动机正常运转时，电源电压大幅度降低会引起电动机转速下降甚至停转。为此需要在电源电压降到一定允许值以下时将电源切断，这就是欠电压保护。

利用按钮的自动恢复作用和接触器的自锁作用，可不必加设零压或欠电压保护。在图 6-3 中，当电源电压过低或断电时，接触器 KM 释放，此时接触器 KM 的主触点和辅助触点同时打开，使电动机电源切断并失去自锁。但电源恢复正常时，操作人员必须重新按下启动按钮 SB2，才能使电动机启动。这样，带有自锁环节的电路本身已兼备了零压、欠电压保护功能。

看图实践：先合上电源开关 QS，则

启动：按下启动按钮 SB1→KM 得电→KM 主触点闭合（KM 自锁触点也闭合）→电动机 M 启动，连续运转。

停止：按下启动按钮 SB2→KM 线圈失电→KM 主触点断开（KM 自锁触点也断开）→电动机 M 失电，停止运转。

【例 6-3】接触器连锁正、反转控制电路。

接触器连锁正、反转控制电路如图 6-5 所示。其中，图 6-5（a）为电路图，图 6-5（b）为接线图。器材元件明细表见表 6-3。

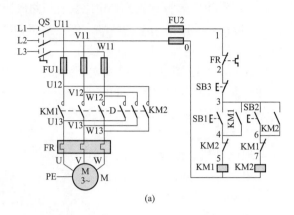

(a)

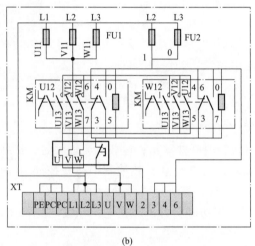

(b)

图 6-5　接触器连锁正、反转控制电路

（a）电路图；（b）接线图

6.5　接触器互锁
正反转控制

表 6-3　　　　　　　　　器材元件明细表

代号	名　　称	型　　号	规　　格	数量
M	三相异步电动机	Y-112M-4	4kW、380V、△接法	1
QS	组合开关	HZ10-25-3	三极，额定电流25A	1
FU1	螺旋式熔断器	RL1-60/25	500V、60A 配熔体，额定电流25A	3
FU2	螺旋式熔断器	RL1-15/2	500V、15A 配熔体，额定电流2A	2
KM1、KM2	交流接触器	CJ10-20	20A、线圈电压380V	1
SB1、SB2、SB3	按钮	LA4-3H	保护式、按钮数3	1
XT	端子排	JX2-1015	10A、15节	1
FR	热继电器	JR16-20/3	三极、20A	1
	配电板		650mm×500mm×50mm	1

电路功能：通过接触器连锁控制电动机的正、反转运动。

识图要点：使用了 2 个接触器。其中，KM1 是正转接触器，KM2 为反转接触器。它们分别由正转按钮 SB1 和反转按钮 SB2 控制。从主电路图中可以看出，这两个接触器的主触点所接通的电源相序不同，KM1 按 L1-L2-13 相序接线，KM2 按 L3-L2-L1 相序接线。相应的控制电路有两条，一条是由按钮 SB1 和 KM1 线圈等组成的正转控制线路；另一条是由按钮 SB2 和 KM2 线圈等组成的反转控制线路。

从接线图中可看出，组合开关、熔断器的受电端子应安装在控制板的外侧。

电路特点：接触器连锁的正、反转控制线路，具备了前面已经介绍过的过载保护自锁控制电路的全部功能，工作安全可靠，但缺点是操作不便。

接触器 KM1 和 KM2 的主触点绝对不允许同时闭合，否则将造成两相电源（L1 和 L2）短路事故。为避免两个接触器 KM1 和 KM2 同时得电动作，就在正、反转控制线路中分别串接了对方接触器的一对动断辅助触点，如图 6-6 所示。这样，当一个接触器得电动作时，通过其动断辅助触点

图 6-6　接触器连锁触点接线必须正确

断开对方的接触器线圈，使另一个接触器不能得电动作，接触器间这种相互制约的作用称为接触器连锁（或互锁）。实现连锁作用的动断辅助触点称为连锁触点（或互锁触点）。

看图实践：

（1）正转控制：按下 SB1→KM1 线圈得电→KM1 主触点闭合（同时 KM1 自锁触点闭合；KM1 连锁触点断开，对 KM2 连锁）→电动机 M 启动连续正转。

（2）反转控制：先按下 SB3→KM1 线圈失电→KM1 主触点断开（同时 KM1 自锁触点断开接触自锁；KM1 连锁触点闭合，解除对 KM2 联锁）→电动机 M 失电停转；

再按下 SB2→KM2 线圈得电→KM2 主触点闭合（同时 KM2 自锁触点闭合；KM2 连锁触点断开，对 KM1 连锁）→电动机 M 启动，连续反转。

【例 6-4】时间继电器自动控制 Y-△降压启动电路。

如图 6-7 所示为时间继电器自动控制 Y-△降压启动电路。其中，图 6-7（a）为电路图，图 6-7（b）为主电路接线图。

电路功能：电动机启动时，定子绕组接成 Y 形，以降低启动电压，限制启动电流。待电动机启动后，再把定子绕组改接成△形，使电动机全压运行。

看图要点：该线路有三个接触器、一个热继电器、一个时间继电器和两个按钮。时间继电器 KT 用于控制 Y 形降压启动时间和完成 Y-△自动切换。

从主电路接线图可看出，电动机的 6 条引线分别接到 $KM_\triangle$ 的主触点上。从 W1、V1、U1 分别引出一条线，将这三条线不分相序地接到 KM_Y 主触点的三条进线处，并将 KM_Y 主触点的三条出线短接在一起。从 V2、U2、W2 分别引出一条线，将这三条线不分相序地接到 FR 的三条出线处。

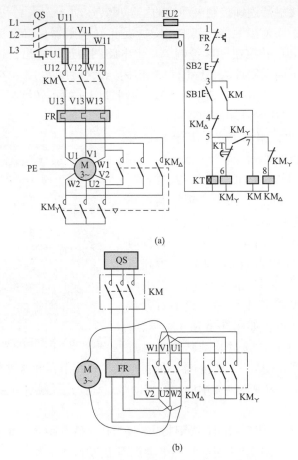

(a)

(b)

图6-7 时间继电器自动控制Y-△降压启动电路

（a）电路图；（b）接线图

6.6 Y-△降压
启动控制

要保证电动机△形连接的正确性，即接触器 KM_Y 主触闭合时，应保证定子绕组的 U1 与 W2、V1 与 U2、W1 与 V2 相连接。接触器 KM_Y 的进线必须从三相定子绕组的末端引入，若误将其前端引入，则在吸合时，会产生三相电源短路事故。

电路特点：电动机启动时连接成 Y 形，加在每相定子绕组上的启动电压只有△形连接时的 $1/\sqrt{3}$，启动电流为△形连接时的 1/3，启动转矩也只有△形连接时的 1/3。这种降压启动的方法，只适用于电动机轻载或空载下启动。

看图实践：

（1）先合上电源开关 QS。

（2）电动机 Y 形降压启动。

按下 SB1→KM_Y 线圈得电→KM_Y 主触点闭合［同时 KM_Y 联锁触点断开，对 $KM_△$ 联锁；KM_Y 动合触点闭合→KM 线圈得电→KM 主触点闭合（KM 自锁触点闭合自锁）］→电动机 M 连接成 Y 形降压启动。

（3）电动机△形全压运行。

按下 SB1 后→KT 线圈也得电→（通过时间整定，当 M 转速上升到一定值时，KT 延时结束）KT 动断触点断开→KM$_Y$ 线圈失电→KM$_Y$ 主触点断开解除 Y 形连接（同时 KM$_Y$ 动合触点断开）；KM$_Y$ 联锁触点闭合→KM$_\triangle$ 线圈得电→KM$_\triangle$ 主触点闭合→电动机 M 连接成△形全压运行。

KM$_\triangle$ 线圈得电的同时→KM$_\triangle$ 联锁触点断开→对 KM$_Y$ 联锁（KT 线圈失电→KT 动断触点瞬时闭合）。

（4）停止。停止时，按下 SB2 即可。

【例 6-5】 电动机反接制动控制线路。

如图 6-8 所示为电动机单方向启动的反接制动控制电路。

电路功能： 利用在停车前把电源反接来实现电动机迅速制动。

将电动机的三根电源线的任意两根对调称为反接。若在停车前，把电动机电源反接，则其定子旋转磁场反向旋转，在转子上产生的电磁转矩也随之反向，成为制动转矩，在制动转矩作用下，电动机转速便很快降到零，称为反接制动。在电动机转速降到零时，应立即切断电源，否则电动机将反转，在控制电路中常用时间继电器来实现这个要求。

看图要点： Q 为电源开关，KM1 为正转用接触器，KM2 为反转用接触器，FR 为热继电器，KS 为速度继电器，SB1 为启动按钮，SB2 为停止按钮。

电路特点： 反接制动时，制动电流比直接启动时的启动电流大，为此在主电路中串入限流电阻 R。

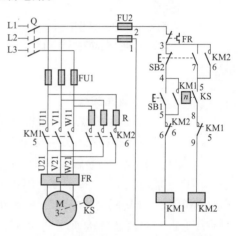

图 6-8　电动机反接制动控制线路图

6.7　电动机反接制动

看图实践：

启动：先合上电源开关 Q。按下启动按钮 SB1→接触器 KM1 线圈得电→KM1 主触点闭合（同时 KM1 自锁触点闭合自锁；动断触点 KM1 断开，对 KM2 联锁）→电动机 M 直接启动。

停止（反接制动）：当电动机转速升高后，速度继电器的动合触点 KS 闭合，为反接制动接触器 KM2 接通做准备。

停车时，按下复合停止按钮 SB2（动断触点断开，动合触点闭合）→接触器 KM1 断电释放→动断联锁触点 KM1 恢复闭合→KM2 线圈得电→KM2 主触点闭合（同时 KM2 自锁触点闭合自锁；动断触点 KM2 断开，对 KM1 联锁）→电动机反接制动→（电动机转速迅速降低，当转速接近于零时）速度继电器的动合触点 KS 断开→KM2 断电释放→电动机制动结束。

反接制动的制动力矩较大，冲击强烈，易损坏传动零件，而且频繁地反接制动可能使电动机过热，使用时必须引起注意。

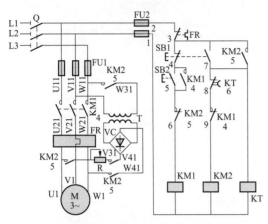

图 6-9　用时间继电器实现
电动机能耗制动的控制电路

6.8　电动机
能耗制动控制

【例 6-6】 电动机能耗制动的控制电路。

如图 6-9 所示是用时间继电器实现电动机能耗制动的控制电路。

电路功能： 在运行中的异步电动机脱离电源后，立即给定子绕组通入直流电，让电动机迅速制动；在转速接近零时，再切除直流电源。

看图要点： 该电路中使用了两个接触器（KM1 和 KM2），一个热继电器（FR），一个时间继电器（KT），SB1 为停止按钮，SB2 为启动按钮，T 为电源变压器，VC 为整流器。

电路特点： 电路中使用了由变压器和整流元件组成的整流装置，KM2 为制动用接触器，KT 为时间继电器。

看图实践：

启动：先合上电源开关 Q。

按下启动按钮 SB2→接触器 KM1 线圈得电→KM1 主触点闭合（同时 KM1 自锁触点闭合自锁；动断触点 KM1 断开，对 KM2 联锁）→电动机 M 启动。

停止（能耗制动）：按下复合停止按钮 SB1（动断触点断开，动合触点闭合）→接触器 KM1 断电释放（切断交流电源）→动断联锁触点 KM1 恢复闭合→KM2 线圈得电→KM2 主触点闭合，将整流装置接通（同时 KM2 自锁触点闭合自锁；动断触点 KM2 断开，对 KM1 连锁）→电动机定子获得直流电源→能耗制动开始→KM2 得电使 KT 得电→经延时后使 KM2 失电→KT 也失电→能耗制动结束。

【例 6-7】 双速单相电动机控制电路。

如图 6-10 所示为双速单相电动机控制电路。

电路功能： 通过快速切换开关，实现电动机低速和高速运转。

看图要点： 双速单相电动机控制电路由主绕组Ⅰ、主绕组Ⅱ、副绕组Ⅰ、副绕组Ⅱ、公共绕组、换挡开关 SA 以及电容器 C 等组成。

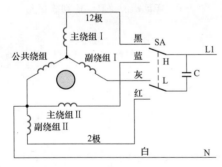

图 6-10　双速单相电动机控制电路

电路特点： 电动机有两套绕组，装在同一个定子上，这两套绕组分别为 12 极低速绕组和 2 极高速绕组。

看图实践：

（1）使用高速挡时，将开关 SA 置于"H"挡，主绕组、副绕组和公共绕组退出，主绕组Ⅱ和副绕组Ⅱ参与工作，并且副绕组Ⅱ与电容器 C 串联成为启动回路，如图 6-11（a）所示。

（2）使用低速挡时，将开关置于"L"挡，副绕组Ⅰ与电容器串联成为启动回路，主绕组Ⅰ参与工作，如图 6-11（b）所示。这时公共绕组串联在工作零线 N 与主绕组Ⅰ、副绕组Ⅰ（含电容器 C）之间，转速为 450r/min。

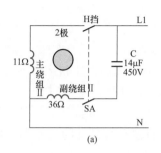
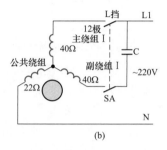

图 6-11　双速单相电动机控制电路分解图

【例 6-8】断电延时启动电动机电路。

断电延时启动电动机电路如图 6-12 所示。

电路功能： 可避免电源瞬间停电而导致停机，减小生产中断造成的损失。

看图要点： 断电延时启动电动机电路由主电路和控制电路两部分组成。主电路包括电源控制开关 QL、交流接触器 KM 的主触点、热继电器 KH 元件和三相交流电动机 M 等。控制电路包括控制按钮 SB1、SB2、交流接触器 KM 的线圈、时间继电器 KT、热继电器 KH 的触点、中间继电器 K 和电阻器 R 等。

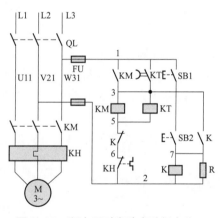

图 6-12　断电延时启动电动机电路

电路特点： 时间继电器 KT 的触点延时断开是实现本电路功能的关键。

看图实践： 合上电源开关 QL，按下启动按钮 SB1，电流经过的路径为 W31→FU→SB1→KM 线圈（KT 线圈）→K 触点→KH 触点→V21，KM 线圈得电动作，辅助触点（1-3）闭合，实现自锁。同时，交流接触器 KM 的主触点闭合，电动机启动运行；时间继电器 KT 的线圈得电，其触点（1-3）瞬时闭合，做好延时断电准备。

如果设备在运行中供电线路突然断电，则交流接触器 KM 的线圈失电复位。但是，时间继电器 KT 的延时断开触点（1-3）并未释放，只有到达设定时间时，延时断开触点才会断开。如果电源断电时间小于设定的延时断开时间，则电路一旦得电就会立即恢复工作。

如果运行中正常停机，可按下 SB2，K 的线圈得电后动作，触点（3-7）闭合自锁，与 KM 线圈串联的触点（5-6）断开，KM 线圈失电，主触点断开，电动机停机。为了保证电动机可靠断电，时间继电器 KT 的延时断开触点延时断开，最后中间继电器 K 的线圈失电复位，为再一次启动电动机做好准备。

6.9　如何看车床
电气原理图

6.3　机床控制系统电气图

6.3.1　机床控制系统电气图的特点

机床分类方法很多，最常用的分类方法是按机床的加工性质和所用刀具来分类。按照这种方法分类，我国将机床分成为 12 大类，它们是，车床、钻床、镗床、磨床、齿轮加工机床、螺纹加工机床、铣床、刨插床、拉床、特种加工机床、锯床和其他机床。

每一类机床，又可按其结构、性能和工艺特点的不同细分为若干组，如车床类就有：普通车床、立式车床、六角车床、多刀半自动车床和单轴自动车床等。

（1）各种机床的加工工序和工艺都不相同，即它们所具有的功能都不相同，对电动机的驱动控制方式也不一样。不同种类不同型号的机床具有不同的电气控制电路图。

（2）从电路结构上看，用电动机拖动的生产机械和机床电路有多种，有简单的，也有复杂的，但电气系统与机械系统联系非常密切。

（3）有些机床，如龙门刨床、万能铣床的工作台要求在一定距离内能自动往返循环，实现对工件的连续加工，常采用行程开关控制的电动机正、反转自动循环控制线路。

（4）为了使电动机的正、反转控制与工作台的前进、后退运动相配合，控制线路中常设置行程开关，按要求安装在固定的位置上。当工作台运动到预定位置时，行程开关动作，自动切换电动机正、反转控制线路，通过机械传动机构使工作台自动往返运动。

（5）复合按钮使用的数量较多。

知识链接

机床的特性代号

机床的特性代号包括通用特性和结构特性，一般用汉语拼音字母表示。当某类机床，除有普通型式外，还有如表 6-4 中所列的各种通用特性，则应在类别代号之后加上相应的通用特性代号，如 CM6132 型号中"M"表示"精密"之意，是精密普通车床。

表6-4　　　　　　　　　　　机床通用特性代号

通用特性	代　　号	通用特性	代　　号
高精度	G	自动换刀	H
精密	M	仿形	F
自动	Z	万能	W
半自动	B	轻型	Q
数字程序控制	K	筒式	J

6.3.2　识读机床电气图的方法

一个完整的机床控制电路包括了电源电路、主电路、控制电路和辅助电路（包括保护

电路、信号电路及局部照明电路）4 部分。其控制过程为

$$操作按钮 \xrightarrow{\text{控制电路}} 线圈 \xrightarrow{\text{接触器主触头}} 电动机$$

在阅读机床控制系统电气图时，可按以下方法进行。

（1）首先要了解或分析读图所对应的机械设备，即该设备的用途是什么，是什么类型的设备，如车床、铣床、刨床、镗床、冲压机等；其次可从说明书上了解或分析这类机械设备对电力拖动有哪些要求；最后，可从说明书中了解这台机械设备有什么特殊的功能。

（2）看这台机械设备的工作运行简图及工作动作流程图，如果说明书上没有这些内容，也可从设备的操作规程或方法中去了解，然后自己画出一张读图用的工作动作流程图。画此图未必十分准确，在细读时可再做修改。

（3）看图中的元器件表，了解图中的符号、名称以及各元件所起的作用。

（4）分析各台电动机的主电路，了解各电动机的启动、调速及制动方式，这样在分析控制电路图时，就会做到心中有数，同时也知道各台电动机所对应的接触器。

（5）分析控制电路。首先应根据主电路与控制电路之间的关系以及有关的技术资料，将控制电路"化整为零"划分成若干单元电路。然后按工作动作流程图从起始状态对应的功能单元电路开始，采用寻线读图法或逻辑代数法来逐一分析。对于混有气动力、液压动力的部分，也应当把这部分的控制电路划分出来。

（6）由于机床控制系统电气图相对复杂，因此可采用简图（或动作顺序表）把读懂的部分表示出来，在细读的基础上逐步扩大成果，也便于在以后的维修、调试等工作中使用。

▶ 技能提高

机床电气图识读口诀

机床识图别犯愁，先看设备大结构；

性能用途搞清楚，连带关系不能漏。

首先阅读主电路，主要设备要看透；

电路特点应了解，电机数量胸中有。

其次阅读控制图，单元回路是入口；

粗读之后再细读，边读边画记得熟。

对照实物更方便，直至读懂才放手；

若想识图本领强，牢记方法与步骤。

6.3.3　常用机床电气图看图实践

【例 6-9】C620 型车床控制电路。

C620 型车床控制电路如图 6-13 所示。

电路特点：C620 型车床是普通车床的一种，它由主线路、控制线路和照明线路三部分

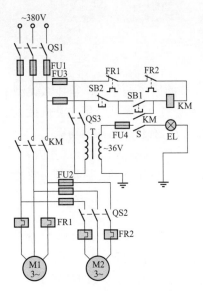

图 6-13　C620 型车床控制电路

组成。

看图要点：主线路共有两台电动机，其中 M1 是主轴电动机，拖动主轴旋转和刀架做进给运动。由于主轴是通过摩擦离合器实现正、反转的，所以主轴电动机不要求有正、反转。主轴电动机 M1 是用按钮和接触器控制的。M2 是冷却泵电动机，直接用转换开关 QS2 控制。

看图实践：当合上转换开关 QS1，按下启动按钮 SB1，接触器 KM 线圈通电动作，其主触点和自锁触点闭合，电动机 M1 启动运转。需要停止时，按下停止按钮 SB2，接触器 KM 线圈断电释放，电动机停转。

冷却泵电动机是当 M1 接通电源旋转后，合上转换开关 QS2，冷却泵电动机 M2 即启动运转。电动机 M2 与 M1 是联动的。

照明线路由一台 380V/36V 变压器供给 36V 安全电压，使用时合上开关 QS3 和 S 即可。

【例 6-10】 Z35 型摇臂钻床电气控制线路。

Z35 型摇臂钻床的电气控制线路如图 6-14 所示。

冷却泵电动机	主轴电动机	摇臂升降电动机	立柱松紧电动机	零压保护	主轴启动	摇臂		立柱	
						上升	下降	放松	夹紧

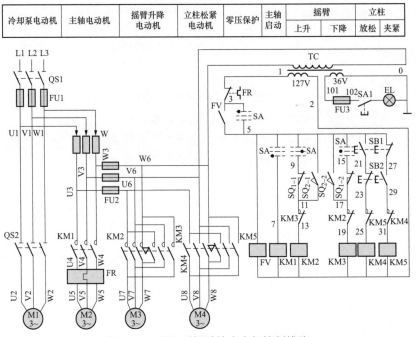

图 6-14　Z35 型摇臂钻床电气控制线路

电路特点：主轴电动机 M2 带动主轴及进给传动系统。M2 由主接触器 KM1 控制，只要求单向旋转，主轴的正、反转则由机械手柄操纵，通过双向片式摩擦离合器来实现。摇臂升降电动机 M3 由接触器 KM2、KM3 控制正、反转，以实现摇臂的上升或下降，从而调整钻头与工件的相对位置。立柱松紧电动机 M4 由接触器 KM4、KM5 控制正、反转，以控制立柱的放松或夹紧。冷却泵电动机 M1 由转换开关 QS2 控制。

主轴电动机 M2 的启、停和摇臂升降电动机 M3 的正、反转由一个机械定位的十字开关操作；内外立柱的夹紧与放松是一套电气—液压—机械装置；摇臂对外立柱的夹紧与放松则是在摇臂做升降操作时自动完成的，其机构是一套电气—机械装置。

冷却泵电动机 M1、主轴电动机 M2 共用熔断器 FU1 做短路保护，摇臂升降电动机 M3、立柱松紧电动机 M4 共用熔断器 FU2 做短路保护。M3、M4 都为短时工作，不需要热继电器做过载保护。M2 由 FR 做过载保护。

控制电源是通过变压器 TC 将 380V 交流电压变成 127V 交流电压获得的。

看图要点： 由于 Z35 型摇臂钻床采用了 4 台电动机拖动，因此分清每台电动机的功用，是正确识读本电路图的第一步。如 M1 为冷却泵电动机、M2 为主轴电动机、M3 为摇臂升降电动机、M4 为立柱松紧电动机。其次，分清每个接触器的作用及工作状态，是识读本图的关键。

看图实践：

（1）主轴电动机的控制。主轴电动机 M2 由接触器 KM1 和十字开关 SA 控制。十字开关共有 5 个位置，即左、右、上、下和中间位置，在盖板槽的上、下、左、右 4 个位置下面装有 4 个微动开关，中间位置没有任何电器接通。当操作手柄分别扳到不同位置时，压合相应的微动开关，使其动合触点接通。当手柄离开时，微动开关自动复位。十字开关的 4 对触点分别控制零压保护、主轴旋转和摇臂的上升、下降。

先将电源总开关 QS1 合上，并将十字开关手柄扳向左方。这时，SA 的触点（3-5）压合，零压继电器 FV 吸合并自锁，为其他控制电路接通做好准备。再将十字开关扳向右方，SA 的触点（5-7）接通，接触器 KM1 得电吸合，主轴电动机 M2 启动运转，经主轴传动机构带动主轴旋转。主轴的旋转方向由主轴箱上的摩擦离合器手柄操纵。

将十字开关手柄扳到中间位置时，接触器 KM1 断电，主轴停车。

（2）摇臂升降控制。摇臂升降控制是在零压继电器 FV 得电并自锁的前提下进行的，用来调整工件与钻头的相对高度。

摇臂升降前必须将夹紧装置放松，升降完毕后又必须夹紧，这些动作是通过十字开关 SA、接触器 KM2、KM3、位置开关 SQ1、SQ2 控制电动机 M3 来实现的。SQ1 是能够自动复位的鼓形转换开关，其两对触点均调整在动断状态。SQ2 是不能自动复位的鼓形转换开关，它的两对触点调整在动合状态，由机械装置来带动其通、断。

以摇臂上升为例，将十字开关手柄从中间位扳到向上位位置，SA 的触点（5-9）接通，接触器 KM2 得电，电动机 M3 正转启动。由于机械结构关系，在 M3 开始运转时，摇臂暂不会上升，而是通过传动装置使摇臂夹紧机构放松。同时，将位置开关 SQ2 的动合触点 SQ_{2-2} 闭合，为夹紧摇臂做好准备。当夹紧机构放松后，电动机 M3 通过升降丝杆，带动摇臂上升。当上升到预定位置时，将十字开关手柄扳回中间位，接触器 KM2 断电，电动机 M3 停止，摇臂停止上升。由于 KM2 的互锁触点（17-19）恢复闭合，而 SQ_{2-2} 在摇臂上升前已合上，故接触器 KM3 通电吸合，电动机 M3 反转，通过机械夹紧机构使摇臂自动夹紧。夹紧后，位置开关 SQ$_{2-2}$ 断开，KM3 断电释放，电动机 M3 停转，上升过程结束。

如果要使摇臂下降，只需将十字开关手柄扳到下降位置，使 SA 的触点（5-15）闭合，其工作过程与上升相同，只是运动方向相反而已。由此可知，摇臂的升降是由机电联合控制实现的，它能自动完成摇臂放松→上升（或下降）→夹紧的工作过程。SQ2 是控制摇臂夹紧的位置开关，它的两副触点 SQ$_{2-2}$、SQ$_{2-1}$ 分别在摇臂上升、下降时起作用。

为了使摇臂上升或下降时不致超过允许的极限位置，在摇臂上升和下降的控制电路中，分别串入位置开关 SQ$_{1-1}$、SQ$_{1-2}$ 的动断触点。当摇臂上升或下降到极限位置时，挡块将相应的位置开关压下，使电动机停转，从而避免事故的发生。

（3）立柱夹紧与松开的控制。立柱的夹紧与放松是通过接触器 KM4 和 KM5 控制电动机 M4 的正、反转来实现的。

当需要摇臂和外立柱绕内立柱转动时，应先按下按钮 SB1，使接触器 KM4 得电吸合，电动机 M4 正转，通过齿式离合器驱动齿轮式油泵，送出高压油，经一定油路系统和传动机构将内外立柱松开。放开 SB1，电动机 M4 停转。这时，摇臂在人力推动下转动，当转到所需位置时，再按下按钮 SB2，使接触器 KM5 得电，电动机 M4 反转，在液压推动下，立柱被夹紧。SB2 松开后，电动机 M4 停转，整个松开→移动→夹紧过程结束。

由于主轴箱在摇臂上的夹紧与放松和立柱的夹紧与放松是用同一台电动机和液压机构配合进行的，因此，在对立柱夹紧与放松的同时，也对主轴箱在摇臂上进行了夹紧与放松。主轴箱与立柱的夹紧与放松也可用手柄手动操作。

（4）冷却泵电动机的控制。冷却泵电动机 M1 由转换开关 QS2 直接控制。

（5）零压继电器 FV 的作用。零压继电器 FV 起零压保护作用。机床动作时，若线路断电，FV 线圈断电，其动合触点（3-5）断开，使整个控制电路断电。当电压恢复时，FV 不能自行通电，必须将十字开关手柄扳至左边位置，FV 才能再次通电吸合。从而避免了机床断电后电压恢复时的自行启动。

【例 6-11】 C616 型普通车床电气控制线路。

C616 型车床的电气原理图如图 6-15 所示。

电路特点： C616 型车床属于小型普通车床，床身最大工件回转半径为 160mm，最大工件长度为 500mm。该电路由三部分组成：从电源到三台电动机的电路称做主电路，这部分电路中通过的电流大；由接触器、继电器等组成的电路称作控制电路，采用 380V 电源供电；第三部分是照明及指示电路，由变压器 TC 次级供电，其中指示灯 HL 的电压为 6.3V，照明灯 EL 的电压为 36V 安全电压。

看图要点： 该车床共有三台电动机。其中 M1 为主电动机，功率为 4kW，通过 KM1 和 KM2 的控制可实现正、反转，并设有过载保护、短路保护和零压保护；M2 为润滑电动机，由接触器 KM3 控制；M3 为冷却泵电动机，功率为 0.125kW，它除了受 KM3 控制外，还可根据实际需要由转换开关 QS2 进行控制。

看图实践：

（1）启动准备。合上电源开关 QS1，接通电源，变压器 TC 二次侧有电，指示灯 HL 亮。合上 SA3，照明灯 EL 点亮照明。

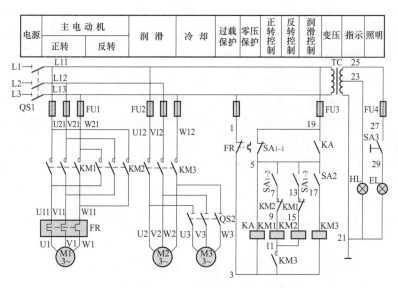

图 6-15　C616 型车床的电气原理图

由于 SA_{1-1} 为动断触点，故 L13→1→3→5→19→-L11 的电路接通，中间继电器 KA 得电吸合，它的动合触点（5-19）接通，为开车做好了准备。

（2）润滑泵、冷却泵启动。在启动主电动机之前，先合上 SA2，接触器 KM3 吸合。一方面，KM3 的主触点闭合，使润滑泵电动机 M2 启动运转；另一方面，KM3 的动合辅助触点（3-11）接通，为 KM1、KM2 吸合准备了电路，从而保证了先启动润滑泵，使车床润滑良好后启动主电动机。

在润滑泵电动机 M2 启动后，可合上转换开关 QS2，使冷却泵电动机 M3 启动运转。

（3）主电动机启动。SA1 为鼓形转换开关，它有一对动断触点 SA_{1-1}，两对动合触点 SA_{1-2} 及 SA_{1-3}。当启动手柄置于"零位"时，SA_{1-1} 闭合，两对动合触点均断开；当启动手柄置于"正转"位置时，SA_{1-2} 闭合，SA_{1-1}、SA_{1-3} 断开；当启动手柄置于"反转"位置时，SA_{1-3} 闭合，SA_{1-1}、SA_{1-2} 断开。

主电动机工作过程如下：当启动手柄置于"正转"位置时，SA_{1-2} 接通，电流经 L13→1→3→11→9→7→5→19→L11 形成回路，接触器 KM1 得电吸合，其主触点闭合，使主电动机 M1 启动正转。同时，KM1 的动断辅助触点（13-15）断开，将反转接触器 KM2 连锁。

若需主电动机反转，只要将启动手柄置于"反转"位置，SA_{1-3} 接通，SA_{1-2} 断开，接触器 KM1 释放，正转停止，并解除了对 KM2 的连锁，接触器 KM2 吸合使 M1 反转。

主电动机 M1 需要停止时，只要将 SA1 置于"零位"，SA_{1-2} 及 SA_{1-3} 均断开，主电动机的正转或反转均停止，并为下次启动做好准备。

（4）零压保护。零压保护又称为失压保护，它是电动机在正常工作过程中，外界原因断电时，电动机停止运转；而恢复供电以后，确保电路不会自行接通，电动机不会自行启动运转的一种保护措施。本电路的零压保护是通过中间继电器 KA 实现的。当启动手柄不在"零位"，即电动机 M1 在正转或反转工作状态而断电时，中间继电器 KA 断电释放，其动合触点（5-19）断开。恢复供电后，由于手柄不在"零位"，SA_{1-1}断开，KA 不会吸合，它的动合触点（5-19）不会自行接通，电动机 M1 不会自行启动，因而起到了零压保护的作用。

【例 6-12】 X62W 铣床电气控制线路。

6.10 X62W
铣床电气控制

X62W 型万能铣床电气控制线路如图 6-16 所示。

电路特点： 主轴电动机 M1 由接触器 KM1 控制。为了进行顺铣和逆铣加工，要求主轴正、反转。由于工作过程中不需要改变电动机旋转方向，故 M1 的正、反转采用组合开关 SA3 改变电源的相序来实现。

进给电动机 M2 由接触器 KM3、KM4 控制其正、反转。因 6 个方向的进给运动只能有一种运动产生，故本机床采用了机械操纵手柄和行程开关相配合的方法实现 6 个方向进给运动的互锁。

主轴运动和进给运动采用变速孔盘进行速度选择。为保证变速齿轮进入良好的啮合状态，两种运动分别通过行程开关 SQ1 和 SQ2 实现变速后的瞬时点动。

主轴电动机、冷却泵电动机和进给电动机共用熔断器 FU1 做短路保护，过载保护则分别由热继电器 FR1、FR2、FR3 来实现。当主轴电动机或冷却泵电动机有一个过载时，控制电路全部切断。但进给电动机过载时，只切断进给控制电路。

为了更换铣刀方便、安全，设置了换刀专用开关 SA1。换刀时，一方面将主电动机的轴制动，使主轴不能自由转动；另一方面，将控制电路切断，避免人身事故发生。

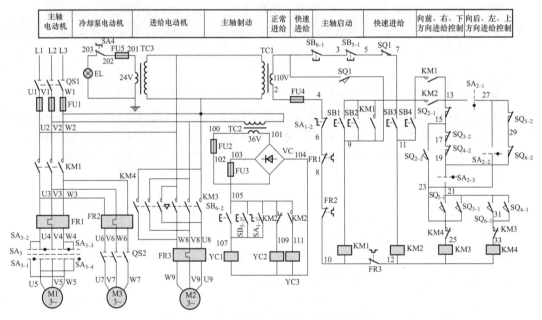

图 6-16　X62W 型万能铣床电气控制线路

本铣床采用电磁离合器控制，其中 YC1 为主轴制动，YC2 用于工作进给，YC3 用于快速进给，解决了速度继电器和牵引电磁铁容易损坏的问题。同时，采用了多片式电磁离合器，具有传递转矩大、体积小、易于安装在机床内部，并能在工作中接入和切除，便于实现自动化等优点。

看图要点：由于该铣床元器件很多，弄清每个元器件的作用或用途则成为看图的重点。该铣床由三台异步电动机拖动，M1 为主轴电动机，担负主轴的旋转运动；M2 为进给电动机，机床的进给运动和辅助运动均由 M2 拖动；M3 为冷却泵电动机，将冷却液输送到机床切削部位，进行冷却。其他元器件的作用见电器元件目录表 6-5，各开关位置及其动作说明见表 6-6。

表 6-5　　　　　　　　　　　　　X62W 铣床主要电器元件目录表

符号	名称	型 号 规 格	用 途	数量
M1	电动机	JO_2-51-4, 7.5kW, 1 450r/min	驱动主轴	1
M2	电动机	JO_2-22-4, 1.5kW, 1 410r/min	驱动进给	1
M3	电动机	JCB-22, 0.125kW, 2 790r/min	驱动冷却泵	1
SQ1	开关	HZ1-60/3J, 60A, 500V	电源总开关	1
SQ2	开关	HZ1-10/3J, 10A, 500V	冷却泵开关	1
SA1	开关	HZ1-10/3J, 10A, 500V	换刀制动开关	1
SA2	开关	HZ1-10/3J, 10A, 500V	圆工作台开关	1
SA3	开关	HZ3-60/3J, 60A, 500V	M1 换相开关	1
FU1	熔断器	RL1-60, 60A	电源总保险	3
FU2	熔断器	RL1-15, 5A	整流电源保险	1
FU3	熔断器	RL1-15, 5A	直流电路保险	1
FU4	熔断器	RL1-15, 5A	控制回路保险	1
FU5	熔断器	RL1-15, 1A	照明保险	1
FR1	热继电器	JR0-60/3, 16A	M1 过载保护	1
FR2	热继电器	JR0-20/3, 0.5A	M3 过载保护	1
FR3	热继电器	JR0-20/3, 1.5A	M2 过载保护	1
TC1	变压器	BK-150, 380V/110V	控制回路电源	1
TC2	变压器	BK-100, 380V/36V	整流电源	1
TC3	变压器	BK-150, 380V/24V	照明电源	1
VC	整流器	4×2ZC	电磁离合器电源	1
KM1	接触器	CJ0-20, 20A, 110V	主轴启动	1
KM2	接触器	CJ0-10, 10A, 110V	快速进给	1
KM3	接触器	CJ0-10, 10A, 110V	M2 正转	1
KM4	接触器	CJ0-10, 10A, 110V	M2 反转	1
SB1, SB2	按钮	LA2	M1 启动	2
SB3, SB4	按钮	LA2	快速进给点动	2
SB5, SB6	按钮	LA2	停止、制动	2
YC1	电磁离合器	定做	主轴制动	1
YC2	电磁离合器	定做	正常进给	1
YC3	电磁离合器	定做	快速进给	1
SQ1	行程开关	LX1-11K	主轴冲动开关	1
SQ2	行程开关	LX3-11K	进给冲动开关	1
SQ3, SQ4 SQ5, SQ6	行程开关	LX2-131	M2 正、反转及连锁	4

表 6-6 各开关位置及其动作说明

(1) 主轴转向转换开关			
位置 触点	正 转	停 止	反 转
SA_{3-1}	−	−	+
SA_{3-2}	+	−	−
SA_{3-3}	+	−	−
SA_{3-4}	−	−	+

(2) 工作台纵向进给开关			
位置 触点	左	停	右
SQ_{5-1}	−	−	+
SQ_{5-1}	+	+	−
SQ_{6-1}	+	−	−
SQ_{6-1}	−	+	+

(3) 工作台垂直与横向进给开关			
位置 触点	前、下	停	后、上
SQ_{3-1}	+	−	−
SQ_{3-2}	−	+	+
SQ_{4-1}	−	−	+
SQ_{4-2}	+	+	−

(4) 圆形工作台转换开关		
位置 触点	接 通	断 开
SQ_{2-1}	−	+
SQ_{2-2}	+	−
SQ_{2-3}	−	+

(5) 主轴换刀制动开关		
位置 触点	接 通	断 开
SQ_{1-1}	+	−
SQ_{1-2}	−	+

注 表中"+"表示触点接通;"−"表示触点断开。

看图实践:

(1) 主轴电动机 M1 的控制。

1）主轴电动机的启动。本机床采用两地控制方式，启动按钮 SB1 和停止按钮 SB_{5-1} 为一组；启动按钮 SB2 和停止按钮 SB_{6-1} 为一组。分别安装在工作台和机床床身上，以方便操作；启动前先选择好主轴转速，并将主轴换向的转换开关 SA3 扳到所需转向上。然后按下启动按钮 SB1 或 SB2，接触器 KM1 通电吸合并自锁，主电动机 M1 启动。KM1 的辅助动合触点（7-13）闭合，接通控制电路的进给线路电源，保证了只有先启动主轴电动机，才可启动进给电动机，避免损坏工件或刀具。

2）主轴电动机的制动。为了使主轴停车准确，且减小电能损耗，主轴采用电磁离合器制动。该电磁离合器安装在主轴传动链中与电动机轴相连的第一根传动轴上。当按下停车按钮 SB5 或 SB6 时，接触器 KM1 断电释放，电动机 M1 失电。与此同时，停止按钮的动合触点 SB_{5-2} 或 SB_{6-2} 接通电磁离合器 YC1，离合器吸合，将摩擦片压紧，对主轴电动机进行制动。直到主轴停止转动，才可松开停止按钮。主轴制动时间不超过 0.5s。

3）主轴变速冲动。主轴变速是通过改变齿轮的传动比进行的。当改变了传动比的齿轮组重新啮合时，齿之间的位置不能刚好对上，若直接启动，有可能使齿轮打牙。为此，本机床设置了主轴变速瞬时点动控制线路。变速时，先将变速手柄拉出，再转动蘑菇形变速手轮，调到所需转速上，然后，将变速手柄复位。在手柄复位的过程中，压动了行程开关 SQ1，SQ1 的动断触点（5-7）先断开，动合触点（1-9）后闭合，接触器 KM1 线圈瞬时通电，主轴电动机进行瞬时点动，使齿轮系统抖动一下，达到良好啮合。当手柄复位后，SQ1 复位，断开主轴瞬时点动线路。若瞬时点动一次没有实现齿轮良好啮合，可重复上述动作。

4）主轴换刀控制。在主轴上刀或换刀时，为避免人身事故，应将主轴置于制动状态。为此，控制线路中设置了换刀制动开关 SA1。只要将 SA1 拨到"接通"位置，其动合触点 SA_{1-1} 接通电磁离合器 YC1，将电动机轴抱住，主轴处于制动状态。同时，动断触点 SA_{1-2} 断开，切断控制回路电源。保证了上刀或换刀时，机床没有任何动作。当上刀、换刀结束后，应将 SA1 扳回"断开"位置。

（2）进给运动的控制。工作台的进给运动分为工作进给和快速进给。工作进给只有在主轴启动后才可进行，快速进给是点动控制，即使不启动主轴也可进行。工作台的左、右、前、后、上、下 6 个方向的运动都是通过操纵手柄和机械联动机构带动相应的行程开关使进给电动机 M2 正转或反转来实现的。行程开关 SQ5、SQ6 控制工作台的向右和向左运动，SQ3、SQ4 控制工作台的向前、向下和向后、向上运动。

进给拖动系统用了两个电磁离合器：YC2 和 YC3，都安装在进给传动链中的第四根轴上。当左边的离合器 YC2 吸合时，连接上工作台的进给传动链；当右边的离合器 YC3 吸合时，连接上快速移动传动链。

1）工作台的纵向（左、右）进给运动。工作台的纵向运动由纵向进给手柄操纵。当手柄扳向右边时，联动机构将电动机的传动链拨向工作台下面的丝杠，使电动机的动力通过该丝杠作用于工作台。同时，压下行程开关 SQ5，动合触点 SQ_{5-1} 闭合，动断触点 SQ_{5-2} 断开，接触器 KM3 线圈通过（13→15→17→19→21→23→25）路径得电吸合，进给电动机 M2 正转，带动工作台向右运动。

当纵向进给手柄扳向左边时，行程开关 SQ6 受压，SQ_{6-1} 闭合，SQ_{6-2} 断开，接触器 KM4

通电吸合，进给电动机反转，带动工作台向左运动。

SA2 为圆工作台控制开关，其状态如表 6-6 所示。这时的 SA2 处于断开位置，SA_{2-1}、SA_{2-3} 接通，SA_{2-2} 断开。

2）工作台的垂直（上、下）与横向（前、后）进给运动。工作台的垂直与横向运动由垂直与横向进给手柄操纵。该手柄有 5 个位置，即上、下、前、后、中间。当手柄向上或向下时，机械机构将电动机传动链和升降台上下移动丝杠相连；向前或向后时，机械机构将电动机传动链与溜板下面的丝杠相连；手柄在中间位时，传动链脱开，电动机停转。

以工作台向下（或向前）运动为例，将垂直与横向进给手柄扳到向下（或向前）位，手柄通过机械联动机构压下行程开关 SQ3，动合触点 SQ_{3-1} 闭合，动断触点 SQ_{3-2} 断开，接触器 KM3 线圈经（13→27→29→19→21→23→25）路径得电吸合，进给电动机 M2 正转，带动工作台进行向下（或向前）运动。

若将手柄扳到向上（或向后）位，行程开关 SQ4 被压下，SQ_{4-1} 闭合，SQ_{4-2} 断开，接触器 KM4 线圈经（13→27→29→19→21→31→33）路径得电，进给电动机 M2 反转，带动工作台进行向上（或向后）运动。

3）进给变速冲动。在改变工作台进给速度时，为使齿轮易于啮合，也需要使进给电动机瞬时点动一下。其操作顺序是：先将进给变速的蘑菇形手柄拉出，转动变速盘，选择好速度。然后，将手柄继续向外拉到极限位置，随即推回原位，变速结束。就在手柄拉到极限位置的瞬间，行程开关 SQ2 被压动，SQ_{2-1} 先断开，SQ_{2-2} 后接通，接触器 KM3 经（13→27→29→19→17→15→23→25）路径得电，进给电动机瞬时正转。在手柄推回原位时，SQ2 复位，进给电动机只瞬动一下。由 KM3 的通电路径可知，进给变速只有各进给手柄均在零位时才可进行。

4）工作台的快速移动。工作台 6 个方向的快速移动也是由进给电动机 M2 拖动的。当工作台工作进给时，按下快移按钮 SB3 或 SB4（两地控制），接触器 KM2 得电吸合，其动断触点（105-109）断开电磁离合器 YC2，动合触点（105-111）接通电磁离合器 YC3，KM2 的吸合使进给传动系统跳过齿轮变速链，电动机直接拖动丝杠套，工作台快速进给，进给方向仍由进给操纵手柄决定。松开 SB3 或 SB4，KM2 断电释放，快速进给过程结束，恢复原来的进给传动状态。

由于在主轴启动接触器 KM1 的动合触点（7-13）上并联了 KM2 的一个动合触点，故在主轴电动机不启动的情况下，也可实现快速进给。

（3）圆工作台的控制。当需要加工螺旋槽、弧形槽和弧形面时，可在工作台上加装圆工作台。圆工作台的回转运动也是由进给电动机 M2 拖动的。

使用圆工作台时，先将控制开关 SA2 扳到"接通"位，这时，SA_{2-2} 接通，SA_{2-1} 和 SA_{2-3} 断开。再将工作台的进给操纵手柄全部扳到中间位，按下主轴启动按钮 SB1 或 SB2，主轴电动机 M1 启动，接触器 KM3 线圈经（13→15→17→19→29→27→23→25）路径得电吸合，进给电动机 M2 正转，带动圆工作台进行旋转运动。

可见，圆工作台只能沿一个方向进行回转运动。由于启动电路途经 SQ3～SQ6 四个行程开关的动断触点，故扳动工作台任一进给手柄，都会使圆工作台停止工作，从而保证了工作台进给运动与圆工作台工作不可能同时进行。

（4）冷却泵电动机的控制与工作照明。由主电路可以看出，只有在主轴电动机启动后，冷却泵电动机 M3 才有可能启动。另外，M3 还受开关 SQ2 的控制。

变压器 TC3 将 380V 交流电变为 24V 的安全电压，供给照明灯，用转换开关 SA4 控制。

（5）控制电路的联锁与保护。

1）进给运动与主轴转动的连锁。进给拖动的控制电路是接在主轴启动接触器 KM1 动合触点（7-13）之后，故只有在主轴启动之后，工作台的进给运动才能进行。

由于 KM1 动合触点（7-13）上并联了 KM2 的动合触点，因此，在主轴未启动情况下，也可实现快速进给。

2）工作台 6 个运动方向的连锁。电路上有两条支路：一条是与纵向操纵手柄联动的行程开关 SQ5 和 SQ6 的两个动断触点串联支路（27→29→19）；另一条是和垂直与横向操纵手柄联动的行程开关 SQ3、SQ4 的两个动断触点串联支路（15→17→19）。这两条支路是接触器 KM3 或 KM4 线圈通电的必经之路。只要两个操纵手柄同时扳动，进给电路立即切断，实现了工作台各向进给的联锁控制。

3）工作台进给与圆工作台的连锁。使用圆工作台时，必须将两个进给操纵手柄都置于中间位置。否则，圆工作台就不能运行。

4）进给运动方向上的极限位置保护。采用机械和电气相结合的方式，由挡块确定各进给方向上的极限位置。当工作台运动到极限位置时，挡块碰撞操纵手柄，使其返回中间位置。相应进给方向上的行程开关复位，切断了进给电动机的控制电路，进给运动停止。

【例 6-13】 M7130 型平面磨床电气控制电路。

M7130 型平面磨床电气控制电路如图 6-17 所示。

电路特点： 主电路共有三台电动机，其中 M1 为砂轮电动机，M2 为冷却泵电动机，M3 为液压电动泵电动机，均要求单向旋转。电动机 M1 和 M2 同时由接触器 KM1 的主触点控制，而冷却泵电动机 M2 的控制电路接在接触器 KM1 主触点下方，经插座 X1 实现单独关断控制。液压泵电动机由接触器 KM3 的主触点控制。

6.11　M7130 型平面磨床

三台电动机共用熔断器 FU1 做短路保护，M1 和 M2 由热继电器 FR1 做长期过载保护，M3 由热继电器 FR2 做长期过载保护。为了保护砂轮与工件的安全，当有一台电动机过载停机时，另一台电动机也应停止，将 FR1、FR2 的动断触点 5 串联接在总控制电路中。

识图要点： 识图时，可根据电动机主电路控制电器主触点文字符号和电磁吸盘文字符号将电路进行分解。

根据电动机 M1~M3 主电路控制元件的文字符号 KM1、KM2，在图区 5、6 中可找到 KM1、KM2 的线圈电路，由此可得电动机 M1~M3 的控制电路，如图 6-18 所示。在 KM1、KM2 线圈电路串联有动合触点 SA1（3-4）和动合触点 KID（3-4）的并联电路。在图 6-17 中，由图区 10 可以看出，SA1（3-4）为转换开关 SA1 的一个动合触点；由图区 11 可以看出，KID（3-4）为欠电流继电器 KID 的一个动合触点。

根据电磁吸盘的文字符号 YH，在图 6-17 的图区 9~12 中可以找到电磁盘控制电路，通

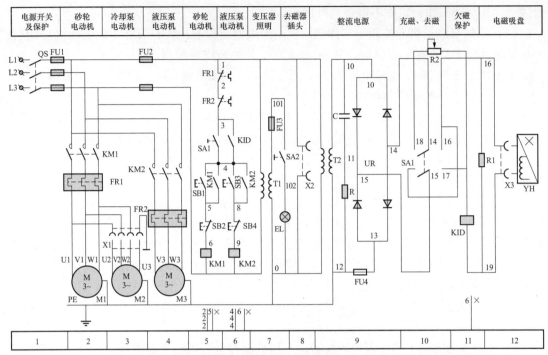

电源开关及保护	砂轮电动机	冷却泵电动机	液压泵电动机	砂轮电动机	液压泵电动机	变压器照明	去磁器插头	整流电源	充磁、去磁	欠磁保护	电磁吸盘

图6-17　M7130型平面磨床电气控制电路

过转换开关SAl进行充磁、去磁控制，可得到如图6-19所示的充磁、去磁电路。

由图6-18和图6-19可以看出，M11～M3控制电路和电磁吸盘控制电路通过转换开关SA1和欠电流继电器KID进行联系。当SA1扳到"充磁""去磁"位置时，可使吸盘工作，触点SA1（3-4）断开，欠电流继电器KID得电吸合，其动合触点KID（3-4）闭合，方可通过KM1、KM2启动电动机M1～M3。若将开关SA1扳到"失电"位置，则电磁吸盘不工作，KID线圈不吸合，其动合开关KID（3-4）不闭合，但SA1（3-4）闭合，此时也可以通过KM1、KM2启动电动机M1～M3，以进行机床的调整试车。

看图实践：

（1）砂轮电动机M1和冷却泵电动机M2的控制（见图6-18）由按钮SB1、SB2和接触器KM1线圈组成砂轮电动机M1和冷却泵电动机M2单向运行的启动、停止控制电路。

（2）液压泵电动机M3的控制（见图6-18）由按钮SB3、SB4和接触器KM2线圈组成M3单向运行的启动、停止控制电路。

要注意的是，电动机M1～M3的启动必须在电磁吸盘YH工作，触点SA1，（3-4）断开，且欠电流继电器KID得电吸合，其动合触点KID（3-4）闭合；或者电磁吸盘YH不工作，但转换开关SA1置于"失电"位置，其触点SA1（3-4）闭合的情况下方可启动M3。

（3）电磁吸盘控制电路（见图6-19）。电磁吸盘又称为电磁工作台，它也是安装工件的一种夹具，与机械夹具相比，具有夹紧迅速，不损伤工件，一次能吸牢若干个工件，工作效率高，加工精度高等优点。但它的夹紧程度不可调整，电磁吸盘要用直流电源，且不能用于加工非磁性材料的工件。

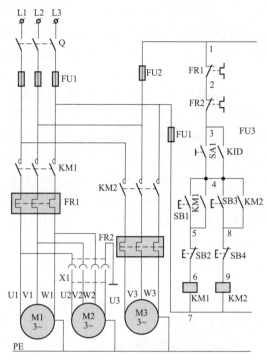

图 6-18　电动机 M1 ~M3 的控制电路

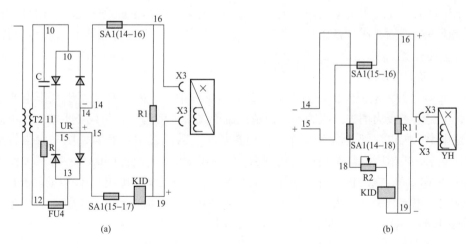

图 6-19　电磁吸盘的充磁和去磁电路

（a）充磁；（b）去磁

　　1）电磁吸盘控制电路。电磁吸盘控制电路由整流装置、控制装置和保护装置等组成。电磁吸盘整流装置由整流变压器 T2 与桥式全波整流器 UR 组成。整流变压器将交流 220V 电压降为 127V 交流电压，再经全波整流后为电磁吸盘线圈提供 110V 直流电压。

　　电磁吸盘由主令开关 SA1 来控制。SA1 有三个位置：充磁、失电和去磁。当主令开关

SA1置于"充磁"位置（SA1开关向右）时，SA1的触点SA1（14-16）、SA1（15-17）接通；当SA1置于"去磁"位置（SA1开关向左）时，SA1的触点SA1（14-18）、SA1（15-16）以及SA1（3-4）接通；当SA1置于"失电"位置（SA1开关置中），SA1所有触点都断开。

电源总开关QS闭合，电磁吸盘整流电源就输出110V直流电压，接点15为电源正极，接点14为电源负极。

当SA1扳到充磁位置时，电磁吸盘获得110V直流电压，其电流通路：电源正极接点15→已闭合的SA1开关触点SA1（17-15）→欠流继电器KID线圈→接点19→经插座X3→YH线圈→插座X3→接点16→已闭合的SA1开关触点SA1（16-14）→电源负极14。欠电流继电器KID线圈通过插座X3与电磁吸盘YH线圈串联。若电磁吸盘电流足够大，则欠电流继电器KID动作，其动合触点KID（3-4）[6]闭合，表示电磁吸盘吸力足以将工件吸牢，这时才可以分别操作控制按钮SB1和SB3，从而启动砂轮电动机M1和液压泵电动机M3进行磨削加工。当加工结束后，分别按下停止按钮SB2、SB4，M1和M3停止旋转。

为了便于卸下工件，需将SA1开关从"充磁"位置迅速扳向"去磁"位置，再迅速扳向断开状态，这样就使电磁吸盘由正向磁化到反向励磁，瞬间打乱了磁分子的排列，使剩磁减少到最低限度，以便轻松地卸下工件。

当SA1扳至"去磁"位置时，电磁吸盘线圈通入反向电流，即接点16为正，接点19为负，并串入可变电阻R2，用以调节反向去磁电流的大小，既达到去磁又不被反向磁化的目的。去磁结束后，将SA1扳到"失电"位置，便可卸下工件。若工件对去磁要求严格，则在卸下工件后，还要用交流去磁器进行处理。交流去磁器是平面磨床的一个附件，在使用时，将交流去磁器插在床身备用插座X2上，再将工件放在交流去磁器上来回移动若干次，即可完成去磁任务。

2）电磁吸盘保护环节。

a. 电磁吸盘的欠电流保护。为了防止在磨削过程中，电磁吸盘回路出现失电或线圈电流减小，引起电磁吸力消失或吸力不足，造成工件飞出，引起人身与设备事故，在电磁吸盘线圈电路中串入欠电流继电器KID作为欠电流保护。若励磁电流正常，则只有当直流电压符合设计要求，电磁吸盘具有足够的电磁吸力，KID的动合触点KID（3-4）[6]才能闭合，为启动M1、M3电动机进行磨削加工做准备，否则不能开动磨床进行加工。若在磨削过程中出现线圈电流减小或消失，则欠电流继电器KID将因此而释放，其动合触点KID（3-4）断开，KM1、KM2失电，M1、M2、M3电动机立即停转，避免事故发生。

b. 电磁吸盘线圈的过电压保护。由于电磁吸盘线圈匝数多、电感大，在得电工作时，线圈中储存着大量磁场能量。因此，当线圈脱离电源时，线圈两端将会产生很大的自感电动势，出现高电压，使线圈的绝缘及其他电气设备损坏。为此，在线圈两端并联了电阻R1，作为放电电阻，以吸收线圈储存的能量。

c. 电磁吸盘的短路保护。短路保护由熔断器FU4来实现。

d. 整流装置的过电压保护。交流电路产生过电压和直流侧电路通断时，都会在整流变压器T2的二次侧产生浪涌电压，该浪涌电压对整流装置UR有害。为此，应在T2的二次侧接上 RC 阻容吸收装置，以吸收尖峰电压，同时通过电阻 R 来防止产生振荡。

（4）照明电路。照明电路由照明变压器 T1 将 380V 电压降为 24V，并由开关 SA2 控制照明灯 EL，照明变压器二次侧装有熔断器 FU3 作为短路保护。其一次侧短路可由熔断器 FU2 实现保护。

【例 6-14】 Y3150 型齿轮机床电气控制电路。

Y3150 型齿轮机床电气控制电路如图 6-20 所示。

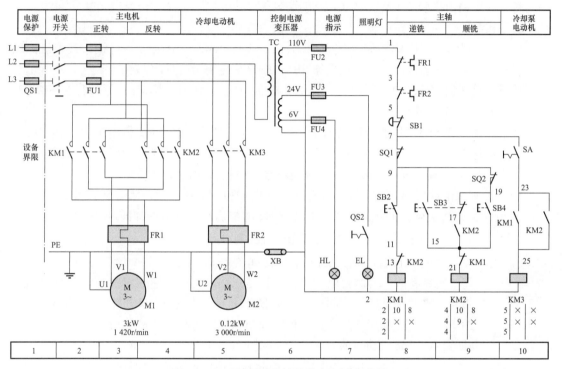

图 6-20　Y3150 型齿轮机床电气控制电路

电路特点：有两台电动机。其中 M1 是主轴电动机，由接触器 KM1、KM2 控制其正、反转，通过机械传动装置供给刀具旋转、刀架进给及工件转动的动力；M2 为冷却泵电动机，由接触器 KM3 控制其单向运行，为切削工件时输送冷却液。

FU1 作为 M1 和 M2 短路保护，热继电器 FR1、FR2 分别作为 M1、M2 的长期过载保护。

看图要点：可根据电动机主电路控制电器主触点文字符号将控制电路分解。

（1）根据电动机 M1 主电路控制电器主触点文字符号 KM1，在图区 8 中可找到 KM1 线圈电路，该电路为点动控制电路，SB2 为点动按钮。根据电动机 M1 主电路控制电器主触头文字符号 KM2，在图区 9 中找到 KM2 线圈电路，为点动与连续运行控制电路，SB3 为点动按钮，按下 SB3，其动合触点 SB3（9-15）闭合，使 KM2 得电吸合，但 SB3 的动断触点 SB3（19-17）断开，切断 KM2 自锁支路；松开 SB3，KM1 失电释放。SB4 为启动按钮。

在 KM1 和 KM2 线圈电路中有行程开关 SQ1。SQ1 为滚刀架工作行程的极限开关；当刀架超出工作行程时，撞铁撞到 SQ1，其动断触点 SQ1（7-9）［8］断开，切断 KM1、KM2 控制电路电源，使机床停车。这时若再开车，则必须先用机械手柄把滚刀架摇到使挡铁离开行程开关 SQ1，让 SQ1（7-9）复位闭合，然后机床才能工作。

在 KM2 线圈电路中还有行程开关 SQ2。SQ2 为终点极限开关，当工件加工完毕时，装在机床刀架滑块上的挡铁撞到 SQ2，其动断触点 SQ2（9-19）［9］断开，使 KM2 失电释放，电动机 M1 自动停车。

（2）根据电动机 M2 主电路控制电器主触点文字符号 KM3，在图区 10 中找到 KM3 的线圈电路，该电路由接触器 KM1、KM2 及转换开关 SA 控制。

看图实践：

（1）主轴电动机 M1 的控制　按下启动按钮 SB4，KM2 得电吸合并自锁，其主触点闭合，电动机 M1 启动运转，按下停止按钮 SB1，KM2 失电释放，M1 停转。

按下点动按钮 SB2，KM1 得电吸合，电动机 M1 反转，使刀架快速向下移动；松开 SB2，KM1 失电释放，M1 停转。

按下点动按钮 SB3，其动合触点 SB3（9-15）［8］闭合，使 KM2 得电吸合，其主触点闭合，电动机 M1 正转，使刀架快速向上移动，SB3 的动断触点 SB3（19-17）［9］断开，切断 KM2 的自锁回路；松开 SB3，KM2 失电释放，电动机 M1 失电停转。

（2）冷却泵电动机 M2 的控制　只有在主轴电动机 M1 启动后，闭合转换开关 SA，使 KM3 得电吸合，其主触点闭合，冷却泵电动机 M2 才能启动，供给冷却液。

【例 6-15】 T68 型卧式镗床电气控制电路图。

T68 型卧式镗床的电气控制电路如图 6-21 所示。

电路特点： 有两台电动机，一台是双速电动机，它通过变速箱等传动机构带动主轴及花盘旋转，同时还带动润滑油泵；另一台电动机带动主轴的轴向进给、主轴箱的垂直进给、工作台的横向和纵向进给的快速移动。

6.12　T68 型卧式镗床电气控制电路图

看图要点： T68 型卧式镗床的电气控制电路比较复杂，看图时，主要应抓住主轴电动机的控制、快速移动电动机 M2 的控制和联锁保护装置等电路进行分析。

看图实践：

（1）主轴电动机的控制。

1）主轴电动机 M1 的正、反转控制。按下 SB2，中间继电器 KA1 因线圈获电而吸合，其动合触点闭合自锁，其动断触点分断联锁；KA1 另一副动合触点（12 图区）闭合，使接触器 KM3 因线圈获电而吸合（此时限位开关 SQ4 和 SQ3 已被操纵手柄压合），KM3 主触点闭合，将制动电阻 R 短接，KM3 动合辅助触点闭合（18 与 19 图区间），接触器 KM1 线圈获电吸合，KM1 主触点闭合，接通电源；KM1 动合辅助触点（22 图区）闭合，KM4 线圈获电吸合，KM4 主触点闭合，电动机 M1 按△连接正向启动。

反转时只需按 SB3 按钮即可。

2）主轴电动机 M1 的点动控制。按下 SB4（或 SB5），接触器 KM1（或 KM2）因线圈获电而吸合，KM1 动合触点（22 图区）闭合，接触器 KM4 因线圈获电而吸合，KM1 和 KM4 主触点闭合，电动机 M1 接成△，并串电阻 R 进行点动，同步转速为 1 500r/min。

3）主轴电动机 M1 的停车制动。当电动机 M1 正向运转，速度达到 120r/min 以上时，速

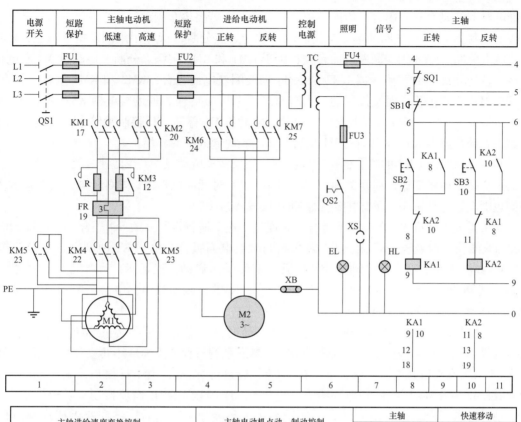

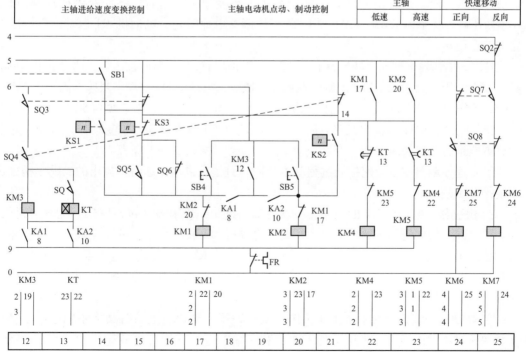

图 6-21　T68 型卧式镗床的电气控制电路

度继电器 KS2 动合触点闭合，为停车制动做好准备。若要停车制动，就按 SB1，中间继电器 KA1 和接触器 KM3 因线圈断电而释放，KM3 动合触点分断，KM1 因线圈断电而释放，KM1 动合触点分断，KM4 因线圈断电而释放，由于 KM1 和 KM4 主触点分断，电动机 M1 断电做惯性运转。与此同时，接触器 KM2 和 KM4 因线圈获电而吸合，KM2 和 KM4 主触点闭合，电动机 M1 串接电阻 R 而反接制动，当转速降至 120r/min 时，速度继电器 KS2 动合触点分断，接触器 KM2 和 KM4 因线圈断电而释放，电动机 M1 停转，反接制动结束。速度继电器的另一副动合触点 KS1 在电动机 M1 反转停车制动时起同样的作用。

4) 主轴电动机 M1 的高、低速转换控制。如果选择电动机 M1 在低速（△连接）运行，可通过变速手柄将变速行程开关 SQ 处于分断位置，时间继电器 KT 线圈断电，接触器 KM5 线圈也断电，电动机 M1 只能由接触器 KM4 接成△连接。

如果需要电动机 M1 在高速下运行，先通过变速手柄将行程开关 SQ 压合，然后按 SB2，KA1 因线圈获电而吸合，KT 和 KM3 因线圈同时获电而吸合。由于 KT 两副触点延时动作，故 KM4 线圈先获电吸合，电动机 M1 接成△形而低速启动，以后 KT 动断触点延时分断，KM4 因线圈断电而释放，KT 动合触点延时闭合，KM5 因线圈获电而吸合，电动机 M1 接成"YY"高速（约 2 900r/min）运行。

5) 主轴变速及进给变速控制。当主轴在正转时欲要变速，可不必按 SB1，只要将主轴变速操纵盘的操作手柄拉出，与变速手柄有机械联系的行程开关 SQ4 不再受压而分断，KM3 和 KM4 因线圈先后失电而释放，电动机 M1 断电做惯性运动，由于行程开关 SQ4 动断触点闭合，KM2 和 KM4 因线圈获电而吸合，电动机 M1 串接电阻 R 而反接制动。速度继电器 KS2 动合触点分断，这时便可转动变速操纵盘进行变速，变速后，将变速手柄推回原位。SQ4 重新压合，接触器 KM3、KM1 和 KM4 因线圈获电而吸合，电动机 M1 启动，主轴以新选定的速度运转。

变速时，若齿轮卡住而手柄推不上，此时变速冲动行程开关 SQ6 被压合，速度继电器的动断触点 KS3 也已恢复闭合，接触器 KM1 线圈获电吸合，电动机 M1 启动。当速度高于 120r/min 时，KS3 又分断，KM1 因线圈断电而释放，电动机 M1 又断电。当速度降到 120r/min 时，KS3 又恢复闭合，KM1 因线圈又获电而吸合，电动机 M1 再次启动，重复动作，直至齿轮啮合后，方能推合变速操纵手柄，变速冲动结束。

进给变速控制与主轴变速控制过程基本相同，只是在进给变速时，拉出的操纵手柄是进给变速操纵手柄。

（2）快速移动电动机 M2 的控制。主轴的轴向进给，主轴箱（包括尾架）的垂直进给，工作台的纵向和横向进给等的快速移动，是由电动机 M2 通过齿轮、齿条等来完成的。将快速移动操纵手柄向里推时，压合行程开关 SQ8，接触器 KM6 因线圈获电而吸合，电动机 M2 正转启动，实现快速正向移动。将快速移动操纵手柄向外拉时，SQ7 压合，KM7 因线圈获电而吸合，电动机 M2 反向快速移动。

（3）联锁保护装置。为了防止在工作台或主轴箱自动快速进给时又将主轴进给手柄扳到自动快速进给的误操作，采用了与工作台和主轴箱进给手柄有机械连接的行程开关 SQ8（在工作台后面）。当上述手柄扳至工作台（或主轴箱）自动快速进给的位置时，SQ8 被压分断。同样，在主轴箱上还装有另一个行程开关 SQ7，它与主轴进给手柄有机械连接，当这个手柄动作时，SQ7 也受压分断。电动机 M1 和 M2 必须在行程开关 SQ8 和 SQ7 中有一个处于闭合状态时，才可以启动。如果工作台（或主轴箱）在自动进给（SQ8 分断）时，再将主轴进给手柄扳到自动进给位置（SQ7 也分断），电动机 M1 和 M2 都自动停转，从而达到联锁保护的目的。

6.4 起重机控制系统电气图

6.4.1 起重机控制系统电气图的特点

起重机是用来起吊和移动大型重物的机械设备，有塔式、桥式和门式等多种形式。不同形式的起重机应用场合不同，控制电路也各有特点。其主要特点如下。

（1）一般起重机的电源为交流 380V，由公共的交流电源供给。由于起重机在工作时经常移动，同时，大车与小车之间、大车与厂房之间都存在着相对运动，因此，一般采用可移动的电源设备供电。

（2）一般采用软电缆供电，软电缆可随大、小车的移动而伸展和叠卷，多用于小型起重机；也常采用滑触线和集电刷供电，三根主滑触线沿着平行于大车轨道的方向敷设在车间厂房的一侧，如图 6-22 所示。三相交流电源经由三根主滑触线与滑动的集电刷引进到起重机驾驶室内的保护控制柜上，再从保护控制柜引出两相电源至凸轮控制器，另一相称为电源的公用相，它直接从保护控制柜接到各电动机的定子接线端。

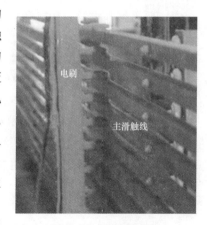

图 6-22 滑触线供电

（3）由于起重机工作环境大多比较恶劣，有多灰尘的、高温的、高湿度的，而且经常进行重载下频繁启动、制动、反转、变速等操作，要求电动机具有较高的机械强度和较大的过载能力，同时要求启动转矩大、启动电流小，因此多选用绕线式异步电动机。

（4）电路设计时较多地考虑了调速性能。即要保证起重机有合理的升降速度，空载、轻载要求速度快，以减少辅助工时，重载要求速度慢。对于普通起重机调速范围一般为 3∶1，要求较高的地方可以达到 5∶1~10∶1。提升开始或重物下降至预定位置附近时，都需要低速，为此在 30% 额定速度内分成几挡，以便灵活操作。

（5）提升的第一级作为预备级，是为了消除传动间隙和张紧钢丝绳，以避免过大的机械冲击，启动转矩不能大，一般限制在额定转矩的一半以下。当下放负载时，根据负载大小，电动机的运行状态可以自动转换为电动状态、倒拉反接状态或再生发电制动状态。

（6）有十分安全可靠的制动装置（电气的或机械的）。

（7）有完善可靠的电气保护环节。

6.4.2 起重机控制系统电气图识图方法

起重机控制系统电气图识图方法介绍如下。

（1）要熟悉起重机所用电气设备的组成。起重机所用电气设备一般由三大部分组成：供配电与保护；各主要机构、辅助机构的电力拖动与控制；照明、信号、采暖降温等设施的电气设备。

1）供配电与保护设备是起重机的整机供配电及线路的保护，由电源进线保护开关、保护柜（屏）或总电源柜（屏）以及相应的操作及指示器件（如钥匙开关、启动停止按钮、紧急开关、指示灯等）组成。

2）各主要机构、辅助机构的拖动与控制设备由起重机各主要机构（如大车、小车、升降等）、辅助机构（如液压夹轨器、液压制动器）的电力拖动与控制，以及相应的安全保护装置组成，如控制柜（屏）、电阻器、制动器的电力驱动器件及操作器件（按钮、主令控制器或凸轮控制器）等。

3）照明、信号、采暖、降温的电气设备由起重机各部分照明、检修照明、驾驶室、电气室、货物现场间的通信、采暖降温等设施的供电与控制设备等组成。

（2）要了解起重机的功能和自动控制技术的特点，如起重机有无装配其他设备，有无特殊吊具（如起重机电磁铁、电动或液压抓斗、旋转吊钩等）。

（3）要了解起重机的负载特性，如平移机构的负载特性、升降机构的负载特性等。

（4）清楚起重机对电气控制的基本要求，如起重机的调速性能及调速方法、起重机的制动方式及各种安全保护和联锁环节。

（5）根据各个部分的组成及相互之间的关系，把电气与机械结合起来分析并查阅有关的技术资料，将电路"化整为零"划分成若干单元电路。然后按工作动作流程图从起始状态对应的功能单元电路开始，采用寻线读图法或逻辑代数法逐一分析。

▶ 技能提高

起重机电气图识图要领

电气组成三部分，熟悉组成应为先。
用途不同功能异，了解功能和特点。
负载特性硬指标，掌握特性及要求。
机电结合查资料，化整为零好识读。

6.4.3 起重机控制系统电气图看图实践

【例6-16】电动葫芦电气控制电路图。

如图6-23所示为电动葫芦电气控制电路图。

电路特点：主电路由三相电源通过开关QS、熔断器FU1后分成两个支路。第一条支路通过接触器KM1和KM2的主触点到笼型电动机M1，再从其中的电源分出380V电压控制电

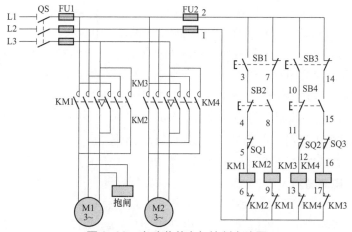

图 6-23　电动葫芦电气控制电路图

磁抱闸，完成吊钩悬挂重物时的升、降、制动等动作。第二条支路通过接触器 KM3 和 KM4 的主触点到笼型电动机 M2，完成行车在水平面内沿导轨的前后移动。

看图要点：控制电路由两相电源引出，组成 4 条并联支路。其中以 KM1、KM2 线圈为主体的左边两条支路控制吊钩升降环节；以 KM3、KM4 线圈为主体的右边两条支路控制行车的前后移动环节。这两个环节分别控制两台电动机的正、反转，并用 4 个复合按钮进行点动控制。这样，当操作人员离开现场时，电动葫芦不能工作，以避免发生事故。控制电路中还装设了三个行程开关，限制电动葫芦上升、前进、后退的三个极端位置。

看图实践：

（1）升降机构动作。

上升过程：按下上升按钮 SB1→接触器 KM1 线圈得电→KM1 主触点闭合→接通电动机 M1 和电磁抱闸电源→电磁抱闸松开闸瓦→M1 通电正转提升重物。同时，SB1 动断触点（2-7）分断，KM1 的动断辅助触点（9-1）分断，将控制吊钩下降的 KM2 控制电路联锁。

制动过程：当重物提升到指定高度时，松开 SB1→KM1 断电释放→主电路断开 M1 且电磁抱闸断电→闸瓦合拢对电动机 M1 制动使其迅速停止。

下降过程：按下按钮 SB2→接通接触器 KM2→KM2 得电，主触点闭合→松开电磁抱闸且电动机 M1 反转→吊钩下降。

制动过程：当下降到要求高度时，松开 SB2→KM2 断电释放→主电路断开 M1 且电磁抱闸因断电而对电动机制动→下降动作迅速停止。

（2）移动机构动作。

前进过程：按下前进按钮 SB3→接触器 KM3 线圈得电动作→KM3 主触点闭合→电动机 M2 通电正转→电动葫芦前进。

前进停止过程：松开 SB3→KM3 断电释放→电动机 M2 断电→移动机构停止运行。

后退过程：按下 SB4→接触器 KM4 得电动作→接通电动机 M2 反转电路→M2 反转→电动葫芦后退。

后退停止过程：松开 SB4→接触器 KM4 断电，M2 停止转动→电动葫芦停止后退。

（3）安全保护机构动作过程。在 KM3 线圈供电线路上串接了 SB4 和 KM4 的动断触点，在 KM4 线圈供电线路上，串接了 SB3 和 KM3 的动断触点，它们对电动葫芦的前进、后退构成了复合联锁。行程开关 SQ2、SQ3 分别安装在前、后行程终点位置，一旦移动机构运动到该点，其撞块碰触行程开关滚轮，使串入控制电路中的动断触点断开，分断控制电路，电动机 M2 停止转动，避免电动葫芦超越行程造成事故。

【例 6-17】 10t 桥式起重机电气控制电路。

如图 6-24 所示为 10t 桥式起重机电气控制电路原理图。

电路特点：

6.13 10t 起
重机电路图

（1）10t 桥式起重机只有一个吊钩，但大车采用分别驱动，共用了 4 台绕线转子感应电动机拖动。起重电动机 M1、小车驱动电动机 M2、大车驱动电动机 M3 和 M4，分别由三只凸轮控制器控制，QM1 控制 M1、QM2 控制 M2、QM3 同步控制 M3 与 M4。R1~R4 分别为 4 台电动机转子电路串入的启动与调速电阻器。M1、M2、M3、M4 的正、反转以及电阻 R1、R2、R，与 R4 的逐级切除，分别用凸轮控制器 QM1、QM2、QM3 控制。

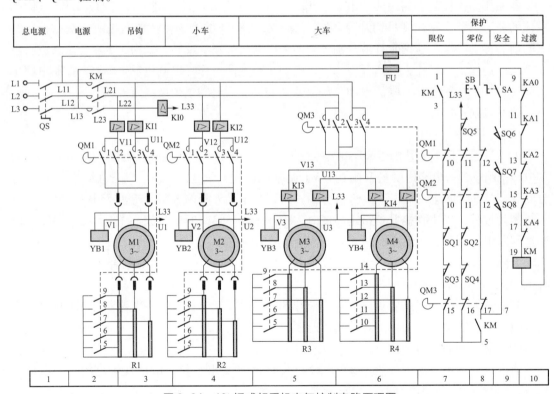

图 6-24　10t 桥式起重机电气控制电路原理图

（2）YB1、YB2、YB3 与 YB4 为 4 台电动机的制动电磁铁，分别与电动机 M1、M2、M3 和 M4 的定子绕组并联，以实现得电松闸、失电抱闸的制动作用。这样在电动机定子绕组失电时，制动电磁铁失电，电磁抱闸抱紧，从而可以避免重物自由下落而造成事故。

（3）三相电源由 QS1 引入，并由接触器 KM 控制。过流继电器 KA0～KA4 提供过电流保护，其中 KA1～KA4 为双线圈式，分别保护 M1、M2、M3 与 M4；KA0 为单线圈式，单独串联在主电路的一相电源线中，作为总电路的过电流保护。KA0～KA4 的动断触点则串联在电源接触器 KM 的线圈电路中。

看图要点：桥式起重机电气控制电路比较复杂，看图时，首先应明白桥式起重机由大车（桥架）、小车（移动机构）和起重提升机构组成。大车在轨道上行走，大车上架有小车轨道，小车在小车轨道上行走，小车上装有提升机。这样，起重机就可以在大车的行车范围内进行起重运输。在此基础上，再熟悉电路的组成，以便在分析电路时有的放矢。在读图时，主要应读懂总控制电路、吊钩驱动电动机控制电路、大小车控制电路和保护电路。

看图实践：

（1）总控制电路。由图区 2 可以看出，只有接触器 KM 得电吸合，其主触点闭合，接通电动机 M1、M2、M3 和 M4 的电源，操纵凸轮控制器，各台电动机才能工作，否则无法工作。在图区 7～10 中可以找到 KM 线圈电路、KA1、KA2、KA3、KA4 和 KA0，它们分别为电动机 M1～M4、电源电路过流继电器 KA1～KA4 和 KA0 的动断触点，串联在一起用于控制 KM 线圈。当任意一台电动机或总电源发生过电流或短路时，相应的动断触点断开，使 KM 失电释放，断开电动机电源。SA 为紧急开关，当驾驶员发现紧急情况时，断开该开关，KM 失电释放，切断电动机电源。SQ6 为舱口安全开关，以防止驾驶员在上下桥架时发生意外。

SQ7 和 SQ8 是横梁栏杆门的安全开关，平时驾驶舱门和横梁栏杆门都应关好，将 SQ6、SQ7、SQ8 都压合。若有人进入桥架进行检修，这些门开关就被打开，即使按下 SB 也不能使 KM 线圈支路通电，只有 SA、SQ6～SQ8 都闭合，KM 才能得电吸合，桥式起重机才能启动。另外，与启动按钮 SB 相串联的是三只凸轮控制器的零位保护触点：QM1、QM2 的触点 12 和 QM3 触点 17，只有 QM1～QM3 都在"0"位时，其触点 QM1（12）、QM2（12）和 QM3（17）闭合，接触器 KM 才能得电吸合，以实现零位保护，防止任意一台电动机在未串入电阻的情况下直接启动。

大车移动凸轮控制器 QM3 的触点 QM3（15）和 QM3（16），大车左右行走极限位开关 SQ3 和 SQ4；小车运行凸轮控制器 QM2 的触点 QM2（10）和 QM2（11），小车前后运行限位开关 SQ1 和 SQ2；提升机构凸轮控制器 QM1 的触点 QM1（10）和 QM1（11）以及提升限位开关 SQ5 连接成串并联电路，与接触器 KM 的辅助动合触点 KM（1-2）、KM（3-4）构成 KM 的自锁电路。当大车或小车运行至极限位置以及提升机构升至规定高度时，相应的极限开关断开，使 KM 失电释放，保证起重机的安全。要使起重机构退出极限位置，必须将凸轮控制器退至"0"位，再启动接触器 KM，操纵凸轮控制器，使运行机构反向运动，才能退出极限位置。

合上开关 QS1，把凸轮控制器 QM1、QM2、QM3 的手柄置于零位，把驾驶室上的舱门和桥架两端的门关好，合上紧急开关 SA。按下启动按钮 SB，使交流接触器 KM 得电吸合，其辅助动合触点 KM（1-2）、KM（3-4）闭合自锁，其主触点闭合，接通总电源，为各电动机的启动做好准备。

接触器 KM 得电吸合的通路为：L13→FU→SB→QM1（12）→QM2（12）→QM3（17）→SQ8→SQ7→SQ6→SA→KA0→KA1→KA2→KA3→KA4→KM 线圈→FU→L11 并自锁。

自锁通路：正转自锁 KM（1-2）→QM1（10）→QM2（10）→SQ1→SQ2→QM3（15）→KM（3-4）或反转自锁 L33→SQ5→QM1（11）→QM2（11）→SQ2→SQ2→SQ4→QM3（16）→KM（3-4）。接触器 KM 的主触点闭合，接通电动机 M2 的电源。

（2）吊钩驱动电动机控制电路。吊钩驱动电动机控制电路如图 6-25 所示，凸轮控制器有编号为 1~12 的 12 对触点，以竖画的实线表示，而凸轮控制器的操作手柄右旋（控制电动机正转）和左旋（控制电动机反转）各有 5 个挡位，加上一个中间位置（称为零位），共有 11 个挡位（以横画的虚线表示）。每对触点在各挡位是否接通，以横竖线交叉的实心黑圆点表示。有黑点表示接通，无黑点表示断开。

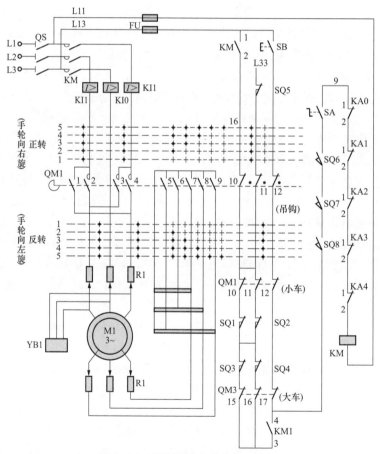

图 6-25　吊钩驱动电动机控制电路

吊钩驱动是电动机 M1 采用三相绕线转子感应电动机，在其定子电路中串入三相不对称电阻 R1，作为启动及调速控制。YB1 为制动电磁铁，其三相线圈与 M1 的定子绕组相并联。

1）电动机的定子电路。凸轮控制器 QM1 的触点 QM1（10）、QM1（11）与 KM 的动合触点一起构成正转或反转时的自锁电路。QM1 的触点 QM1（1）~QM1（4）控制 M1 的正、反转，对 QM1 右旋 5 挡，触点 QM1（2）、QM1（4）接通，M1 正转；对 QM1 左旋 5 挡，触点 QM1（1）、QM1（3）接通，接通电源的逆相序，M1 反转。在 QM1 零位时，触点 QM1（1）~QM1（4）均断开，电动机 M1 停转。

行程开关 SQ1、SQ2 分别提供 M2 正、反转（如 M2 驱动小车，则分别为小车的右行或左行）的行程终端限位保护，其动断触点分别串联在 KM 的自锁支路中。下面以小车右行为例分析其保护过程：将 QM2 右旋→M2 正转→小车右行→若行至行程终端还不停下→碰 SQ1→SQ1 动断触点断开→KM 线圈支路断电→切断电源；此时只能将 QM2 旋回零位→重新按下 SB→KM 线圈支路通电（并通过 QM2 的触点 11 及 SQ2 的动断触点自锁）→重新接通电源→将 QM2 左旋→M2 反转→小车左行，退出右行的行程终端位置。

2）电动机转子电路。凸轮控制器 QM1 的触点 QM1（5）~QM1（9）控制电动机 M1 转子外接电阻 R1，以实现对 M1 的启动和转速的调节。由图可知，这 5 对触点在中间零位均断开，而在左、右各旋 5 挡的通断情况下是完全对称的：在（左、右旋）第一挡触点 5~9 均断开，三相不对称电阻 R1 全部串入 M1 的转子电路；置于第二、三、四挡时，触点 5、6、7 依次接通，将 R1 逐级不对称地切除，电动机的转速逐渐升高；当置于第五挡时，触点 5~9 全部接通，R1 全部被切除。

由以上分析可见，凸轮控制器是用触点 1~9 控制电动机的正、反转启动，在启动过程中逐段切除转子电阻，以调节电动机的启动转矩和转速。从第一挡到第五挡电阻逐渐减小至全部切除，转速逐渐升高。该电路若用于控制起重电动机，则正、反转的控制操作不同。

（3）小车控制电路。小车控制电路与吊车控制电路相同，不再赘述。

（4）大车控制电路。大车控制电路与小车控制电路基本相同，不同的是凸轮控制器 QM3 共有 17 对触点，比 QM1、QM2 多了 5 对触点，用于控制另一台电动机的转子电路，从而可以同步控制两台绕线转子异步电动机。

（5）保护电路。保护电路主要是 KM 的线圈支路。该电路具有欠压、零压、零位、过流、行程终端限位保护和安全保护共 6 种保护功能。

1）欠压保护。接触器 KM 本身具有欠压保护功能，当电源电压不足（低于额定电压 85%）时，KM 由于电磁吸力不足而复位，其动合主触点和自锁触点都断开，从而切断电源。

2）失压保护和零位保护。采用按钮开关 SB 启动，并且 SB 的动合触点与 KM 的自锁触点相并联的电路都具有失压（零压）保护功能。在操作中一旦断电，必须再按下 SB 才能重新接通电源。

采用凸轮控制器控制的电路，在每次重新启动时，必须将各凸轮控制器旋回中间的零位，使触点 QM1（12）、QM2（12）、QM3（17）接通，按下 SB 才能接通电源，以防止凸轮控制器还置于左、右旋的某一挡位，电动机转子电路串入较小电阻的情况下启动电动机，产生较大的启动转矩和电流冲击，甚至造成事故，这一保护作用称为零位保护。触点 QM1（12）、QM2（12）、QM3（17）只有在零位才接通，而其他挡位不能接通，称为零位保护触点。

3）过流保护。起重机控制电路一般采用过流继电器作为过流（包括短路、过载）保护。过流继电器 KA1~KA4 和 KA0 的动断触点串接在 KM 线圈电路中，一旦出现过电流便切断 KM，从而切断电源。KM 线圈电路采用 FU 作为短路保护。

4）行程终端限位保护。三只凸轮控制器分别控制吊钩、小车和大车做垂直、横向和纵向共 6 个方向的运动，除吊钩下降不需要提供限位保护之外，其余 5 个方向都需要提供行程终端限位保护，相应的行程开关和凸轮控制器的动断触点均串入 KM 的自锁触点支路之中，各电器（触点）的保护作用见表 6-7。

表 6-7 行程终端限位保护电器及触点

运行方向		驱动电动机	凸轮控制器及保护触点		限位保护行程开关
吊钩	向上	M1	QM1	11	SQ5
小车	右行	M2	QM2	10	SQ1
	左行			11	SQ2
大车	前行	M3、M4	QM3	15	SQ3
	后行			16	SQ4

5）安全保护。在 KM 的线圈支路中，还串入了舱门安全开关 SQ6 和事故紧急开关 SA。在平时，应关好驾驶舱门，使 SQ6 被压下（保证桥架上无人），才能操纵起重机运行。一旦发生事故或出现紧急情况，可断开 SA 紧急停车。

【例 6-18】塔式起重机控制电路。

塔式起重机主电路如图 6-26 所示。塔式起重机控制电路如图 6-27 所示。

电路特点：起重机共有 5 台绕线式电动机，提升电动机 M1，行走电动机 M2、M3，回转电动机 M4，变幅电动机 M5。图 6-26 中所示鼠笼式电动机 M 是电力液压推杆制动器上的电动机，接在提升电动机 M1 电路中，在提升电动机 M1 制动时使用。

5 台绕线式电动机中，提升电动机 M1 为转子串联启动电阻器 R 启动，其余 4 台电动机均为转子串频敏变阻器 RF 启动。电动机的工作状态由主令控制器 QM1~QM5 控制接触器来完成转换。主令控制器是一种组合开关。

图 6-27 中所示的 JH1 和 JH2 是集电环，JH1 在起重机电缆卷筒上，JH2 在起重机塔顶。

看图要点：主电路最上部是单相电器回路，有司机室照明灯 EL1、开关翅、单相插座 XS1、XS2，开关 S4、QC1，电铃 DL、按钮 SB3，探照灯 EL2，开关 QC2。单相电器回路里用熔断器 FU2 做短路保护。图 6-27 中 N 线用接地符号表示。

单相电器下面是塔机电源监视回路，有电压表 V、电压表转换开关、电流表 A、电流互感器 TA、电源指示灯 HL1~HL3、开关 S1、S2。回路里用熔断器 FU3 做短路保护。

单相电器回路右侧是信号灯回路，信号灯电压 6V，由控制变压器 T 提供。HL4~HL9 是变幅幅度指示信号灯。其中：HL5~HL8 由变幅开关 TSA 控制；HL4 由位置开关 SL51 控制，是最高幅度限位信号灯；HL9 由位置开关 SL52 控制，是最低幅度限位信号灯。HL10 是提升指示灯，在提升电动机不转时亮，由接触器 K11、K22 动断触点控制。

从上向下的 4 台绕线式电动机为变幅、行走、回转电动机，其中行走电动机两台要同时

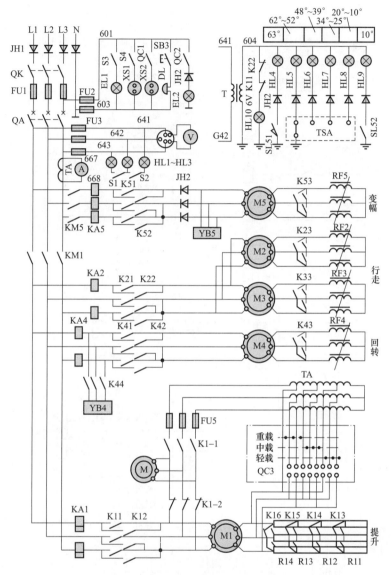

图 6-26　塔式起重机主电路

动作，用一对接触器控制。每台电动机回路中都有三只接触器，其中编号 K×1、K×2 的是正、反转控制接触器，编号 K×3 的是频敏变阻器控制接触器，启动完成后接触器 K×3 通电闭合，将频敏变阻器短路。每台电动机回路中都有两只过流继电器 KA× 做过流保护。回转电动机和变幅电动机上装有制动抱闸 YB4 和 YB5。其中：YB5 在变幅电动机 M5 停转后抱死；YB4 在回转电动机 M4 停转后，用接触器 K44 控制通电抱死。

　　提升电动机 M1 定子电路上也使用两只接触器做正、反转控制，两只过流继电器做过载保护。不同之处在制动装置，制动电动机 M 上端接自耦变压器 TA，自耦变压器经组合开关 QC3 接在转子电路上。在不同转速情况下，自耦变压器上的电压不同，电动机 M 的转速也

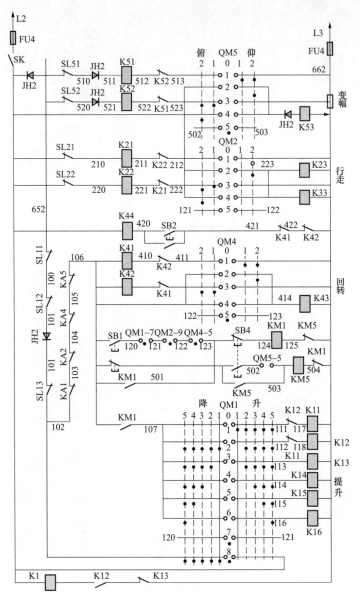

图 6-27 塔式起重机控制电路图

不同；M 转速高，制动器就刹得松些；M 转速低，制动器刹得紧些。可以根据起重量用 QC3 选择 M 上的电压，这种制动方式只有在重物下降时使用。在提升时 M 下端接在 M1 电源上，M1 停转，制动器立刻刹车。M 的接线由中间继电器 K1 的触点控制。提升电动机转子回路串联启动电阻器，由接触器 K13~K16 分段短接切除。

看图实践：塔式起重机控制电路如图 6-27 所示。控制电路接在电源 L2、L3 两相上，用熔断器 FU4 做短路保护。电路中使用了 4 只组合开关 QM1、OM2、QM4 和 QM5 来代替按钮控制接触器线圈是否通电。其中 QM2、QM4、OM5 为五层五位开关，在 1 位是串频敏变阻器启动状态，在 2 位是短接变阻器后电动机正常运转状态。QM1 为七层 11 位开关，分段短接切除启动电阻器。在变幅、行走回路中都有接触器互锁，并加入位置开关 SL，对行走和变幅进行限位控制。

回转电动机和提升电动机的控制回路接在各个过流继电器动断触点后面，任何一个电动机过载，塔吊都不能做回转和提升操作。同时在这一回路中还串入了超高限位开关 SL11、脱槽保护开关 SL12、超重保护开关 SL13，当出现超高、超重、脱槽情况时，塔吊也不能进行回转和提升操作。

在主电路中有接触器 KM1 和 KM5 的主触点，KM5 在变幅电动机回路，KM1 在另 4 个电动机回路，当出现超高、超重、脱槽情况时，KM1 和 KM5 线圈断电，所有电动机停转。

塔吊总电源由铁壳开关 QK、自动空气开关 QA 控制，开机时合上 QK、QA 及控制电路事故开关 SK（出现事故扳动此开关，整个电路停止工作）。组合开关 QM1、OM2、QM4 处于 0 位断开状态，按下按钮 SB1，接触器 KM1 吸合，可以进行提升、回转、行走操作，但此时不能变幅。要变幅时按下按钮 SB5，切断 KM1 线圈电路，KM1 释放，KM5 吸合，进行变幅。按塔吊操作要求，变幅与其他操作不能同时进行。为此，电路中采用按钮 SB1 和 SB5 联锁、KM1 和 KM5 动断触点联锁，从而保证不会出现误操作。

图中所示控制电路的最下面一行是提升电动机的制动电动机 M 的控制回路，提升电动机反转下降时，接触器 K12 闭合，组合开关 QM1 转到低速位置 1 时，接触器 K13 断电，动断触点闭合，接触器 K1 通电闭合，接通制动电动机 M 电源，制动电动机工作。

第 7 章

新型电动机控制技术
电气图识读

7.1 PLC 控制电动机电气图识读

7.1.1 PLC 梯形图识读基础

1. PLC 控制系统图与继电-接触器控制系统图的对比

可编过程控制器（PLC）是一种数字运算操作的电子系统，专为在工业环境下应用而设计。它采用了可编程序的存储器，用来在其内部存储执行逻辑运算、顺序控制、定时、计数和算术运算等操作的指令，并通过数字的、模拟的输入和输出，控制各种类型的机械或生产过程。PLC 的典型结构如图 7-1 所示。

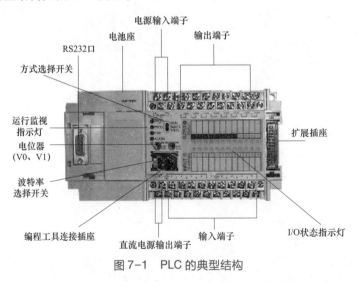

图 7-1　PLC 的典型结构

PLC 控制系统与继电接触器控制系统有很多相似之处，但两者的工作方式不同，存在本质上的差别。如图 7-2 所示为某摇臂钻床的继电逻辑控制电路与 PLC 控制电路的比较。PLC 控制与继电器-接触器控制各自的优缺点见表 7-1，其区别见表 7-2。

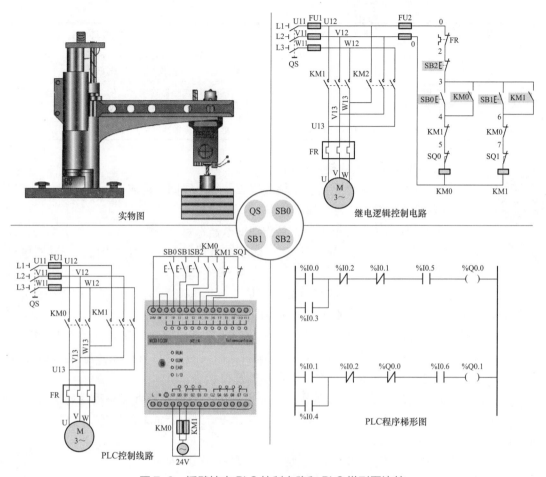

图7-2　摇臂钻床 PLC 控制电路和 PLC 梯形图比较

表7-1　　　　　　　　　　　　PLC 控制与继电器-接触器控制的优缺点

对比项	优点	缺点
继电器控制	用于小规模、简单控制时，价格低，抗干扰能力强	需要动作确认，控制内容修改困难
PLC 控制	小、大规模均可适用，高性能，通用性好，程序修改简便，能快速投入使用	大量生产时与专用控制器相比价格较高

表7-2　　　　　　　　　　　　PLC 控制与继电-接触器控制的区别

区别	PLC 控制	继电-接触器控制
控制逻辑不同	PLC 控制为"软接"技术，同一个器件的线圈和它的各个触点动作不同时发生	继电器-接触器控制为硬接线技术，同一个继电器的所有触点与线圈通电或断电同时发生
控制速度不同	PLC 控制速度极快	继电-接触器控制速度慢
定时/计数不同	PLC 控制定时精度高，范围大，有计数功能	继电-接触器控制定时精度不高，范围小，无计数功能

续表

区别	PLC 控制	继电-接触器控制
设计与施工不同	PLC 现场施工与程序设计同步进行，周期短，调试及维修方便	继电器-接触器控制设计、现场施工、调试必须依次进行，周期长，且修改困难
可靠性和维护性不同	PLC 连线少，使用方便，并具有自诊断功能	继电器-接触器连线多，使用不方便，没有具有自诊断功能
价格不同	PLC 价格贵（具有长远利益）	继电器-接触器价格便宜（具有短期利益）

7.1 梯形图
编程语言

2. PLC 梯形图的使用规则

（1）每个梯形图是由多个梯级组成，每个线圈可构成一个梯级，每个梯级可由多条支路组成，每个梯级代表一个逻辑方程。

（2）梯形图中的继电器不是物理继电器，每个继电器和输入触点均为存储器中的一位，相应位为"1"态，表示继电器得电或动合触点闭合或动断触点断开。

（3）梯形图中流过的电流不是物理电流，而是"概念电流"，是用户程序解算中满足输出执行条件的形象表示，"概念电流"只能从左向右流动。

（4）梯形图中的继电器触点可在编制用户程序时无限次地引用，既可动合又可动断。

（5）梯形图中输入触点和输出线圈不是物理触点和线圈，用户程序的解算是 PLC 的输入和输出状态表的内容，而不是根据解算时现场的开关状态。

（6）输出线圈只对应输出状态表的相应位，不能用该编程元素直接驱动现场执行元件，该位的状态必须通过 I/O 模块上对应的输出晶体管开关、继电器或晶闸管等，才能驱动现场执行元件。

（7）在输出线圈右侧不能再连触点，触点必须在输出线圈的左侧。

（8）两个或两个以上线圈可以并联，但不能串联。

（9）梯形图左端母线不能和输出线圈直接相连，必须通过继电器触点相连。

（10）程序结尾要有 END 指令。

综上所述，我们在编写梯形图程序时，除了要遵循基本规则外，还要掌握一些技巧，以减少指令条数，节省内存和提高运行速度。梯形图编程技巧见表 7-3。

表 7-3　　　　　　　　　　梯形图编程技巧

梯形图编程技巧	说明	
	合适方式	不合适方式
串联触点多的电路应编在上方	X002 X003 ——(Y000)　X001	X001 ——(Y000)　X002 X003

续表

梯形图编程技巧	说明	
	合适方式	不合适方式
并联触点多的电路放在左边	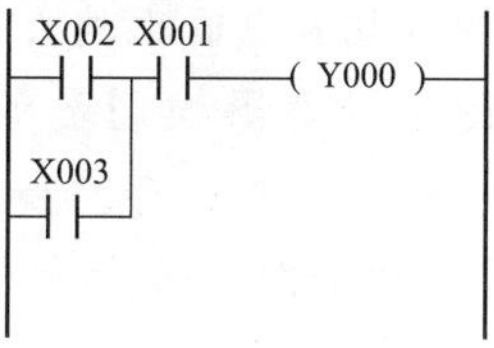 X002 X001 （Y000） X003	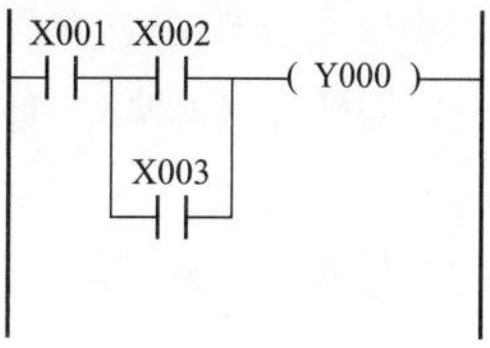 X001 X002 （Y000） X003
对于多重输出电路，应将串有触点或串联触点多的电路放在下边	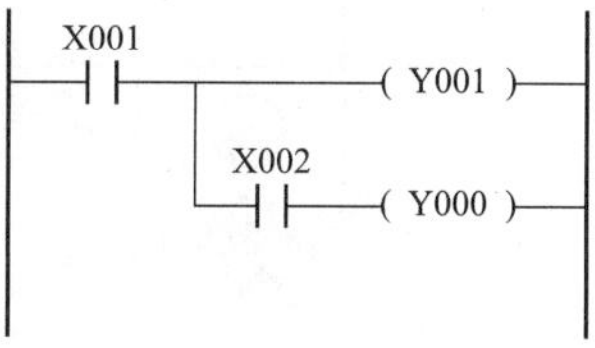 X001 （Y001） X002 （Y000）	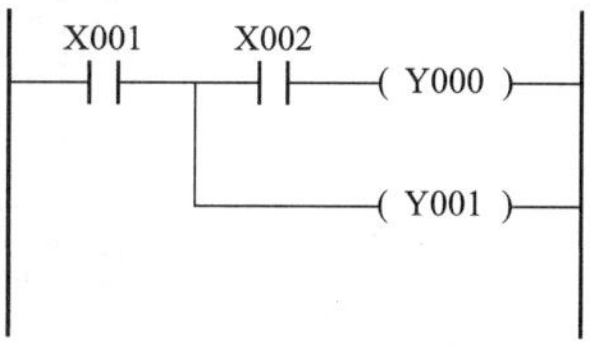 X001 X002 （Y000） （Y001）
如果电路复杂，可以重复使用一些触点改成等效电路，再进行编程	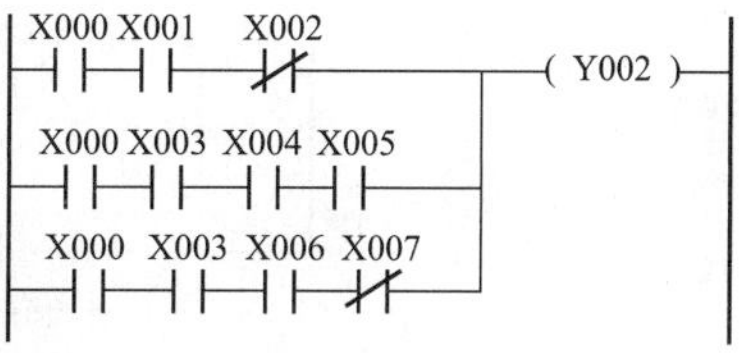 X000 X001 X002 （Y002） X000 X003 X004 X005 X000 X003 X006 X007	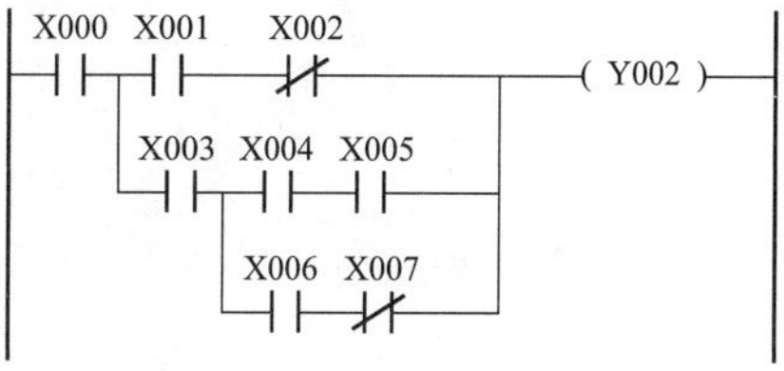 X000 X001 X002 （Y002） X003 X004 X005 X006 X007

3. PLC 控制系统电气图的特点

使用 PLC 与各种具有特定控制功能的电气元件组合连接在一起，实现预定控制功能的电气系统称之为 PLC 控制系统，PLC 控制系统的特点如下：

（1）PLC 的硬件部分电气线路比较简单，根据 PLC 的端子分配表，就可知道输入和输出的信号。

（2）读懂 PLC 控制电路图的关键在于工作流程图和梯形图。其中，梯形图和布尔助记符是 PLC 的基本编程语言，由一系列指令组成，用这些指令可以完成大多数简单的控制功能。例如，代替继电器、计时器、计数器完成顺序控制和逻辑控制等。

（3）PLC 梯形图是在原电气控制系统中采用的继电器、接触器线路图的基础上演变而来的。采用因果关系来描述事件发生的条件和结果，每个梯级是一个因果关系。在梯级中，事件发生的条件表示在左边，事件发生的结果表示在右边。PLC 梯形图的规律如下：

1）与电气操作原理图相对应，具有直观性和对应性。

2）与原有的继电器逻辑控制技术相一致，对于电气技术人员来说，易于掌握和学习。

3）与继电逻辑控制技术不同点是，梯形图中的能流不是实际意义的电流，梯形图中的内部继电器及其触点也不是实际存在的继电器和触点（称之为软继电器、软接点）。

知识链接

PLC 控制电气图

PLC 的电气原理图包括输入控制电源、输入端 X、输出端 Y、24V 直流电源，以及公共端 COM1、COM2、COM3、COM4 等。梯形图跟继电器控制类似，包括一些按钮、动合触点、动断触点、线圈、辅助继电器、定时器、计数器、寄存器和很多运用指令。梯形图的图形符号与继电器-接触器控制电路的图形符号对照如图 7-3 所示。

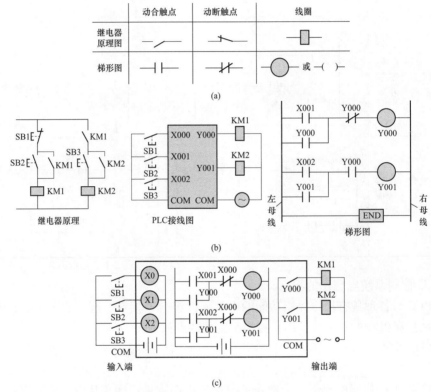

图 7-3 图形符号对照

（a）基本电气符号对照；（b）原理图对照；（c）PLC 接线图

PLC 的输入/输出点数是根据要实现的具体工作过程和控制要求理清有哪些输入量，需要控制哪些对象，输入量的个数即所需要的输入点数，需要控制的对象所需要的信号数即所需要的输出点数。

PLC 的输入/输出地址分配表是根据控制要求中需要的输入信号和所要控制的设备来确定 PLC 的各输入/输出端子分别对应哪些输入/输出信号或设备所列出的表。

PLC 的 I/O 地址分配表一般要根据输入/输出信号的信息和相关要求及所选用的 PLC 型号来进行分配，关于输出信号，需要了解所控制的设备的电源电压和工作电流，然后按照所需电源的不同进行分组。

4. PLC 控制系统电气图的识图方法

阅读 PLC 控制系统电路图的基本方法如下。

7.2 如何识读 PLC
控制电气图

（1）了解该控制系统的工艺流程和具有的功能，这与看继电器−接触器控制系统电路图的要求和方法相同。

（2）看主电路，进一步了解工艺流程和对应的执行装置或元器件。

（3）看 PLC 控制系统的输入/输出分配表和硬件连接图，了解输入信号和对应输入继电器编号，以及输出继电器分配和所接对应负载。

（4）看 PLC 控制系统的梯形图或状态转换流程图。在读 PLC 梯形图时，不仅要了解编写梯形图的控制要求及 I/O 分配，还要熟悉梯形图编写原则。

1）PLC 梯形图按行从上至下编写，每一行从左至右顺序编写，PLC 的扫描顺序与梯形图编写顺序一致。

2）形图左边垂直线称为左母线。左侧放置输入接点（包括外部输入接点、内部继电器接点，也可以是定时器、计数器的状态）。输出线圈放在最右边，紧靠右母线。输出线圈可以是输出控制线圈、内部继电器线圈，也可是计时器、计数器的运算结果。

3）梯形图中的接点可以任意串、并联，而输出线圈只能并联不能串联。PLC 输出线圈的接点可以多次重复使用，不像实际继电器所带接点的数量是有限的。内部继电器线圈不能作输出控制用，它们只是一些中间存储状态寄存器。

4）梯形图的梯级必须有一个终止的指令，表示程序扫描的结束。

（5）在看梯形图时，可采用查线法和逻辑代数方程法，它对逻辑控制组合网络很有效。

采用查线法时，可以用铅笔作出读图的状态变换图，例如当某一个输入信号存在时，可把其对应输入继电器的触点画一直线，表示接通。读图过程同 PLC 扫描用户程序过程一样，从左到右、自上而下逐线（支路）扫描。

采用逻辑代数方程法与继电器−接触器控制系统中的方法相同。

（6）在看状态转换流程图时，应结合生产工艺流程加注具体步骤名称。在梯形图上的继电器是软继电器，在 PLC 内部并没有继电器的实体，只有寄存器中的触发器。根据计算机对信息的"存−取"原理，可读出触发器的状态或在一定条件下改变它的状态，对软继电器线圈的定义只能有一个，而对其触点状态可无数次读取（即存在无数个触点），既有常开状态，又有常闭状态。

（7）梯形图上的连线代表各"触点"的逻辑关系，PLC 内部不存在这种连线，而采用逻辑运算来表示逻辑关系。

在继电器−接触器控制电路图中，继电器−接触器、连线等都是实体，在电路中存在电流的流动。而在梯形图中，某些"触点"或支路接通，却并不存在电流流动，而是代表该支路的逻辑运算取值或结果为"1"。为理解 PLC 的周期扫描工作原理和信息存储空间的分布规律，在看梯形图时可想象有一个单方向（从左向右先上后下）的"能流"在流动，这也是查线法的规则。

（8）在分析电路之前，须掌握梯形图符号、时序图及功能说明等基础知识，须牢记梯形图上的 PLC 助记符号和有关指令系统。

总之，无论多么复杂的梯形图，都是由一些基本单元构成的。按主电路的构成情况，利用逆读溯源法，把梯形图和指令语句表分解成与主电路的用电器（如电动机）相对应的几个基本单元，然后一个环节、一个环节地分析，最后再利用顺读跟踪法把各环节串起来。

 技能提高

> **PLC 控制系统电气图识图口诀**
>
> PLC 控制含量高，基础知识不能少；
> 关键搞清梯形图，工作流程很重要。
> 控制功能应了解，符号指令记得牢；
> 被控对象先熟悉，对应装置要查到。
> 输入输出看分配，因果关系须明了；
> 内部连接讲逻辑，硬件连接见图表。
> 阅图过程讲方法，状态变换把握好；
> 初次读图困难多，经常练习方见效。

7.3 三菱 PLC
梯形图规则

7.1.2 电动机基本控制环节梯形图识读

1. 启保停电路梯形图识读

所谓"启保停"，是指电动机的启动、保持、停止，这三个控制由一个电路实现。启保停电路的梯形图和波形图如图 7-4 所示。

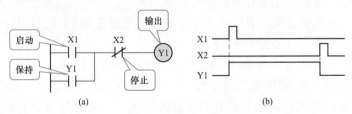

图 7-4 启保停电路

（a）梯形图；（b）波形图

看图说明：

1）X1=ON，X2=OFF 时，X2 的动断触点闭合，Y1 的输出状态为 ON 并自锁保持。

2）X2=ON 时，X2 的动断触点断开，Y1 的输出状态变为 OFF。

2. 置位/复位电路梯形图识读

置位/复位电路的梯形图如图 7-5 所示。

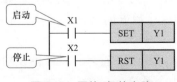

图 7-5 置位/复位电路

看图说明：

1) X1=ON 时，Y1 被 SET 指令置位为 ON 并保持该状态。

2) X2=ON 时，Y1 被 RST 指令复位为 OFF。

3. 延时接通电路梯形图识读

延时接通电路的梯形图和波形图如图 7-6 所示。

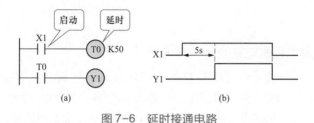

图 7-6　延时接通电路

（a）梯形图；（b）波形图

看图说明：

1) X1=ON 时，T0 开始定时，定时时间（5s）到，T0 的动合触点闭合，Y1 的输出状态为 ON。

2) X1=OFF 时，T0 复位清零，T0 的动合触点断开，Y1 的输出状态变为 OFF。

4. 延时断开电路梯形图识读

延时断开电路的梯形图和波形图如图 7-7 所示。

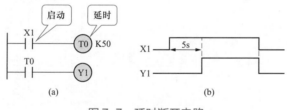

图 7-7　延时断开电路

（a）梯形图；（b）波形图

看图说明：

1) X1=ON 时，T0 的动断触点闭合，Y0 的输出状态为 ON 并自锁保持；同时 X1 的动断触点断开，T0 处于复位状态。

2) X1=OFF 时，Y0 的输出状态由于自锁保持仍为 ON，X1 的动断触点闭合，T0 开始计时。定时时间（5s）到，T0 的动断触点断开，Y0 的输出状态变为 OFF。

▶ 知识链接

PLC 的编程语言——梯形图

PLC 编程语言的国际标准中有 5 种编程语言：顺序功能图、梯形图、功能块图、指令表、结构文本。其中，梯形图是使用最多的 PLC 图形编程语言。

梯形图由触点、线圈和应用指令等组成。触点代表逻辑输入条件，如外部的开关、按钮和内部条件等。线圈通常代表逻辑输出结果，用来控制外部的指示灯、交流接触器和内部的输出标志位等。

在 PLC 程序图中，左、右母线类似于继电器与接触器控制电源线，输出线圈类似于负载，输入触点类似于按钮。梯形图由若干阶梯构成，自上而下排列，每个阶梯起于左母线，经过触点与线圈，止于右母线。

7.1.3 电动机基本控制电路的 PLC 梯形图

近年来，用 PLC 控制技术改造电动机传统控制电路已经成为众多企业技改的重点，下面通过几个实例介绍这一技术的应用情况，以帮助初学者识读 PLC 梯形图。

采用替代设计法进行电路改造的基本思路是：将原有电气控制系统输入、输出信号作为 PLC 的 I/O 点，原来由继电器—接触器硬件完成的逻辑控制功能由 PLC 机的软件——梯形图及程序替代完成。

1. 电动机点动控制电路

继电器-接触器式电动机点动控制原理图如图 7-8 所示。

7.4 电动机 PLC 点动控制电路

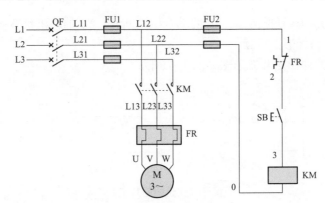

图 7-8　电动机点动控制原理图

（1）PLC 的 I/O 地址分配。图 7-8 所示电路中的输入设备有点动按钮 SB，输出设备有接触器线圈 KM。据此可将 PLC 的 I/O（输入/输出）地址分配给上述输入/输出设备，见表 7-4。

表 7-4　　　　　　　　　　电动机点动控制 PLC 的 I/O 地址分配

输入		输出	
元件	地址	元件	地址
点动按钮 SB	X0	接触式线圈 KM	Y0

（2）主电路与 PLC 控制电路接线图。原来的主电路保持不变，如图 7-9（a）所示。

根据表 I/O 分配表画出电动机 PLC 控制点动控制电路接线图，如图 7-9（b）所示。其基本方法是：原来控制电路的输入、输出转换为 PLC 控制电路的输入、输出；原来控制电路按接线顺序转换为 PLC 的虚拟电路；KM、FU、SB 等仍然采用原来电路的器件，可节省技改成本。

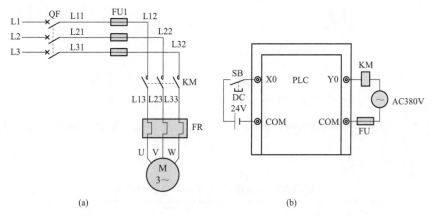

图 7-9　PLC 控制电动机点动正转控制电路的外围接线图

（a）主电路；（b）PLC 点动控制接线图

为了防止在待机状态或无操作命令时 PLC 的输入电路长时间通电，从而使能耗增加，PLC 输入单元电路的寿命缩短，若无特殊要求，一般采用动合触点或与 PLC 的输入端子相连。另外，为了简化外围接线和增加系统的稳定性，输入端所需的 DC 24V 电源可以直接从 PLC 的端子上引用，而输出端的负载交流电源则由用户根据负载容量和耐压值灵活确定。

（3）PLC 程序设计。编制 PLC 控制程序时只需对控制电路进行编程，主电路无需处理。为了直观起见，可将控制电路单独画出来，旋转成类似梯形图的水平放置方式，并将 PLC 的 I/O 编号标注在对应的器件旁边，如图 7-10 所示。

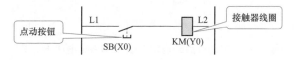

图 7-10　电动机点动控制电路图

绘制梯形图时，可以采用"直观替代法"，用 PLC 梯形图中的"左右母线"代替继电器-接触器控制电路中的电源相线"L1""L2"，用 PLC 梯形图中的动合触点"┤├"代替继电器-接触器控制电路中点动按钮 SB 的动合触点"￣￣"，用 PLC 梯形图中的线圈"─○"代替继电器-接触器控制电路中的交流接触器 KM 的线圈"─□─"，并使这些软元件的编号与图 7-10 中标注在相应物理元件旁边的编号一致，这样即可绘制出上述电路的梯形图，如图 7-11 所示。由此可见，梯形图与电气控制原理图的不同之处就是在梯形图程序中每个完整的程序必须要以一条 END（01）指令来结束程序。

如果将设计意图修改为电动机点动正转自锁控制，即按下启动按钮 SB1，电动机自锁正转；按下停止按钮 SB2，电动机停转。继电器-接触器控制电路如图 7-12 所示。

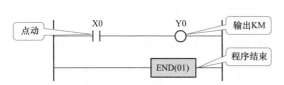

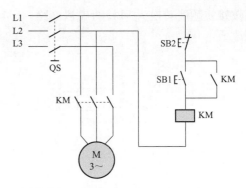

图 7-11　点动正转控制线路的梯形图　　　图 7-12　电动机点动自锁控制电路

PLC 的 I/O 地址分配见表 7-5。

表 7-5　　　　　　　　　　电动机点动自锁控制 PLC 的 I/O 地址分配

输入		输出	
元件	地址	元件	地址
启动按钮 SB1	X0	接触式线圈 KM	Y0
停止按钮 SB2	X1		

电动机点动自锁控制 PLC 接线图和梯形图如图 7-13 所示。

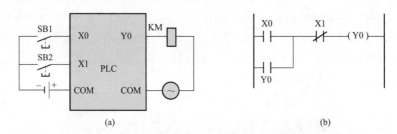

图 7-13　电动机点动自锁控制 PLC 接线图和梯形图
（a）接线图；（b）梯形图

如果我们再将设计意图修改为电动机正反转控制，则 I/O 地址分配见表 7-6。

表 7-6　　　　　　　　　　电动机正反转控制 PLC 的 I/O 地址分配

输入			输出		
元件	功能	信号地址	元件	功能	信号地址
按钮 SB1	电机正转	X0	电动机	正转	Y0
按钮 SB2	电机反转	X1	电动机	反转	Y1
按钮 SB3	电机停止	X3			
FR1	过载保护	X2			

7.5　电动机正反转
程序编写

根据 PLC 的 I/O 地址分配表，可画出其 PLC 接线图和梯形图，如图 7-14 所示。

综上所述，替代设计法的优点是程序设计方法简单，有现成的电气控制线路作依据，设计周期短。一般在旧设备电气控制系统改造中，适用于不太复杂的控制系统。

2. 电动机 Y-△降压启动控制电路

如图 7-15 所示为继电器-接触器式三相异步电动机 Y-△降压启动控制电路，现在要把它改造成功能相同的 PLC 控制系统。

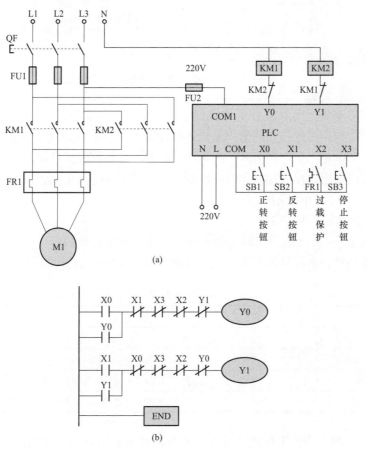

图 7-14　电动机正反停控制 PLC 接线图和梯形图

（a）接线图；（b）梯形图

由继电-接触器控制电动机减压启动的原理可知，Y-△降压启动就是当电动机刚刚启动时绕组为 Y 形接法，启动之后迅速转换为△形接法，以降低启动电流，增大电动机的转矩。如何应用 PLC 控制实现 Y 形接法向△形接法的切换呢？其中，PLC 的定时器（T）将替代前述的时间继电器，其控制思路与逻辑关系和接触-继电器控制系统相同。

定时器在 PLC 中相当于继电器控制的一个时间继电器。在 PLC 控制中，使用定时器可

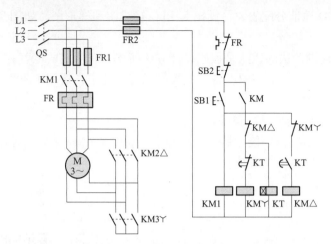

图 7-15　三相异步电动机 Y-△ 降压启动控制电路

以获得一个延时的效果，而且有若干个动合、动断延时触点供用户编程使用，使用次数不限。PLC 定时器是根据时钟脉冲的累积形式进行计时的。当定时器线圈得电时，定时器对相应的时钟脉冲（100ms、10ms 和 1ms）从 0 开始计数，计数值等于设定值时，定时器的触点动作。定时器可以用用户程序存储器内的常数 K 作为设定值（K 的范围为 1~32767），也可以用数据寄存器（D）的内容作为设定值。

（1）I/O 地址分配，见表 7-7。

PLC 的输入信号：启动按钮 SB1、停止按钮 SB2、热继电器 FR。

PLC 的输出信号：电源接触器 KM1、丫连接接触器 KM3、△连接接触器 KM2。

表 7-7　　　　　　　　　　I/O 地址分配

输入分配		输出分配	
元件	地址	元件	地址
SB1（启动按钮）	X0	KM1（电源接触器）	Y0
SB2（停止按钮）	X1	KM2（△连接接触器）	Y2
FR（热继电器）	X2	KM3（丫连接接触器）	Y1

（2）PLC 接线图。根据 I/O 地址的对应关系，可画出 PLC 的接线图，如图 7-16 所示。

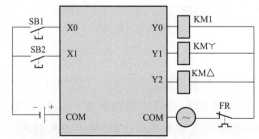

图 7-16　PLC 外部接线图

（3）PLC 程序设计。根据三相异步电动机 Y-△降压启动工作原理，可以画出对应的 PLC 梯形图，如图 7-17 所示。

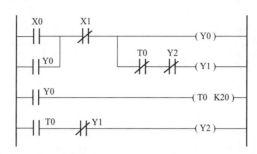

图 7-17　三相异步电动机 Y-△降压启动 PLC 梯形图

为防止电动机由星形转换为三角形接法时发生相间短路，在输出继电器 Y1（Y 连接）和输出继电器 Y2（△连接）的动断触点实现软件互锁，而且还要在 PLC 输出电路使用接触器 KM2、KM3 的动断触点进行硬件互锁。

当按下启动按钮 SB1 时，输入继电器 X0 接通，X0 的动合触点闭合，执行主控触点指令 MC，并通过主控触点（M101 动合触点）自锁，输出继电器 Y1 接通，使接触器 KM3（Y 连接接触器）得电动作，接着 Y1 的动合触点闭合，使输出继电器 Y0 接通并自锁，接触器 KM1（电源接触器）得电动作，电动机接成 Y 形降压启动；同时定时器 T0 开始计时，6s 后 T0 的动断触点断开使 Y1 失电，故接触器 KM3（Y 连接接触器）也失电复位，Y1 的动断触点（互锁作用）恢复闭合，解除互锁使 Y2 接通，接触器 KM2（△连接接触器）得电动作，电动机接成△全压运行。

7.1.4　PLC 控制系统电气图看图实践

【例 7-1】闪光信号报警系统 PLC 梯形图。

报警是工业生产中经常用到的一种保护措施，通过传感器对生产过程的状况进行监视，一旦过程参数超过控制指标，则通过报警提醒操作人员注意。如图 7-18 所示为普通闪光信号报警系统的梯形图，其系统的 I/O 分配见表 7-8。

表 7-8　　　　　　　　　　　　报警系统的 I/O 分配见表

输入		输出	
外部元件	输入端子	外部元件	输出端子
温度上限传感器	X1	电铃	Y0
压力下限传感器	X2	温度报警指示灯	Y1
确认按钮	X3	压力报警指示灯	Y2
试验按钮	X4		

电路特点： 通过查阅梯形图符号、图例及功能说明可知，该梯形图有 7 个梯级。

看图要点： 该报警系统的梯形图有 7 个梯级，可按照行从上至下，每一行从左至右的顺序看图。

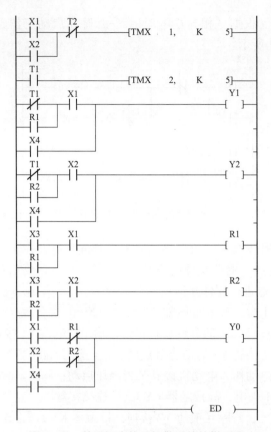

图 7-18　普通闪光信号报警系统的梯形图

看图实践：

（1）第 1 梯级和第 2 梯级用于产生振荡信号。当过程参数温度或压力超限，X1 或 X2 接通，计时器 T1 开始计时，0.5s 后 T1 接通。T1 动合触点接通，计时器 T2 开始计时，0.5s 后 T2 接通。T2 动断触点断开，使计时器 T1 断开。T1 动合触点断开，使计时器 T2 也断开。T2 动断触点接通，使计时器 T1 又开始计时，如此循环往复。当过程参数恢复正常，振荡停止。

（2）第 3 梯级是当温度参数超限时，X1 接通，T1 动断触点接通 0.5s，断开 0.5s，温度指示灯闪亮。

（3）第 4 梯级是当压力参数超限时，X2 接通，T1 动断触点接通 0.5s，断开 0.5s，压力指示灯闪亮。

（4）第 5 梯级是当按下事故确认按钮 X3，内部继电器 R1 接通并保持；R1 动合触点闭合，温度指示灯变为平光，只亮不闪；直到温度参数恢复正常，X1 复位，温度指示灯灭；按下试验按钮，X4 接通，Y1 接通，温度指示灯应亮。

（5）第 6 梯级是当按下事故确认按钮 X3，内部继电器 R2 接通并保持；R2 动合触点闭合，压力指示灯变为平光；直到压力参数恢复正常，X2 复位，压力指示灯灭。按下试验按钮，X4 接通，Y2 接通，压力指示灯应亮。

（6）第 7 梯级是当温度或压力参数超限，并未按事故确认按钮，输出继电器 Y0 接通，电铃响；按下事故确认按钮，R1 或 R2 动断触点断开，电铃不响；按下试验按钮，X4 接通，Y0 接通，电铃应响。

综合上述分析，普通闪光信号报警系统功能是一旦过程参数（温度或压力）超限，立即进行报警，一般是灯光闪烁电铃响，并用不同的灯来区别报警点。按下确认（消音）按钮后，电铃不响，灯变为平光。只有过程参数恢复正常，灯才灭。按下试验按钮，指示灯全亮，电铃响，以便对信号报警系统进行检查。

【例 7-2】　电动机多地控制线路梯形图。

能在两地或多地控制同一台电动机启动停止的控制方式称为电动机的多地控制。如图 7-19 所示为电动机多地控制线路梯形图。其中，图 7-19（b）为单人多地控制线路梯形图，图 7-19（c）为多人多地控制梯形图，其系统的 I/O 分配见表 7-9。

表 7-9　　　　　　　　　电动机多地控制电路输入输出 I/O 分配表

输入			输出		
输入元件	输入继电器	功能作用	输出元件	输出继电器	控制对象
SB1	X000	启动按钮	KM1	Y000	电动机运行
SB2	X001	停止按钮			
SB3	X002	启动按钮			
SB4	X003	停止按钮			
SB5	X004	启动按钮			
SB6	X005	停止按钮			

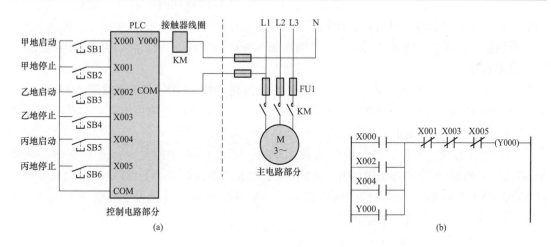

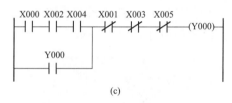

图 7-19　多地控制线路梯形图

（a）PLC 接线图；（b）单人多地控制梯形图；（c）多人多地控制梯形图

1. 单人多地控制线路

单人多地控制线路和梯形图如图 7-19（a）、（b）所示。

电路特点：在继电-接触器控制线路中，只要把各地的启动按钮并接，停止按钮串接就可以实现多地控制。利用图 7-19（b）梯形图可以实现在任何一地方进行启/停控制，也可以在一地方进行启动，在另一地控制停止。

看图要点：该线路有甲、乙、丙三个地方控制，可以先看甲地的控制情况，乙地和丙地的控制情况与甲地是一样的。

看图实践：

（1）甲地启动控制。在甲地按下启动按钮 SB1 时→X000 动合触点闭合→线圈 Y000 得电→Y000 动合自锁触点闭合，Y000 端子内部硬触点闭合→Y000 动合自锁触点闭合锁定 Y000 线圈供电，Y000 端子内部硬触点闭合使接触器线圈 KM 得电→主电路中的 KM 主触点闭合，电动机得电运转。

（2）甲地停止控制。在甲地按下停止按钮 SB2 时→X001 动断触点断开→线圈 Y000 失电→Y000 动合自锁触点断开，Y000 端子内部硬触点断开→接触器线圈 KM 失电→主电路中的 KM 主触点断开，电动机失电停转。

乙地和丙地的启/停控制与甲地控制原理相同。

2. 多人多地控制线路

多人多地控制线路和梯形图如图 7-19（a）、（c）所示。

电路特点：利用图 7-19（c）梯形图可以实现多人在多地同时按下启动按钮才能启动的功能，在任意一地都可以进行停止控制。

看图要点：该梯形图是利用取指令及输出指令编程来实现电动机多人多地控制功能的。

看图实践：

（1）启动控制。在甲、乙、丙三地同时按下按钮 SB1、SB3、SB5→线圈 Y000 得电→Y000 动合自锁触点闭合，Y000 端子的内部硬触点闭合→Y000 线圈供电锁定，接触器线圈 KM 得电→主电路中的 KM 主触点闭合，电动机得电运转。

（2）停止控制。在甲、乙、丙三地按下 SB2、SB4、SB6 中的某个停止按钮时→线圈 Y000 失电→Y000 动合自锁触点断开，Y000 端子内部硬触点断开→Y000 动合自锁触点断开使 Y000 线圈供电切断，Y000 端子的内部硬触点断开使接触器线圈 KM 失电→主电路中的 KM 主地点断开，电动机失电停转。

【例 7-3】交通信号灯 PLC 控制梯形图。

如图 7-20 所示是一款交通信号灯 PLC 控制系统线路图，梯形图如图 7-21 所示。交通信号灯控制采用到的输入/输出设备和对应的 PLC 端子见表 7-10。

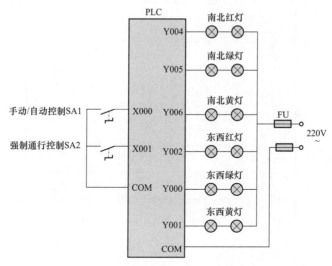

图 7-20　交通信号灯 PLC 控制线路图

表 7-10　　　　　　交通信号灯控制采用的输入/输出设备和对应的 PLC 端子

输入			输出		
输入元件	输入继电器	功能作用	输出元件	输出继电器	控制对象
SA1	X000	手动/自动选择 （ON：手动； OFF：自动）	南北红灯	Y004	驱动南北红灯亮
SA2	X001	强制通行控制	南北绿灯	Y005	驱动南北绿灯亮
			南北黄灯	Y006	驱动南北黄灯亮
			东西红灯	Y002	驱动东西红灯亮
			东西绿灯	Y000	驱动东西绿灯亮
			东西黄灯	Y001	驱动东西黄灯亮

系统要求对交通信号灯能进行自动和手动控制。

（1）自动控制。自动控制分白天（6:00~23:00）和晚上（23:00~6:00）。白天控制时序为南北红灯亮 30s，在南北红灯亮 30s 的时间里，东西绿灯先亮 25s 再以 1 次/s 频率闪烁 3 次，接着东西黄灯亮 2s，30s 后南北红灯熄灭，熄灭时间维持 30s，在这 30s 时间里，东西红灯一直亮，南北绿灯先亮 25s，然后以 1 次/s 频率闪烁 3 次，接着南北黄灯亮 2s。以后重复前述过程。

晚上的控制要求是所有红绿灯熄灭，只有黄灯闪烁。

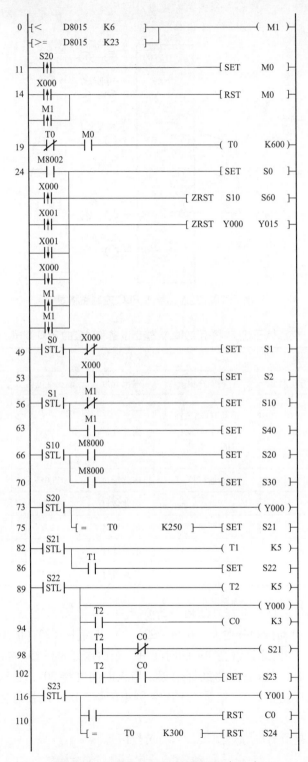

图 7-21　交通信号灯控制梯形图（一）

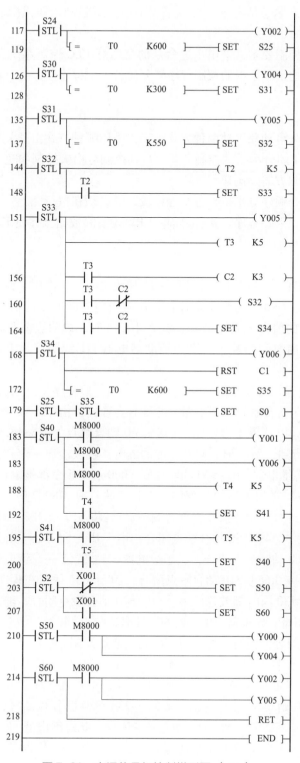

图 7-21 交通信号灯控制梯形图（二）

（2）手动控制。在紧急情况下，可以采用手动方式强制东西或南北方向通行，即强行让东西或南北绿灯亮。

电路特点：根据控制要求，采用步进命令的交通灯 PLC 控制系统，是一种比较完善的信号灯控制系统，它把整个系统的控制程序划分为若干个程序段，每个程序段对应于工艺过程的一个部分。

看图要点：

交通信号灯控制分自动和手动两种方式，工作采用哪种方式由开关 SA1 决定。SA1 断开为自动控制方式，SA1 闭合为手动控制方式。自动控制分白天控制和晚上控制，手动控制用于实现东西方向或南北方向强制通行。

用步进指令按指令顺序分别执行各个程序段，但必须在执行完上一个程序段后才能执行下一程序段。同时，在下一程序段执行之前，CPU 要清除数据区并使定时器复位。

看图实践：

1. 自动控制过程

（1）检测白天和晚上。梯形图中的第 0~11 梯级之间的程序用来检测当前时间，以分辨当前为白天还是晚上。D8015 为数据寄存器，存储当前时间的小时值，其值随 PLC 时间变化而变化。当 D8015 的值大于或等于 23，或者小于 6 时，说明当前时间为晚上，否则为白天。若程序检测到当前时间为晚上，则为辅助继电器 M1 线圈接通电源，在白天 M1 无法得电。

（2）白天控制过程。在程序运行时，［0］~［11］段程序检测当前时间为白天，M1 线圈不得电，［11］S20 动合触点断开，M0 线圈不会置位，由于 SA1 处于断开状态，［14］X000 动合触点断开，M0 线圈不会复位，［19］M0 动合触点处于断开，定时器 T0 无法进行 60s 计时。当程序运行到［24］时，M8002 辅助继电器触点接通一个扫描周期，使状态继电器 S0 置位，同时状态继电器 S10~S60 和输线圈 Y000~Y015 全部被复位（ZRST 为成批复位指令）。［24］~［49］之间为初始化程序，在程序执行到 M8002 时，或者 SA1、SA2、M1 断开或接通时，均会进行初始化操作，即将 S0 置位，将 S10~S60 和 Y000~Y015 全部复位。状态继电器 S0 置位后，［49］S0 动合触点闭合，由于开关 SA1 处于断开，［53］X000 动合触点断开，［49］X000 动断触点闭合，状态继电器 S1 被置位→［56］S1 动合触点闭合，状态继电器 S10 被置位→［66］S10 动合触点闭合，因 M8000 触点在程序运行时总是闭合的，故状态继电器 S20 和 S30 同时都被置位→［11］S20 动合触点闭合，辅助继电器 M0 被置位，［19］M0 动合触点闭合，定时器 T0 开始 60s 计时，与此同时，［73］S20 动合触点闭合，［126］S30 动合触点闭合，同时开始东西、南北交通灯控制。

1）东西交通灯控制：［73］S20 动合触点闭合后→Y000 线圈得电，Y000 端子内硬触点闭合，东西绿灯亮→当定时器 T0 计时到 25s 时，状态继电器 S21 置位→［82］S21 动合触点闭合，定时器 T1 开始 0.5s 计时（由于此时［73］S20 已复位断开，Y000 线圈失电，东西绿灯熄灭 0.5s）→0.5s 后，［86］T1 动合触点闭合，状态继电器 S22 被置位→［89］S22 动合触点闭合，Y000 线圈又得电，东西绿灯亮，与此同时，定时器 T2 开始 0.5s 计时→0.5s 后，［94］、［98］、［102］T2 动合触点均闭合→［94］T2 动合触点闭合使计数器 C0 的计数值为 1，［98］T2 动合触点闭合使状态继电器 S21 线圈得电→［82］S21 动合触点闭合，定时器 T1 又开始 0.5s 计时，这样［82］~［98］段程序会执行 3 次，即东西绿灯会闪烁 3 次（3s），当第 3 次执行到［94］程序时，计数器 C0 的计数值为 3，计数器 C0 动作→［98］C0 动断触点断开，状态继电器 S21 失电，［102］C0 动合触点闭合，状态继电器 S23 被置位→［106］S23 动合触点闭合，Y001 线圈得电，东西黄灯亮，同时计数器 C0 被复位→当定时器 T0 计时到 30s 时，状态继电器 S24 被置位→［106］S23 动合触点复位断开，Y001 线圈失电，东西黄灯灭，同时［117］S24 动合触点闭合，Y002 线圈得电，东西红灯亮→当定时器 T0 计时到 60s 时（东西红灯亮 30s），状态继电器 S25 被置位→［179］S25 动合触点闭合，如果此时南北灯控制程序使［179］S35 动合触点闭合（即［172］状态继电器 S35 被置位），则状态继电器 S0 被置位→［49］S0 动合触点闭合，开始下一个周期交通信号灯控制。

2）南北信号灯控制：［126］S30 动合触点闭合→Y004 线圈得电，南北红灯亮→当定时器 T0 计时到 30s 时，状态继电器 S31 置位→［126］S30 动合触点复位断开，Y004 线圈失电，南北灯灭，同时 Y005 线圈得电，南北绿灯亮→当定时器 T0 计时到 55s 时，状态继电器 S32 被置位→［144］S32 动合触点闭合，定时器 T2 开始 0.5s 计时→0.5s 后，［148］T2 动合触点闭合，状态继电器 S33 被置位→［151］S33 动合触点闭合，Y005 线圈又得电，南北绿灯又亮，与此同时，定时器 T3 开始 0.5s 计时→0.5s 后，［156］、［160］、［164］T3 动合触点均闭合→［156］T3 动合触点闭合使计数器 C2 的计数值为 1，［160］T3 动合触点闭合将状态继电器 S32 置位→［114］S32 动合触点闭合，定时器 T2 又开始 0.5s 计时，这样［144］~［160］段程序会执行 3 次，即南北绿灯会闪烁 3 次（3s），当第 3 次执行到［156］程序时，计数器 C2 的计数值为 3，计数器 C2 动作→［160］C2 动断触点断开，状态继电器 S32 失电，［164］C2 动合触点闭合，状态继电器 S34 被置位→［151］S33 动合触点复位断开，Y005 线圈失电，南北绿灯灭，同时［168］S34 动合触点闭合，Y006 线圈得电，南北黄灯亮，计数器 C1 复位→当定时器 T0 计时到 60s 时，状态继电器 S35 被置位→［179］S35 动合触点闭合，如果此时东西灯控制程序使［179］S25 动合触点闭合，则状态继电器 S0 被置位→［49］S0 动合触点闭合，开始下一个周期交通信号灯控制。

（3）晚上控制过程。当［0］~［11］段程序检测到当前时间为晚上（23 点~至次日早 6 点）时，辅助继电器 M1 线圈得电→［15］M1 动合触点瞬间闭合一个扫描周期，辅助继电器 M0 被复位，［19］M0 动合触点断开，定时器 T0 停止 60s 计时，白天控制因无 60s 参考时间而无法工作；与此同时，［56］M1 动断触点也断开，［63］M1 动合触点闭合，状态继电器 S40 被置位→［183］S40 动合触点闭合→Y001、Y006 线圈得电，东西和南北黄灯均亮，同时定时器 T4 开始 0.5s 计时→05s 后，状态继电器 S41 被置位，［195］S41 动合触点闭合（同时［183］触点复位断开使东西和南北黄灯灭），定时器 T5 开始 0.5s 计时→0.5s 后，状态继电器 S40 被置位→［183］S40 动合触点闭合，又开始重复上述过程。即在晚上时间，东西和南北黄灯都以 0.5s 亮 0.5s 灭的频率闪烁。

2. 手动控制过程

开关 SA1 闭合时，程序将工作在手动控制状态，而操作开关 SA2 可以实现东西或南北强制通行（即强行让东西或南北绿灯亮），SA2 断开时，强制东西绿灯亮；SA2 闭合则强制南北绿灯亮。

当开关 SA1 闭合时，[14] X000 动合触点瞬间闭合一个扫描周期，辅助继电器 M0 被复位，[19] M0 动合触点断开，定时器 T0 停止 60s 计时，在 [14] X000 触点闭合的同时，[49] X000 动断触点断开，[53] X000 动合触点闭合，状态继电器 S2 被置位→[203] S2 动合触点闭合。如果开关 SA2 处于断开，[203] X001 动断触点闭合，[207] X001 动合触点断开，状态继电器 S50 被置位，[210] S50 动合触点闭合，Y000、Y004 线圈得电，东西绿灯亮，强制东西方向通行；如果开关 SA2 处于闭合，[203] X001 动断触点断开，[207] X001 动合触点闭合，状态继电器 S60 被置位，[214] S60 动合触点闭合，Y002、Y005 线圈得电，南北绿灯亮，强制南北方向通行。

在控制交通信号灯时，要求南北信号灯和东西信号灯同时工作，这是一种并行控制，编程时应采用并行分支方式。如图 7-22 所示为交通信号灯控制的状态转移图。

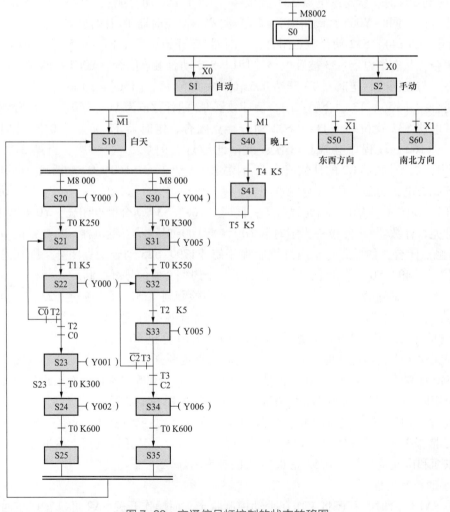

图 7-22 交通信号灯控制的状态转移图

7.2　变频器控制电动机电气图识读

7.2.1　变频器控制基础

变频器是利用电力半导体器件的通断作用将工频电源变换为另一频率的电能控制装置，如图 7-23 所示。

图 7-23　变频器

简单讲，变频器能实现对交流异步电机的软启动、变频调速、提高运转精度、改变功率因数、过流/过压/过载保护等功能。

1. 变频器调速控制系统的优势

（1）利用变频器对交流电动机进行控制，可很方便地实现调速。由于变频器可以看作是一个频率可调的交流电源，对于现有的进行恒速运转的异步电动机来说，只需在电网电源和现有的电动机之间接入变频器和相应设备，就可以利用变频器实现调速控制，无需对电动机和系统本身进行大的设备改造。

（2）利用变频器对交流电动机进行控制，可得到较宽的调速范围和较高的调速精度。一般来说，通用型变频器的调速范围可以达到 1∶10 以上，而高性能的矢量控制变频器的调速范围可以达到 1∶1000。

（3）利用变频器对交流电动机进行控制，很容易实现电动机的正反转切换。

（4）利用变频器对交流电动机进行控制，可减小电动机的启动电流。在采用变频器的交流调速系统中，可以通过改变变频器的输出频率使电动机进行减速，并在电动机减速至低速范围后再进行相序切换，进行相序切换时电动机的电流可以很小。同样，在电动机的加速过程中可达到限制加速电流的目的。因此，在利用变频器进行调速控制时更容易和其他设备一起构成自动控制系统。

（5）利用变频器对交流电动机进行控制，可减小电动机的功率损耗。

（6）利用变频器对交流电动机进行控制，运行可靠，维护简单。

7.6 变频器与
外围配件选用

2. 变频器的基本配置

尽管市场上不同型号规格变频器的安装、接线、调试各有特点，但其外围设备的配置情况基本一致，如图 7-24 所示。

（1）断路器。变频器供电回路必须要具有过流保护作用的断路器或熔断器，避免因后级设备故障造成故障范围扩大。使用断路器，合上时用于向变频器供电，过电流时断路器能自动脱扣保护。断开时，隔绝变频器的供电电源。

（2）接触器。通常与空气断路器结合使用，用于电控分合操作，并用于变频器故障时切断电源。

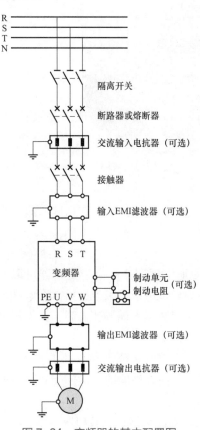

图 7-24　变频器的基本配置图

变频器的输出侧一般不能安装电磁接触器，若必须安装，则一定要注意满足以下条件：变频器若正在运行中，严禁切换输出侧的电磁接触器；要切换接触器必须等到变频器停止输出后才可以。这是因为如果在变频器正常输出时切换输出侧的接触器，将会在接触器触点断开的瞬间产生很高的过电压而极易损坏变频器中的电力电子器件。因此，要切换变频器输出侧的接触器，一定要等到所控制的电动机完全停止以后。

注意：接触器仅用于供电控制，不要用接触器来控制变频器的启停。

（3）电抗器。把变频器连接在大容量电源变压器（500kVA 以上）电网中，或者在同一电源变压器上连接有晶闸管变流器而未使用换流电抗器，或者同一电网上有功率改善用切换电容器组时，应配置 AC 电抗器或 DC 电抗器，它们也有改善变频器电源侧功率因数、降低输入高次谐波电流和改善输出电流波形的效果。

直流电抗器接入变频器内部直流母线，可以改善变频器的输入电流波形，因此可以有效提高输入侧的功率因数。

（4）EMI 滤波器。有输入侧 EMI 滤波器和输出侧 EMI 滤波器。在输入侧，选配 EMI 滤波器可抑制从变频器电源线发出的高频传导性干扰和射频干扰。在输出侧，选配 EMI 滤波器可抑制变频器输出侧产生的射频干扰噪声和导线漏电流。

（5）制动电阻。当电动机处于再生制动状态时，避免在直流回路中产生过高的泵升电压。

7.2.2　变频器接线图

变频器与外部连接的端子可分为主回路端子和控制回路端子。一般来讲，各个品牌的变频器接线都比较类似。把变频器后上盖打开，即可看到主回路端子和控制回路端子，如图 7-25 所示为某变频器的总接线图（也称为标准接线图）。变频器在具体使用时，有些功能并不需要，应根据具体的使用要求进行必要的配线，不需要的控制端可以空着不用。

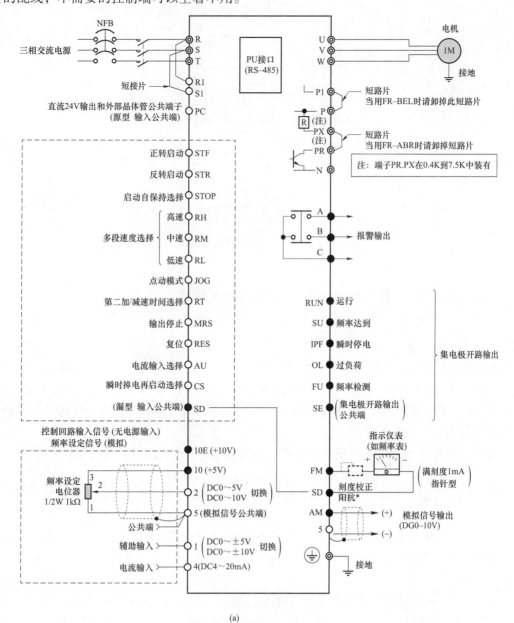

(a)

图 7-25　某变频器总接线图和标准接线图 （一）

（a）总接线图

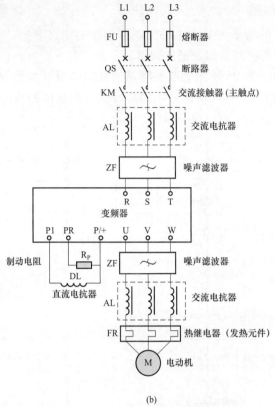

图7-25 某变频器总接线图和标准接线图（二）

（b）标准接线图

1. 主电路接线图

某品牌变频器主回路接线端子排如图7-26所示。端子排上的R、S、T端子与三相工频电源连接，若与单相工频电源连接，必须接R、S端子；U、V、W端子与电动机连接；P1、P端子，RP、PX端子，R、R1端子和S、S1端子用短接片连接；接地端子用螺钉与接地线连接固定。

（1）变频器的R、S、T端子外接电源，内接变频器的整流电路，接线可不分相序。

（2）变频器的U、V、W端子外接电动机，内接逆变电路。

（3）P、P1端子外接短路片（或提高功率因素的直流电抗器），将整流电路与逆变电路连接起来。

（4）PX、PR端子外接短路片，将内部制动电阻和制动控制器件连接起来。如果内部制动电阻制动效果不理想，可将PX、PR端子之间的短路片取下，再在P、PR端外接制动电阻。

（5）P、N端子分别为内部直流电压的正、负端，如果要增强减速时的制动能力，可将PX、PR端子之间的短路片取下，再在P、N端外接专用制动单元（即制动电路）。

（6）R1、S1端子内接控制电路，外部通过短路片与R、S端子连接，R、S端的电源通

FR–A540–0.4K, 0.75K, 2.2K, 3.7K–CH

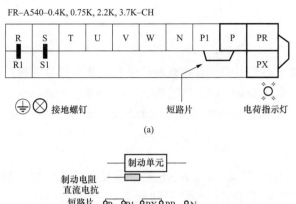

⏚ ⊗ 接地螺钉　　　　　　　短路片　　　　　　电荷指示灯

(a)

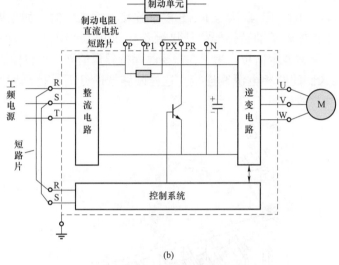

(b)

图 7-26　某品牌变频器主回路接线图

（a）主回路接线端子排；（b）接线原理图

过短路片由 R1、S1 端子提供给控制电路作为电源。如果希望 R、S、T 端无工频电源输入时控制电路也能工作，可以取下 R、R1 和 S、S1 之间的短路片，将两相工频电源直接接 R1、S1 端。

（7）由于在变频器内有漏电流，为了防止触电，变频器和电机必须接地。变频器的接地方法有专用接地和共同接地两种方式，如图 7-27 所示，一般采用专用接地效果最佳。变频器接地线的连接，要使用镀锡处理的压接端子。

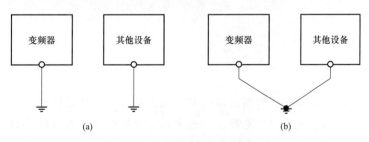

(a)　　　　　　　　　　　　　　　(b)

图 7-27　变频器接地连接

（a）专用接地；（b）共同接地

📱 **技能提高**

变频器的接地电阻应小于10Ω。接地线要尽量短，且线径尽量粗，一般不得小于下列标准：7.5kW 及以下电机配 3.5mm² 以上铜芯线；11~15kW 电机配 8mm² 以上铜芯线；18.5~37kW 电机配 14mm² 以上铜芯线；45~55kW 电机配 22mm² 以上铜芯线。

2. 控制电路接线图

控制回路电源端子 R1、S1 默认与 R、S 端子连接。在工作时，如果变频器出现异常，可能会导致变频器电源输入端的断路器（或接触器）断开，变频器控制回路电源也随之断开，变频器无法输出异常显示信号。为了在需要时保持异常信号，可将控制回路的电源 R1、S1 端子与断路器输入侧的两相电源线连接，这样断路器断开后，控制回路仍有电源提供。控制回路外接电源线接线如图 7-28 所示。

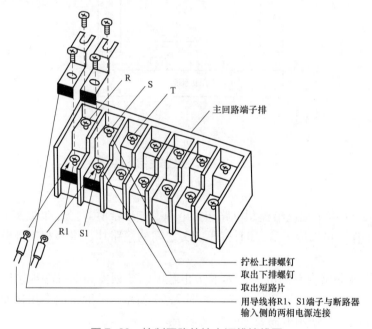

图 7-28 控制回路外接电源线接线图

📱 **技能提高**

为了保证变频器正常工作，控制电路的布线应采取各种必要的措施，以避免主电路及相关设备中产生的干扰信号进入控制电路。一般来说，控制电路布线应该特别注意以下几点。

（1）控制电路线应与主电路以及其他动力线分开敷设，即分别放置在不同的电线管内部。

（2）控制电路布线应采用屏蔽线或双绞线。在接线时一定要注意，电缆剥线要尽可能地短（5~7mm），同时对剥线以后的屏蔽层要用绝缘胶布包起来，以防止屏蔽线与其他设备接触引入干扰。

（3）当布线距离超过100m时，使用信号放大器对信号进行放大。

（4）在连线时充分注意模拟信号线的极性。

（5）端子与导线的连接应可靠，推荐使用接触性能良好的压接端子。

3. 选件的连接

（1）外部制动电阻的连接。变频器的P、PX端子内部接有制动电阻，但内置制动电阻易发热，由于封闭散热能力不足，这时需要安装外接制动电阻来替代内置制动电阻。外接制动电阻的连接如图7-29所示，先将PR、PX端子间的短路片取下，然后用连接线将制动电阻与PR、P端子连接。

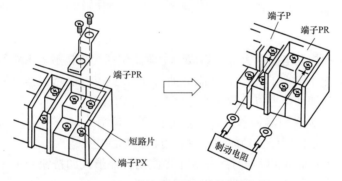

图 7-29　外接制动电阻连接接线图

（2）直流电抗器的连接。为了提高变频器的电能利用率，可给变频器外接改善功率因数的直流电抗器（电感器）。直流功率因数电抗器的连接如图7-30所示，先将P1、P端子间的短路片取下，然后用连接线将直流电抗器与P1、P端子连接。

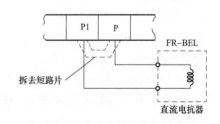

图 7-30　直流电抗器连接接线图

变频器主电路的外围设备有熔断器、断路器、交流接触器（主触抗器、噪声滤波器、制动电阻、直流电抗器和热继电器（发热元件）。在要求不高的情况下，主电路的外围设备大多数可省掉，如仅保留断路器。变频器的选件还有很多，如FR-BU制动单元、FR-HC整流器、FR-RC能量回馈单元等，这些选件的连接可阅读变频器使用手册。

7.2.3　变频器常用外围控制电路图识读

与接触器-继电器应用电路一样，变频器应用电路同样由主电路和控制电路两大部分组成。识图时，可先读主电路，看主电路由哪些器件组成；然后再识读控制电路，看控制电路由哪些器件组成，并分析控制电路是如何工作的。

【例7-4】 开关控制正转控制电路。

开关控制式正转控制电路如图7-31所示。

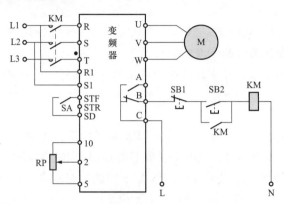

图7-31　开关控制式正转控制电路

电路特点：

主要由主电路和控制电路两大部分组成。主电路包括交流接触器KM的主触点、变频器内置的AC/DC/AC转换电路以及三相交流电动机M等。控制电路包括控制按钮SB1、SB2、交流接触器的线圈和辅助接点以及频率给定调节电路RP等。

图7-31中，RP为变频器频率给定信号电位器，频率给定信号通过调节其滑动触点得到。接触器KM在变频器的保护功能动作时，可迅速切断电源。

使用外接开关SA控制变频器时，一般需要使用自保形式的按钮开关来完成，如果不是自保形式的，需要另外加中间继电器来做自保。

看图要点：

用一个接触器，依靠手动操作变频器STF端子外接开关SA，对电动机进行正转控制。当接触器KM线圈得电，电动机正转，KM线圈失电，电动机停止。

看图实践：

（1）启动准备。按下启动按钮SB2→接触器KM线圈得电→KM常开辅助触点和主触点均闭合→KM常开辅助触点闭合锁定→KM线圈得电（自锁）→KM主触点闭合为变频器接通主电源。

（2）正转控制。按下变频器STF端子外接开关SA，STF、SD端子接通，相当于STF端子输入正转控制信号，变频器U、V、W端子输出正转电源，驱动电动机正向运转。调节端子10、2、5外接电位器RP，变频器输出电源频率会发生改变，电动机转速也随之变化。

（3）变频器异常保护。若变频器运行期间出现异常或故障，变频器B、C端子间内部等效的常闭开关断开，接触器KM线圈失电，KM主触点断开，切断变频器输入电源，对变频器进行保护。

（4）停转控制。在变频器正常工作时，将开关SA断开，STF、SD端子断开，变频器停止输出电源，电动机停转。

若要切断变频器输入主电源，可按下按钮SB1，接触器KM线圈失电，KM主触点断开变频器输入电源被切断。

【例 7-5】一只交流接触器控制电动机正转电路。

如图 7-32 所示为变频调速电动机正转控制电路。

电路特点：

该电路由主电路和控制电路等两大部分组成。主电路包括断路器 QF、交流接触器 KM 的主触头、变频器内置的交流/直流/交流（AC/DC/AC）转换电路以及三相交流电动机 M 等组成。控制电路包括控制按钮 SB1~SB4、中间继电器 KA、交流接触器的线圈和辅助接点以及频率给定电路等。

7.8　变频调速
电动机正转控制

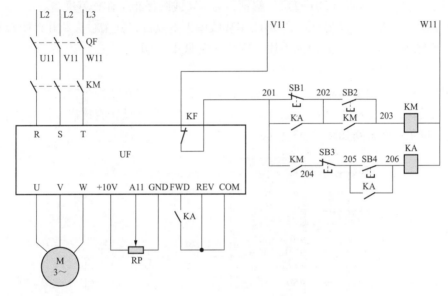

图 7-32　变频调速电动机正转控制电路

在控制电路中，KF 为变频器的过热保护接点。+10V 电压由变频器提供；RP 为频率给定信号电位器，频率给定信号通过调节其滑动触点得到。

看图要点：

控制电路中的接触器与中间继电器之间有连锁关系：一方面，只有在接触器 KM 动作使变频器接通电源后，中间继电器 KA 才能动作；另一方面，只有在中间继电器 KA 断开，电动机减速并停机时，接触器 KM 才能断开变频器的电源。

图 7-32 中，SB1、SB2 用于控制接触器 KM 的线圈，从而控制变频器的电源通断。按钮开关 SB4、SB3 用于控制继电器 KA，从而控制电动机的启动和停止。当电动机工作过程中出现异常而使接点 KF 断开时，KM、KA 线圈失电，电动机停止运行。

看图实践：

（1）启动准备。合上电源开关 QF，控制电路得电。按下启动按钮 SB2 后，电流依次经过 V11→KF→SB1→SB2→KM 线圈→W11，KM 线圈得电动作并自锁；KM 的接点（201-204）闭合，为中间继电器运行作好准备；KM 主触头闭合，主电路进入热备用状态。

（2）正转控制。按下开关 SB4 后，电流依次经过 V11→KF→KM 的接点（201-204）→SB3→SB4→KA 线圈→W11，KA 线圈得电动作，其接点（205-206）闭合自锁；KA 的接点（201-202）闭合，防止操作 SB1 时断电；KA 的接点（FWD-COM）闭合，变频器内置的AC/DC/AC 电路工作，电动机 M 得电运行。

（3）变频器异常保护。若变频器运行期间出现异常或故障，变频器的过热保护接点 KF断开，接触器 KM 线圈失电，KM 主触点断开，切断变频器输入电源，对变频器进行保护。

（4）停转控制。在变频器正常工作时，按下 SB3 开关，中间继电器 KA 的线圈失电复位，KA 的接点（FWD-CM）断开，变频器内置的 AC/DC/AC 电路停止工作，电动机 M 失电停机。同时，KA 的接点（201-202）解锁，为 KM 线圈停止工作作好准备。

如果设备暂停使用，就按下开关 SB1，KM 线圈失电复位，其主触头断开，变频器的 R、S、T 端脱离电源。如果设备长时间不用，应断开电源开关 QF。

【例 7-6】开关控制电动机正反转电路。

有些场合需要控制变频器正反转，交流异步电机虽然可以在变频器输出端把任何两条相线调转就能反转，但是操作起来比较麻烦，而有的变频器带有反转直接启动控制功能。开关控制的电动机正反转电路如图 7-33 所示。

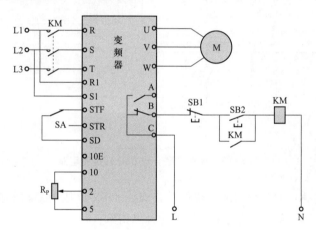

图 7-33　开关控制的电动机正反转电路

电路特点：

该电路由主电路和控制电路等两大部分组成。主电路包括交流接触器 KM 的主触头、变频器内置的交流/直流/交流（AC/DC/AC）转换电路以及三相交流电动机 M 等组成。控制电路包括控制开关 SA、控制按钮 SB1 和 SB2、交流接触器的线圈和辅助接点以及频率给定电位器 RP 等。在控制电动机正反转时，要给变频器设置一些基本参数。

该电路结构简单，缺点是在变频器正常工作时操作 SB1 可切断输入主电源，这样易损坏变频器。

看图要点：

该电路与变频调速电动机正转控制电路不同的是采用了一个三位开关 SA，SA 有"正转""停止"和"反转"3 个位置。电动机正反转主要通过变频器内置的交流/直流/交流

（AC/DC/AC）转换电路来实现。按下开关 SB2，接触器 KM 的线圈得电动作并自锁，主回路中 KM 的主触点接通，变频器输入端（R、S、T）获得工作电源，系统进入热备用状态。

看图实践：

（1）启动准备。按下按钮 SB2→接触器 KM 线圈得电→KM 动合辅助点和主触点均闭合→KM 动合辅助触点闭合锁定 KM 线圈得电（自锁），KM 主触点闭合为变频器接通主电源。

（2）正转控制。将开关 SA 拨至"正转"位置（与 STF 端子连接），STF、SD 端子接通，相当于 STF 端子输入正转控制信号，变频器 U、V、W 端子输出正转电源，驱动电动机正向运转。调节端子 10、2、5 外接电位器 RP，变频器输出电源频率会发生改变，电动机转速也随之变化。

（3）停转控制。将开关 SA 拨至"停转"位置（与 SD 端子连接），STF、SD 端子连接切断，变频器停止输出电源，电动机停转。

（4）反转控制。将开关 SA 拨至"反转"位置（与 STR 端子连接），STR、SD 端子接通，相当于 STR 端子输入反转控制信号，变频器 U、V、W 端子输出反转电源，驱动电动机反向运转。调节电位器 RP，变频器输出电源频率会发生改变，电动机转速也随之变化。

（5）变频器异常保护。若变频器运行期间出现异常或故障，变频器 B、C 端子间内部等效的动断开关断开，接触器 KM 线圈失电，KM 主触点断开，切断变频器输入电源，对变频器进行保护。

若要切断变频器输入主电源，必须先将开关 SA 拨至"停止"位置，让变频器停止工作，再按下按钮 SB1，接触器 KM 线圈失电，KM 主触点断开，变频器输入电源被切断。

【例 7-7】 两只交流接触器控制正反转电路。

两只交流接触器控制电动机正反转电路如图 7-34 所示。

电路特点：

该电路由主电路和控制电路等两大部分组成。主电路包括断路器 QF、交流接触器 KM1 和 KM2 的主触头、变频器内置的交流/直流/交流（AC/DC/AC）转换电路以及三相交流电动机 M 等组成。控制电路包括中间继电器、时间继电器、控制按钮、交流接触器的线圈和辅助接点以及频率给定电位器 RP 等。

KM1、KM2 为两只同型号、同规格的交流接触器；K1、K2 为中间继电器；KT 为时间继电器；STOP 为停

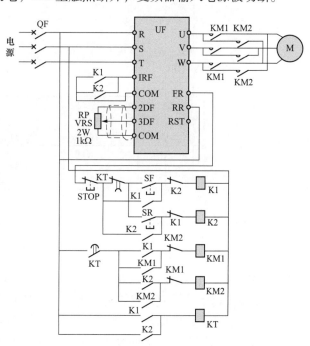

图 7-34 两只交流接触器控制变频电机正反转电路图

车按钮，SF 为正转按钮，SR 为反转按钮。

看图要点：

先看主电路，再看控制电路。看控制电路时，关键是要厘清中间继电器 K1、K2 是如何分别控制线路的通电与断电的，以及它们是如何互锁的。

看图实践：

按动 SF，中间继电器 K1 吸合，时间继电器 KT 进入延时工作状态。待延时结束后，KT 的瞬时闭合触点动作，使交流接触器 KM1 动作，电动机正转。与此同时，K1 的另一动合触点动作，接通变频器 UF 的 "IRF-COM" 端子（有的变频器作 "FWD-CM" 端子），UF 开始运行，其输出频率按预置的升速时间上升至给定对应的数值。当按下停止按钮 STOP 时，K1 失电释放，"IRF-COM" 断开，UF 输出频率按预置频率下降至 0，M1 停机。

要使电动机 M 反转，按下反转按钮 SR 即可，其过程与上述相似。为了防止误操作，K1、K2 必须互锁。

RP 为频率给定电位器，须用屏蔽线连接，COM 为公共端。时间继电器 KT 的整定时间要超过电动机停止时间或变频器的减速时间。在正转或反转运行中，不可关断接触器 KM1 或 KM2。

【例 7-8】变频调速联锁控制电动机正反转电路。

如图 7-35 所示为变频调速联锁控制电动机正反转电路。

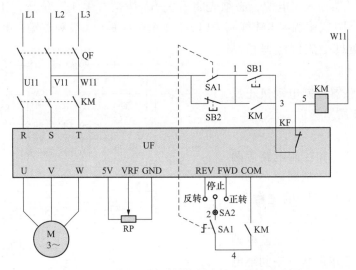

图 7-35　变频调速联锁控制电机正反转电路图

电路特点：

该电路由以电动机为负载的主电路和以选择开关为转换要素的控制电路两大部分组成。主电路包括三相交流电源开关 QF、交流接触器 KM 的主触头、变频器 UF 内置的 AC/DC/AC 转换电路以及三相交流电动机 M 等。控制电路包括控制按钮开关 SA1、SA2、SB1、SB2，交流接触器 KM 的线圈及其辅助接点，变频器内置的保护接点 KF 以及选频电位器 RP 等。

看图要点：

SA2 为三位（正转、反转、停止）开关，旋转开关 SA1 为机械连锁开关，接触器 KM 为电气连锁开关。SA1 接通时，SB2 退出；SA1 断开时，SB2 有效。接触器的辅助接点（4-COM）接通时，只有 SA1、SA2 都接通才有效；接触器的接点（4-COM）断开时，SA1、SA2 接通无效。

看图实践：

（1）电动机正向运行：按下按钮开关 SB1，KM 线圈得电动作，其辅助接点（1-3）、（4-COM）同时闭合，变频器的 R、S、T 端得电进入热备用状态。将 SA1 开关旋转到接通位置时，SB2 不再起作用，然后将 SA2 拨到"正转"位置，变频器内置的 AC/DC/AC 转换电路开通，电动机启动并正向运行。

（2）电动机反向运行：先将 SA2 拨到"停止"位置，然后再将开关 SA2 转到"反转"位置，电动机就反向运行。

如果一开始就要电动机反向运行，则先将旋转开关 SA1 转到接通位置（SB2 退出），然后按下 SB1，接触器 KM 的线圈得电动作，其辅助触点（1~3）、（4-COM）同时闭合，变频器的 R、S、T 端得电，进入热备用状态。将 SA2 转到"反转"位置时，变频器内置的电路换相，电动机反向运行。

如果在反向运行过程中要使电动机正向运行，则先将 SA2 拨到"停止"位置，然后再将开关 SA2 转到"正转"位置，电动机就会正向运行。

（3）停机操作：将 SA1 转到"停止"位置，断开 SA1 对 SB2 的封锁，作好变频器输入端（R、S、T）脱电准备。按下 SB2，KM 线圈失电复位，切断交流电源与变频器（R、S、T 端）之间的联系。

【例 7-9】点动、连续运行变频调速电动机控制电路。

点动、连续运行变频调速电动机控制电路图如图 7-36 所示。

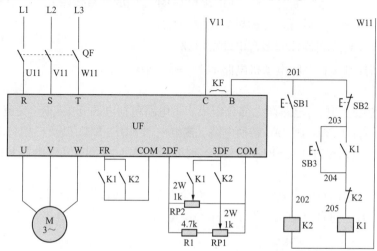

图 7-36　点动、连续运行变频调速电动机控制电路图

电路特点：

该控制电路由主电路和控制电路等组成。主电路包括电源开关 QF、变频器内置的 AC/DC/AC 转换电路以及三相交流电动机 M 等；控制电路包括控制按钮 SB1～SB3，继电器 K1、K2，电阻器 R1 以及选频电位器 RP1、RP2 等。

看图要点：

电路的工作方式分为连动控制和点动控制。调节电位器 RP1，可改变电动机点动运行时的工作频率；调节电位器 RP2，可改变电动机连续运行时的工作频率。

看图实践：

（1）热备用状态。合上电源开关 QF，变频器输入端 R、S、T 得电，控制电路得电进入热备用状态。

（2）点动运行。按下按钮开关 SB1，继电器 K2 的线圈得电，K2 在变频器的 3DF 端与电位器 RP1 的可动触点间的接点闭合。同时，K2 在变频器的 FR 端与 COM 端间的接点点动操作所需要的工作频率。松开按钮开关 SB1 后，继电器 K2 的线圈失电，变频器的 3DF 端与 RP 也闭合，变频器的 U、V、W 端有变频电源输出，电动机得电运行。调节电位器 RP1，可获得电动机点动操作所需要的工作频率。松开按钮开关 SB1 后，继电器 K2 的线圈失电，变频器的 3DF 端与 RP1 的可动触点间的联系中断。同时，K2 在 FR 端与 COM 端间的接点断开，于是变频器内置的 AC/DC/AC 转换电路停止工作，电动机失电而停机。

（3）连续运行。按下按钮开关 SB3，电流依次经过 V11→KF→SB2→SB3→K2 的接点（204-205）→K1 线圈→W11。K1 线圈得电后动作并自锁，变频器的 3DF 端与 RP2 的可动触点间的接点闭合，同时变频器的 FR 端与 COM 端间的接点也闭合，变频器内置的 AC/DC/AC 转换电路开始工作，电动机得电运行。调节电位器 RP2，可获得电动机连续运行所需要的工作频率。

（4）停机操作。需要停机时，按下按钮开关 SB2，K1 线圈失电，变频器的 3DF 端与 RP2 的可动触点间的联系切断。同时，FR 端与 COM 端间的联系也断开，于是变频器内置的 AC/DC/AC 转换电路退出运行，电动机失电而停止工作。

【例 7-10】一台变频器控制多台电动机电路。

一台变频器控制多台并联电动机电路如图 7-37 所示。

电路特点：

该电路由主电路和控制电路两大部分组成。主电路包括电源开关 QF、交流接触器 KM 的主触头、变频器内置的 AC/DC/AC 转换电路、热继电器 KH1～KH3 以及三相交流电动机 M1～M3 等；控制电路包括按钮开关 SB1～SB5、交流接触器 KM 的线圈以及继电器 KA1、KA2 等。

看图要点：

涉及 3 台电动机的正、反转运行控制，电动机正、反转转换运行时，需要先按下 SB3 按钮，让电动机停转。每台电动机单设了一个热继电器。

看图实践：

（1）热备用状态。合上电源开关 QF，变频器输入端 R、S、T 得电，控制电路得电进入热备用状态。

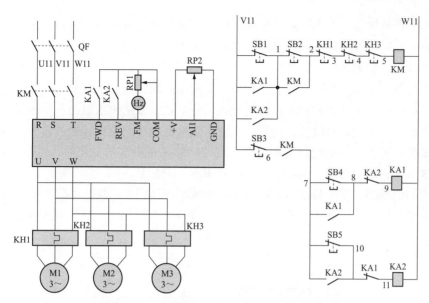

图 7-37　一台变频器控制多台并联电动机电路

（2）正向运行。按下按钮开关 SB2 后，交流电流依次经过 V11→SB1→SB2→KH1 的接点（2-3）→KH2 的接点（3-4）→KH3 的接点（4-5）→KM 线圈→W11，KM 线圈得电吸合并自锁，其接点（6-7）闭合，为 KA1 或 KA2 继电器工作作好准备。接触器 KM 的主触头闭合，三相交流电压送达变频器的输入端 R、S、T。

按下按钮开关 SB4 后，交流电流依次经过 V11→SB3→KM 的接点（6-7）→SB4→KA2 的接点（8-9）→KA1 线圈→W11，KA1 线圈得电吸合并自锁；KA1 的动断接点（10-11）断开，禁止继电器 KA2 参与工作；继电器 KA1 的动合接点（V11-1）闭合，封锁 SB1 按钮开关的停机功能；变频器上的 KA1 接点（FWD-COM）闭合，变频器内置的 AC/DC/AC 转换器工作，从 U、V、W 端输出正相序三相交流电，电动机 M1~M3 同时正向启动运行。

（3）反向运行。先按下按钮开关 SB3，继电器 KA1 的线圈失电复位，变频器处于热备用状态。按下按钮开关 SB5，交流电流依次经过 V11→SB3→KM 的接点（6-7）→SB5→KA1 的接点（10-11）→KA2 线圈→W11，继电器 KA2 的线圈得电吸合并自锁；KA2 的动断接点（8-9）断开，禁止继电器 KA1 的线圈参与工作；KA2 的动合接点（V11-1）闭合，迫使 SB1 按钮开关暂时退出；变频器上的 KA2 接点（REV-COM）闭合，变频器内置的 AC/DC/AC 转换电路工作，从 U、V、W 接线端输出逆相序三相交流电，电动机 M1~M3 同时反向启动运行。

如果需要让电动机正向运行，同样必须先按下按钮开关 SB3，于是 KA2 线圈失电复位，变频器重新处于热备用状态。

（4）停机操作。如果需要长时间停机，可按下按钮开关 SB1，接触器 KM 的线圈失电复位，其主触头断开三相交流电源，然后再关断电源开关 QF。

值得注意，由于并联使用的单台电动机的功率较小，某台电动机发生过载故障时，不能直接启动变频器的内置过载保护开关，因此，每台电动机必须单设热继电器。只要其中一台电动机过载，都将通过热继电器动断接点的动作，将接触器 KM 的线圈的工作条件中断，由交流接触器断开设备的工作电源，从而实现过载保护。

【例 7-11】变频调速恒压供水电路。

一般情况下，生活给水设备分成两种型式，即非匹配式与匹配式。非匹配式的特征是水泵的供水量总保持大于系统的用水量；匹配式的特征是水泵的供水量随着用水量的变化而变化，无多余水量，不设蓄水设备。变频调速恒压供水就属于此类型。通过改变水泵的供电频率，调节水泵的转速，自动控制水泵的供水量，以确保在用水量变化时，供水量随之变化，从而维持水系统的压力不变，实现了供水量和用水量的相互匹配。

变频调速恒压供水系统是以变频器为主体构成的恒压供水系统，不仅能够最大程度满足供水需要，也能提高整个系统的效率，延长系统寿命、节约能源。变频调速恒压供水电路如图 7-38 所示。

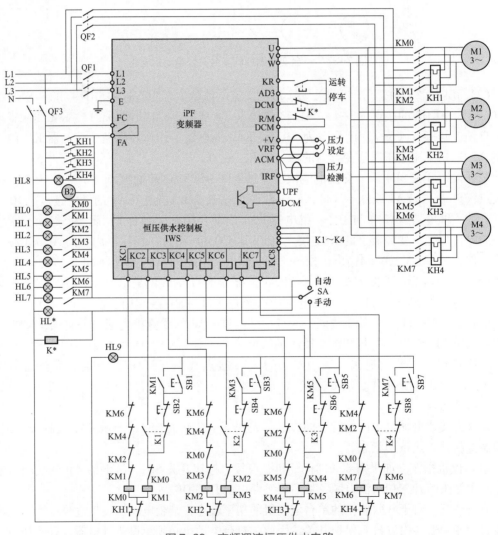

图 7-38　变频调速恒压供水电路

本变频调速恒压供水系统采用一台变频器控制四台水泵轮流切换，调节水泵的输出流量。其中水泵电机是输出环节，转速由变频器控制，实现变流量恒压控制。压力传感器检测出水泵出水口附近配管内的压力，作为反馈信号送给压力调节器，并与出口水压的给定值比较，得到输出给变频器的频率指令，调节电机转速，控制出口压保持恒定。由流体力学的伯努利原理知道：流量增大，出口压减小，此时输出较高的频率指令，使转速增大，从而维持出口压恒定。变频调速恒压供水控制最终是通过调节水泵转速来实现的。

电路特点：

该系统配置了 4 台 7.5kW 的离心式水泵。该变频器内置 PID 调节器，具有恒压供水控制扩展口，只要装上恒压供水控制板（IWS），就可以直接控制多个电磁接触器，实现功能强大且成本较低的恒压供水控制。该系统可以选择变频泵循环（自动）和变频固定（手动）两种控制方式。变频循环方式最多可以控制四台泵，系统以"先开先关"的顺序来关闭水泵。变频故障时，可切换到手动控制水泵运行。

需要说明的是，变频器必须设置好 PID 运行的相关参数。在本例中，须大致调整以下几个参数。

（1）设置变频器启/停控制为外部端子运行。

（2）设置为自由停车方式，以避免变频/工频切换时造成对变频器输出端的冲击。

（3）设置 PID 运行方式，压力设定值由 AUX 端子进入。反馈信号由 VIN 端子进入。

（4）对变频器输出端子的设置。设定 RA、RC 为变频故障时，触点动作输出；设定 R2A、R2C 为变频零速时，触点动作输出；设定 DO1、DOG 为变频器全速（频率到达）时，触点动作输出。

看图要点：

将控制线路"化整为零"，分成几条独立的小回路。自锁、互锁及防锈保护电路中，采用了四个自锁接点 KM1、KM3、KM5、KM7，它们分别与 SB1、SB3、SB5、SB7 并联。每一路变频自动控制接触器（KM0、KM2、KM4、KM6）都设有四个互锁接点，保证只有一台电动机在变频器控制下工作。

电路中采用了四只中间继电器 K1～K4，通过它们完成由变频到工频的自动切换。

看图实践：

（1）手动工作方式。当开关 SA 位于"手动"挡位时，开关 SB1、SB3、SB5、SB7 各支路进入热备用状态。只要按下其中任意一只按钮开关，被操作支路中的线圈将得电动作，与其相关的接触器主触头将闭合，电动机按工频方式运行。例如，若要让 M1 电动机按工频方式运行，则按下按钮 SB1，电流依次经过 L1→QF3→SA→SB1→SB2→K1 接点→KM0 接点→KM1 线圈→KH1 接点→QF3→N，KM1 线圈得电动作，其动合接点接通自锁，动断接点闭合，禁止 KM0 线圈工作。这时，KM1 主触头闭合，电动机 M1 投入运行。需要停机时，按下按钮 SB2，KM1 线圈失电复位，电动机停止工作。

（2）自动工作方式。合上 QF1，使变频器接通电源，按下"运转"按钮，将开关 SA 选择"自动"挡，中间继电器 K1 动作，作好 KC2 输出继电器支路投入工作的准备；恒压供水控制板 IWS 的输出继电器 KC1 接通，KM0 线圈得电，其四个动断接点打开，禁止手动控制的 KM0 线圈和自动控制的 KM2、KM4、KM6 各线圈支路投入运行；KM0 的主触头闭合，启动电动机 M1 按给定的压力在上、下限频率之间运转。如果电动机 M1 达到满速后，经上限频率持续时间后压力仍达不到设定值，则 IWS 的 KC1 断开，KC2 接通，K1 闭合，KM1 线圈得电，将电动机 M1 由变频电源切换至工频电源运行。

IWS 的 KC3 接通，KM2 线圈得电，断开 KM0 线圈支路的动断接点，禁止 KM0 线圈参与工作；断开 KM3、KM4、KM6 各线圈支路，禁止它们参与工作；KM2 的主触头闭合，启动电动机 M2 泵水，依此类推。当用水量减小时，变频器运行于下限频率。如果压力仍高于设定值，则经下限频率持续时间后，IWS 的 KC2 动作，将最先投入工频运行方式的电动机 M1 停下。依此类推，直至变频器拖动最后投入的电动机在上、下限频率之间运转。

此电路可以保证最先启动的电动机最先停止，设备依次循环启动、停止，不会出现某台设备长期工作，而其他设备闲置锈死的现象，并且所有的电动机均可以通过变频器软启动，减少了电动机启动时对电网的冲击。

系统的压力可以用电位器设定，整个压力闭环控制可全部由系统软件实现，变频器的大多数参数可以在线修改。当变频器出现故障报警时，系统能自动地切换到工频运行状态，避免断水。

7.3　电动机软启动控制电气图识读

异步电动机在直接启动时，施加额定电压，启动电流将达到额定电流的 5~7 倍，这样大的电流将会给供电系统造成很大冲击，所以除了小容量电机外，传统的方式是采取 Y-△启动、串电抗器启动、自耦变压器启动、延边三角形启动等不同启动方式以降低电动机的启动电流。传统的方式，在电动机启动的过程中，都有一个线圈电压切换的过程，因而对电网存在"二次冲击"，采用软启动设备，就可以控制和减少启动电流，避免以上的不良影响。

随着电力电子器件的参数性能的提高，使用电力电子器件构成的软启动电控设备的故障率大大降低，甚至比传统的电控设备故障率还低，基本做到了免维护运行。在电网容量小、电动机功率较大时或需要软启动的场合，应首选软启动电控设备。因此，软启动电控设备已经成为大中型电动机启动的主流设备。

软启动相比星-三角降压启动、自耦变压器启动等效果要好一些，启动更加平稳，保护也更加全面，不过成本较高。

7.3.1　软启动控制技术

1. 软启动器

软启动器是一种集电动机软启动、软停车、轻载节能和多种保护功能于一体的电动机控制装置，国外称为 Soft Starter。如图 7-39 所示软启动器典型应用接线图。

7.9　软启动器
　　接线图

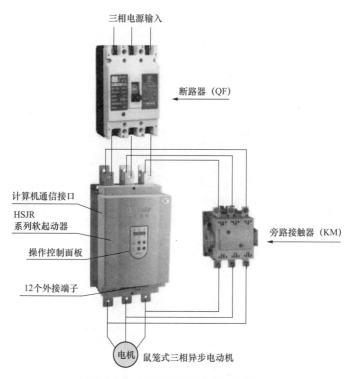

图 7-39　软启动器典型应用接线图

软启动器和变频器是两种完全不同用途的产品。变频器用于需要调速的电动机，其输出不但改变电压而且同时改变频率；软启动器实质上是个调压器，用于电机启动时，输出只改变电压并没有改变频率。变频器具备软起启动的所有功能，但它的价格比软启动器贵得多，结构也复杂得多。

一般来说，笼型异步电动机凡不需要调速的各种应用场合都可适用软启动器。目前的应用范围是交流 380V（也可 660V），电动机功率从几千瓦到 800kW。

软启动器特别适用于各种泵类负载或风机类负载，以及需要软启动与软停车的场合。

对于变负载工况、电动机长期处于轻载运行，只有短时或瞬间处于重载场合，应用软启动器（不带旁路接触器）则具有轻载节能的效果。

目前，市场上常见的软启动器主要有电子式和磁控式，电子式以晶闸管调压式为多数。

2. 软启动运行的几个概念

（1）脉冲突跳启动方式。对于静阻力矩较大的负载，必须施加一个短时的大启动力矩，以克服静摩擦力，这就要求启动器可以短时输出 90% 的额定电压。

（2）接触器旁路工作模式。当电动机全速运行后，用旁路接触器来取代已完成任务的软启动器，以降低晶闸管的热耗，提高系统效率。在这种模式下可用一台软启动器启动多台电动机。

（3）节能运行模式。电动机负荷较轻时，软启动器可自动降压，以此提高电动机功率因数。

（4）软停车。在不希望电动机突然停车的场合，可以通过软停车方式来逐步降低电动机端电压。

（5）泵停车。对惯性力矩较小的泵，软启动器在启动和停机过程中，实时检测电动机的负载电流，根据泵的负载和速度特性调节输出电压，消除"水锤效应"。

（6）动力制动。在惯性力矩大的负载或需要快速停机的场合，可以向电动机输入直流电，以实现快速制动。

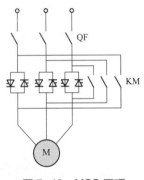

图 7-40　MCC 原理

3. 软启动器的几种典型应用方式

（1）断路器、软启动器、旁路接触器和控制电路组成电动机控制中心（MCC），如图 7-40 所示。这是目前最流行的方式。

1）特点：在启动和停车阶段，晶闸管投入工作，实现软启动，停车，启动结束，旁路接触器合闸，将晶闸管短接，电动机接受全电压，投入正常运行。

2）优点：在运行期间，电动机直接与电网相连，无谐波；旁路接触器还可以作为一种备用手段，紧急关头或晶闸管故障时，使电机投入直接启动，增加了运行的可靠性。

3）应用场合：绝大多数工况适用。

（2）软停车。在泵类负载系统中，如高扬程水泵、大型泵站、污水泵站等，电动机直接停车时，在有压管路中，由于流体的运动速度发生急剧变化，引起动量急剧变化，管路中出现水击现象，对管道、阀门与泵形成很大的冲击，即"水锤"效应，严重时，会对大楼产生很大的震撼与巨响，甚至造成管道与阀门的损坏。

采用软停车，停车时软启动器由大到小逐渐减小晶闸管的导通角，使被控电动机的端电压缓缓下降，电动机转速有一个逐渐降低的过程，这样就避免了管路里流体动量的急剧变化，抑制了"水锤"效应。

（3）正反转无触点电子开关。软启动器串接于供电电源与被控电动机之间，当晶闸管全导通时，电机得到全电压；当晶闸管关断时，电动机被切断电源，其作用类似于一个无触点电子开关。由于不使用接触器切换电源，故设备可靠性很高。

应用场合：需要频繁正反转的金属型材轧制机构。

（4）软启动器与 PC 结合组成复合功能。以一台 PC 程控器与两台或多台软启动器组合，可完成一用一备或两用一备，甚至多用多备的方案，与 PC 结合，可同时实现软启动、软停车，一用一备，与中央控制室组成遥控监视系统。

7.3.2　软启动器应用电路图识读

【例 7-12】电动机软启动器正反转电路。

如图 7-41 所示为电动机软启动器正反转电路。

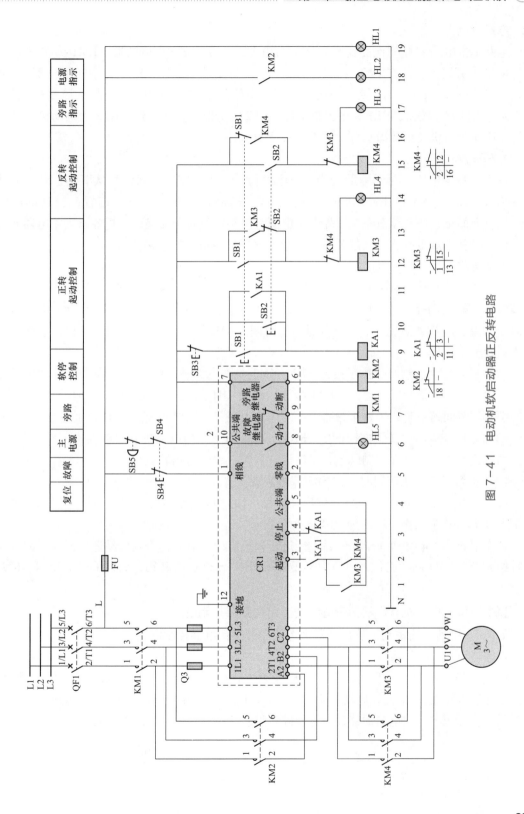

图 7-41　电动机软启动器正反转电路

电路特点：

电路由主电路和控制电路组成。QF1 为电源总开关，FU 为熔断器，KM1 为进线接触器，KM2 为旁路接触器，KM3 为正转接触，KM4 为反转接触器，KA1 为中间继电器；SB1 为正转启动按钮，SB2 为反转启动按钮，SB3 为软停机按钮，SB4 为控制电源复位按钮，SB5 为电动机急停按钮；HL1 为电源指示灯，HL2 为旁路运行指示灯，HL3 为电动机反转指示灯，HL4 为电机动正转指示灯，HL5 为故障指示灯。

看图要点：

按照先看主电路，再看辅助电路的顺序进行。看主电路时，通常要从下往上看，电动机→KM1、KM2、KM3、KM4 接触器的主触点→熔断器，顺次往电源端看；看辅助电路时，则自上而下、从左至右看，即先看主电源，再顺次看各条支路，分析各条支路电器元件的工作情况及其对主电路的控制关系（注意电气与机械机构的连接关系）。

看图实践：

合上断路器 QF1，控制电路带电，电源指示灯 HL1 发亮，KM1 吸合。

（1）正转启动控制时，按下按钮 SB1，中间继电器 KA1 及接触器 KM3 吸合，电动机正转启动，指示灯 HL4 点亮。启动器延时一段时间，KM2 吸合，指示灯 HL2 点亮，电动机 M 进入正转全压运行状态。

（2）反转启动控制时，按下按钮 SB2，KM3 线圈电源被切断，KM4 吸合，电动机反转启动，HL3 点亮，指示反转运行。KA1 吸合，确保 CR1 系列电动机软启动器内部程序正常，延时至启动时间结束时，旁路接触器吸合，HL2 点亮，电动机 M 进入反转全压运行。

（3）软停控制时，按下按钮 SB3，KA1 失电，CR1 系列电动机软启动器进入软停程序，M 逐渐减速至停车。软停控制既适合反转运行操作，也适合正转运行。

（4）进行紧急停车控制时，按 SB5 即可实现。

（5）复位。当 CR1 系列电动机软启动器发生故障自动停车后，应立即排除故障，再按一下 SB4 即可正常操作。HL5 为故障指示灯。

操作中必须在电动机完全停转后才能进行相反方向的启动，否则极易造成损坏事故。为了杜绝 KM3、KM4 同时工作，电路中不仅采用 SB1、SB2 触头联锁，而且采用了 KM4、KM3 的触头互锁。

【例 7-13】电动机软启动器带进线和旁路接触器控制电路。

如图 7-42 所示为电动机软启动器带进线和旁路接触器控制电路。

电路特点：

软启动器端子 1L1、3L2、5L3 接三相电源，软启动器端子 2T1、4T2、6T3 接电动机。旁路接触器 KM2 的一端接软启动器 1L1、3L2、5L3，另一端接 B1、B2、B3。端子 3、4、5 启停信号是无源节点。电路的器件名称及编号见表 7-11。

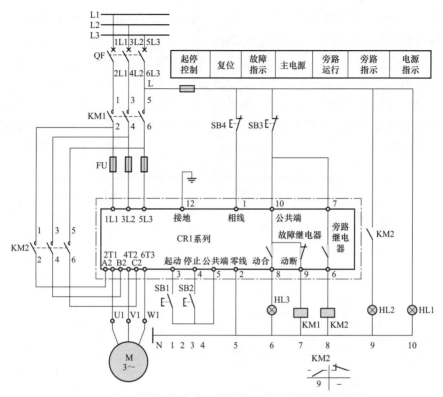

图 7-42　电动机软启动器带进线和旁路接触器控制电路

表 7-11　　　　　　　　　　　器 件 名 称 及 编 号

名称	符号	名称	符号
断路器	QF	启动按钮	SB1
快速熔断器	FU	软停按钮	SB2
交流接触器	KM1	电动机急停按钮	SB3
旁路接触器	KM2	控制电源复位按钮	SB4
电源指示灯	HL1	旁路指示灯	HL2
故障指示灯	HL3		

看图要点：

电路采用了单节点控制方式，比较简单。接点闭合软启动即启动，接点打开软启动器即停止。软启动器可通过参数设定选择是否检测相序。

看图实践：

合上断路器 QF，HL1 点亮，表明电源接通。按动按钮 SB1，KM1 闭合，软启动器工作，电动机 M 软启动，转速逐渐上升。当 M 转速到达额定值时，KM2 自动闭合，将软启动器内部的主电路（晶闸管）短路，从而防止晶闸管等长期工作而发热损坏。

按动按钮 SB2，使 KM2 关断，软启动器实现电动机 M 软停车（逐渐减速）。若电路或 M 发生事故，按动按钮开关 SB3，电动机 M 则急停车。事故停车时，HL3 点亮；M 运转时，HL2 点亮。

【例 7-14】 磁控软启动器一拖多电路原理图。

软启动器可以内置一拖多专用程序控制器选件，安装于软启动器内部，实现时间控制、联锁、互锁功能，可控制多台电机的分别启动。如图 7-43 所示为磁控软启动装置一拖多电路原理图。用一台软启动器启动多台电动机的方法，具有投资少、实用价值高、见效快等特点，并具有显著的经济效益。在实际应用时，要求对电动机必须有必要的保护措施，如短路、过载、缺相等。

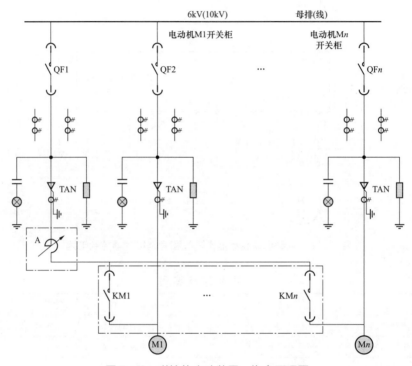

图 7-43 磁控软启动装置一拖多原理图

电路特点：

电路中，A 为 RQD-D7 型磁控软启动装置，每台电动机（M1 ~ Mn）都有一个开关柜，通过真空接触器 KM1 ~ KMn 进行切换，实现一拖多台电动机软启动。一台电机启动后延时时间没到，其他电机也不能启动。

看图要点：

从主电路入手，根据每台电动机和执行电器的控制要求，分析各电动机和执行电器的控制内容。电路采用单节点控制方式，接点闭合软启动器启动，接点打开软启动器停止。电机可不分先后任意启动，自动避免两台以上电机同时启动。

看图实践：

启动时，通过磁控软启动装置柜门的选择开关，确定启动电动机的序号（例如 M1），令 KM1 合闸，合闸后发出允许开机信号，经软启动装置的开关柜启动 M1，当检测到电动机电流小于额定电流后，A 发出投全压信号给 QF2，QF2 合闸，M1 启动结束投入全压运转。QF2 延时 2s，QF1 分闸，再延时 1s，KM1 断电，A 退出工作状态。如果还用 A 启动其他电动机，操作方法相同。

在软启动过程中，可操作 QF1 分闸来停车。在投入全压运行过程中，可以控制各自的电动机开关柜来实现电动机停车。

【例 7-15】两台电动机一用一备软启动控制电路。

两台电动机一用一备软启动控制电路如图 7-44 所示，其中图 7-44（a）、（b）、（c）分别为主电路、控制电路和软启动控制端子。

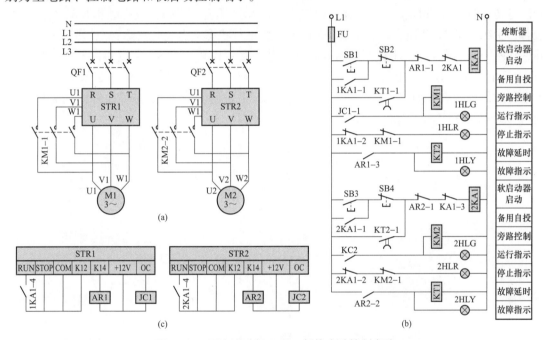

图 7-44 两台电动机一用一备软启动控制电路

（a）主电路；（b）控制电路；（c）软启动控制端子

电路特点：

本电路是一台电动机用一个软启动器，当一台电动机出现故障时，自动启动另一台电动机运行，待故障电动机排除故障后再恢复使用原电动机。

看图要点：

电动机 M1、M2 的主电路、控制电路及软启动控制端子的接线是相同的，备用电动机电路通过中间继电器、旁路继电器、旁路接触器与主电动机电路发生联系。

看图实践：

当按下启动按钮 SB1，中间继电器 1KA1 线圈得电吸合，其动合辅助触点 1KA1-1 闭合自锁，其动断触点 1KA1-2 断开，停止指示灯 1HLR（红色）熄灭，触点 1KA1-4 闭合，软启动器启动工作，电动机 M1 启动运转。当电动机 M1 转速接近于（或达到）额定转速时，旁路继电器 KC1 得电吸合，触点 KC1-1 闭合，运行指示 1HLG（绿色）点亮，旁路交流接触器 KM1 线圈得电吸合，主触点 KM1-2 闭合，将软启动器主电路（晶闸管）短接，进入旁路运行。

当需停机时，按下停止按钮 SB2，中间继电器 1KA1 断电释放，触点 1KA1-4 断开复位，软启动器停止工作；旁路继电器 JC1 失电释放，触点 KC1-1 复位断开，接触器 KM1 失电释放，主触点 KW2-2 断开复位，电动机 M1 停止运行。

当电动机 M1 在运行过程中，发生过电流、断相、堵转等故障时，故障继电器 AR1 吸合，触点 AR1-2 闭合，时间继电器 KT2 线圈得电吸合，得电延时动断触点 KT2-1 闭合，中间继电器 2KA1 线圈得电吸合且自锁，触点 2KA1 闭合，电动机 M2 软启动运行。当转速达到额定转速时，旁路继电器 KC2 吸合动作，触点 KC2 闭合，旁路交流接触器 KM2 线圈得电吸合，主触点 KM2-2 闭合，电动机 M2 进入旁路运行状态。而此时故障触点 AR1-1 复位断开，切断中间继电器 1KA1 线圈回路电源且失电释放，其触点 1KA1-4 复位断开，软启动器 STR1 停止工作，旁路继电器 KC1 失电释放，触点 KC1-1 断开旁路接触器 KM1 线圈电源且失电释放，主触点 KM1-2 复位断开，电动机 M1 因故障停机，待机排除故障。当需停止电动机 M2 时，按下停止按钮 SB4 即可。

参 考 文 献

[1] 杨清德．图解电工技能．北京：电子工业出版社，2007.

[2] 杨清德，胡萍．电工技能培训与应试指导．北京：电子工业出版社，2008.

[3] 杨清德．看图学电工．北京：电子工业出版社，2008.

[4] 杨清德．看图学电工仪表．北京：电子工业出版社，2008.

[5] 杨清德．轻轻松松学电工基础篇．北京：人民邮电出版社，2008.

[6] 杨清德．轻轻松松学电工器件篇．北京：人民邮电出版社，2008.

[7] 杨清德．轻轻松松学电工技能篇．北京：人民邮电出版社，2008.

[8] 杨清德．轻轻松松学电工应用篇．北京：人民邮电出版社，2008.

[9] 谭胜富．电气工人识图100例．北京：化学工业出版社，2007.

[10] 徐第，孙俊英．怎样识读建筑电气工程图．北京：金盾出版社，2005.

[11] 袁吉祥，王艳春．电工识图速成与技法．南京：江苏科学技术出版社，2007.

[12] 林向淮，安志强．电工识图入门．北京：机械工业出版社，2006.

[13] 王俊峰．精讲电气工程制图与识图．北京：机械工业出版社，2008.